Web前端技术丛书

JavaScript

前端开发与实例教程

微课
视频版
第 2 版

崔仲远 著

清华大学出版社
北京

内 容 简 介

JavaScript 是开发 Web 前端必须掌握的编程语言，本书以真实的项目需求为导向，循序渐进、深入浅出地讲解 JavaScript 开发技术。每章均由知识点讲解、案例实践、面试题和学科竞赛题四部分组成，并配套提供案例源代码、PPT 课件、课后习题答案、微课视频、教案、教学大纲、课程实训、期末考试试卷、章节测试、实验报告、学习通共享课程、学科竞赛真题等丰富的教学资源。

本书共分 13 章，主要内容包括 JavaScript 概述、语法基础、数组、函数、对象、DOM、事件处理、BOM、JavaScript 特效综合实例、Ajax、基于 Ajax+ECharts 的天气预报系统、ES6、基于 ES6 的文创商城等，并提供了重污染天气预警、"2048"游戏、"渔夫打鱼晒网"程序设计、"扫雷"游戏、高亮显示关键词、留言板、折叠面板、浮现社会主义核心价值观内容、事件监听器、限时秒杀、电影购票、在线网盘、轮播图、网络购物车、放大镜等大量实例。

本书适合 JavaScript 初学者、Web 前端开发人员阅读，也可作为高等院校 Web 前端开发、JavaScript 程序设计、跨平台脚本开发、动态网页脚本技术等相关课程的教材。

图书在版编目（ＣＩＰ）数据

JavaScript 前端开发与实例教程：微课视频版 /
崔仲远著. -- 2 版. -- 北京：清华大学出版社，2024. 8.
(Web 前端技术丛书). -- ISBN 978-7-302-67144-2

Ⅰ. TP312. 8

中国国家版本馆 CIP 数据核字第 2024PQ2218 号

责任编辑：夏毓彦
封面设计：王　翔
责任校对：闫秀华
责任印制：丛怀宇

出版发行：清华大学出版社
      网　　　址：https://www.tup.com.cn，https://www.wqxuetang.com
      地　　　址：北京清华大学学研大厦 A 座　　　　邮　编：100084
      社 总 机：010-83470000　　　　邮　购：010-62786544
      投稿与读者服务：010-62776969，c-service@tup.tsinghua.edu.cn
      质 量 反 馈：010-62772015，zhiliang@tup.tsinghua.edu.cn

印 装 者：三河市东方印刷有限公司
经　　销：全国新华书店
开　　本：190mm×260mm　　　印　张：18.25　　　字　数：492 千字
版　　次：2022 年 8 月第 1 版　　2024 年 9 月第 2 版　　印　次：2024 年 9 月第 1 次印刷
定　　价：69.00 元

产品编号：105865-01

前　言

　　JavaScript 是一种解释型的脚本语言，具有动态性、跨平台、基于对象等特点，目前广泛应用于 Web 开发中，用于增强网页动态效果、提高与用户的交互性，并逐渐成为全球网站使用最多的脚本语言之一。"JavaScript 程序设计"等前端课程已成为大多数高校计算机科学与技术、软件工程等专业的一门重要专业课程。

　　本书编者具有丰富的项目开发经验，以"从项目中来到项目中去"为主旨，从 Web 前端开发的基本概念入手，先后介绍 JavaScript 概述、语法基础、数组、函数、对象、DOM、事件处理、BOM、JavaScript 特效综合实例、Ajax、基于 Ajax +ECharts 的天气预报系统、ES6、基于 ES6 的文创商城等内容。按照"知识点讲解+示例解析+案例详解+高频面试题+实践操作+学科竞赛真题"的方式安排全书的章节内容，引导学生从理解到掌握，再到实践应用，有效培养学生的实践应用能力，契合新工科的培养理念。在案例详解中，按照"案例呈现+案例分析+案例实现"的方式，对前面所学知识点进行实践，使学生能够根据实际功能需求进行编程开发，培养学生的综合应用能力。

本书特色

　　（1）精选思政元素。通过重污染天气预警、浮现社会主义核心价值观内容、基于 Ajax+ECharts 的天气预报系统、基于 ES6 的文创商城等案例，将"课程思政"元素有机融入教材，在培养学生软件开发综合能力的同时，引导学生树立正确的价值观，具体如下图所示。

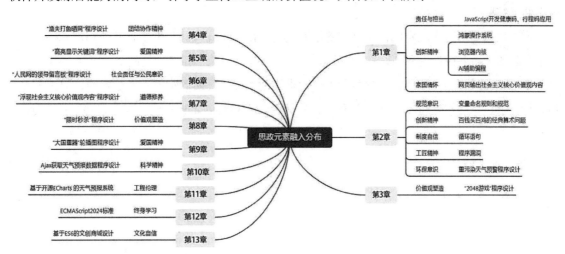

（2）案例源于真实项目需求。提供了重污染天气预警、"2048"游戏、"渔夫打鱼晒网"程序设计、"扫雷"游戏、高亮显示关键词、留言板、折叠面板、浮现社会主义核心价值观内容、事件监听器、限时秒杀、电影购票、在线网盘、轮播图、网络购物车、放大镜、基于 Ajax +Echarts 的天气预报系统、基于 ES6 的文创商城等大量案例，新颖实用，符合时代特色。

（3）几乎每章都介绍对应的高频面试题和学科竞赛真题，使学生掌握企业级的知识要求，与社会需求对接，从而提升就业竞争力。

（4）配套案例以及练习题的代码均与人工智能生成代码相结合，重构代码达到企业应用级别。

配套资源与答疑服务

本书配套提供案例源代码、PPT 课件、课后习题答案、微课视频、教案、教学大纲、课程实训、期末考试试卷、章节测试、实验报告、学习通共享课程、学科竞赛真题等丰富的教学资源，并提供作者 QQ 群答疑服务，读者可用微信扫描下面二维码获取。如果在阅读本书的过程中发现问题或有疑问，请联系 booksaga@163.com，邮件主题为"JavaScript 前端开发与实例教程（微课视频版）（第 2 版）"。

编者与鸣谢

本书第 1、10、11 章由崔仲远编写，第 2 章由张梦飞编写，第 3 章由王峰编写，第 4、5 章由郭丽萍编写，第 6、7 章由林新然编写，第 8、9 章由卢欣欣编写，第 12、13 章由王宁编写。全书由崔仲远统稿。

本书由周口师范学院资助，在全书的编写过程中得到了周口师范学院教务处和计算机科学与技术学院的大力支持，也得到编者家人们的关心和理解，在此一并表示最诚挚的感谢。

本书编写过程中，虽然编者竭尽全力，力求为读者提供优质的教材和教学资源，但由于水平和经验有限，不足和疏漏之处在所难免，恳请各位专家和读者批评指正并提出宝贵意见和建议。

编 者

2024 年 8 月

目　　录

第1章

JavaScript 概述

HTML、CSS 和 JavaScript 是 Web 前端开发的必备技术。开发者使用 HTML 和 CSS 构建一个静态网页之后,可以通过 JavaScript 使网页具有良好的交互性,包括表单验证、网页特效、数据交互和可视化等。本章将介绍 JavaScript 的基本概念、应用场景、发展趋势、组成部分、与其他语言的关系,并初识 JavaScript 程序。

📖 **本章知识点思维导图**

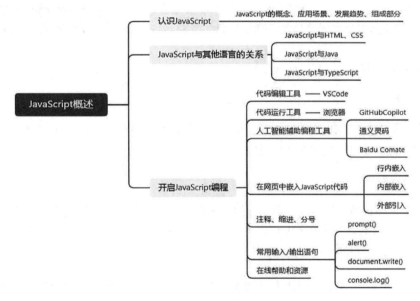

📖 **本章学习目标**

- 了解 JavaScript 是什么,能够说出它的特点、应用场景、发展趋势和组成部分。
- 了解 JavaScript 与其他语言的关系,能够说出它与 HTML、CSS、Java 及 TypeScript 的异同。

- 掌握下载和安装 VSCode 的方法，能够独立下载和安装 VSCode 及插件。
- 了解人工智能辅助编程，能够使用通义灵码等人工智能插件辅助编程。
- 掌握 JavaScript 代码引入方式，能够通过行内式、内嵌式、外链式引入 JavaScript 代码。
- 掌握注释、缩进、分号的使用，能够合理使用注释、缩进、分号提高代码可读性。
- 掌握 JavaScript 常用输入/输出语句，能够在页面、弹窗和控制台输出内容。

1.1 JavaScript 是什么

本节主要介绍 JavaScript 的概念、应用场景、发展趋势和组成部分，使读者对 JavaScript 有一个初步认识。

1.1.1 JavaScript 简介

JavaScript 是一种解释型的脚本语言，它诞生于 1995 年，最初是由 Netscape 公司的布兰登·艾奇（Brendan Eich）设计并命名为 LiveScript，在 Netscape 与 Sun 合作之后被重新命名为 JavaScript。

JavaScript 具有以下特点：

- JavaScript 是一种解释型的脚本语言。JavaScript 程序在运行过程中由浏览器中的 JavaScript 引擎逐行解释执行，无须编译。
- JavaScript 是一种基于对象的脚本语言，它不仅可以创建对象，也能使用现有的对象。
- JavaScript 可跨平台，不依赖于操作系统，仅需要浏览器的支持。JavaScript 程序在编写后可以在任意安装有浏览器的机器上运行。目前，JavaScript 已被绝大多数的浏览器支持。

1.1.2 JavaScript 的应用场景

1. 表单校验

JavaScript 可以在 HTML 表单数据发往服务器前验证其正确性。例如，验证表单数据是否为空，验证输入的是不是一个正确的 Email 地址等。

2. 网页特效

JavaScript 可以使网页与用户之间进行动态交互，提高用户的页面浏览体验。例如，网页轮播图、网页放大镜、购票选座和数据可视化等。

3. 数据交互和可视化

JavaScript 可以通过 Ajax 技术与服务器交换数据，使用 ECharts.js 等开源可视化图表库展示数据。例如，天气预报实时数据、股市实时数据等。天气预报实时数据例子如图 1-1 所示。

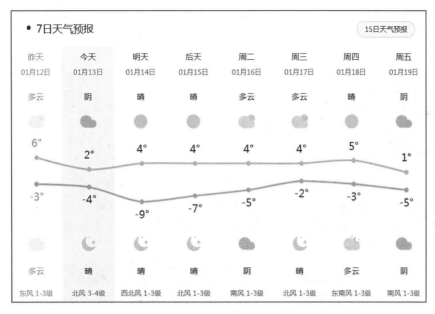

图 1-1　天气预报实时数据

4. 小程序开发

小程序即用即走、无须下载的特性为用户提供了更便捷的使用方式。常见的小程序有微信小程序和支付宝小程序等。JavaScript 是开发小程序必要的编程语言。

5. 其他开发

除了上述的常见应用场景之外，JavaScript 还可以通过 Node.js 进行服务器端程序开发；通过 electron.js 进行桌面应用开发；在 WebVR/WebXR 标准下开发沉浸式 VR/AR 体验，通过 three.js 创建复杂的 3D 场景、动画和交互式内容，这都是构建元宇宙应用的基础技术；通过 TensorFlow.js、Brain.js、ML5.js 等构建基于 Web 的人工智能应用，比如图像分类、文本分析、语音识别和自然语言处理等；通过 Cocos2d、Unity3D、Babylon.js 等引擎开发游戏；通过 HTML5 和 CSS 开发混合移动应用，打包后可以在 iOS、Android 等多个平台上运行；通过 Ruff.io 来操控各种传感器和执行器设备进行物联网（IoT）嵌入式开发；通过鸿蒙系统的方舟开发框架进行鸿蒙系统应用程序开发。

鸿蒙系统是华为公司的一款基于微内核、耗时 10 年、4000 多名研发人员投入开发、面向 5G 物联网、面向全场景的分布式操作系统。鸿蒙的英文名是 HarmonyOS（意为和谐）。这是一款中国人自己的底层软件系统。华为公司那种敢扛重任、敢啃硬骨头的精神，那种一往无前的必胜信念和决心值得我们学习。鸿蒙系统示意图如图 1-2 所示。

图 1-2　鸿蒙系统示意图

提示：

（1）本书主要讲解 JavaScript 在 Web 前端开发中的应用。

（2）需要掌握 JavaScript 的人包括 JavaScript 开发工程师、全栈工程师、Web 前端开发工程师、移动端前端开发工程师、Node.js 开发工程师、小程序开发工程师、HTML5 开发工程师、鸿蒙开发工程师等。

1.1.3　JavaScript 的发展趋势

CSDN 在 2023 年发布的中国开发者调查报告中指出：根据调查数据显示，在编程语言领域，过去一年使用 Java 语言的开发者人数占比 42.9%；随着人工智能的发展，Python 语言的使用量逐渐提升，工作中常用 Python 语言的开发者占比 31.2%；紧随其后的是 JavaScript 语言，占比 26%，编程语言使用排行榜如图 1-3 所示。

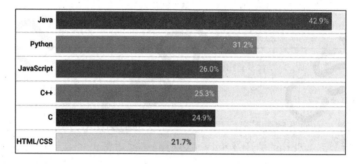

图 1-3　2023 年中国开发者调查报告编程语言使用排行

TIOBE 编程社区排行榜是根据互联网上有经验的程序员、培训课程和第三方厂商的数量，并使用搜索引擎（如 Google、Bing、Yahoo!）以及 Wikipedia、Amazon、YouTube 和 Baidu 统计出的排名数据，反映了某种编程语言的热门程度。TIOBE 编程社区排行是编程语言受欢迎程度的指标，索引每月更新一次。JavaScript 语言在排行榜中通常稳定在前十名内。2024 年 7 月 TIOBE 发布的"编程语言排行榜"如图 1-4 所示。

Jul 2024	Jul 2023	Change	Programming Language		Ratings	Change
1	1			Python	16.12%	+2.70%
2	3	^		C++	10.34%	-0.46%
3	2	⌄		C	9.48%	-2.08%
4	4			Java	8.59%	-1.91%
5	5			C#	6.72%	-0.15%
6	6		JS	JavaScript	3.79%	+0.68%

图 1-4　2024 年 7 月 TIOBE 发布的"编程语言排行榜"

由图 1-3 和图 1-4 可知，JavaScript 是最受开发者欢迎的编程语言之一，并逐渐成为全球网站使用最多的脚本语言。

1.1.4　JavaScript 的组成部分

浏览器中的 JavaScript 由 3 个部分组成，如图 1-5 所示。

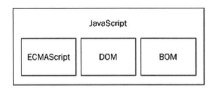

图 1-5　JavaScript 组成部分

- ECMAScript：ECMA（European Computer Manufacturers Association，欧洲计算机制造商协会）在 1997 年制定了 ECMA-262 标准。该标准定义了一个名为 ECMAScript 的脚本语言，规定了脚本语言的规范，而 JavaScript 则是依照这个规范来实现的，最新版为 ECMAScript 2024。
- DOM（Document Object Model，文档对象模型）：它提供访问和操作网页内容的方法和接口。
- BOM（Browser Object Model，浏览器对象模型）：它提供与浏览器交互的方法和接口。

ECMAScript 与 Web 浏览器没有依赖关系，Web 浏览器只是 ECMAScript 实现可能的宿主环境之一。宿主环境不仅提供基本的 ECMAScript 实现，同时也会提供该语言的扩展，以便语言与环境之间对接交互。例如，小程序中的 JavaScript 由 ECMAScript、小程序框架、小程序 API 组成，和浏览器中的 JavaScript 相比，小程序中的 JavaScript 没有 BOM 和 DOM 对象。

提示：本书第 12 章介绍 ECMAScript 6 引入的新的语法特性和改进。

1.2　JavaScript 与其他语言

在初步了解 JavaScript 之后，下面介绍 JavaScript 与其他语言的关系。

1.2.1　JavaScript 与 HTML、CSS 的关系

HTML、CSS 和 JavaScript 共同构建了我们看到的网页展示和交互。其中 HTML 定义网页的结构，CSS 描述网页的样式，JavaScript 定义网页的行为。它们的关系可以简述为：HTML 可以独立存在；HTML 一般需要 CSS 和 JavaScript 来配合使用，否则单一 HTML 文档的功能和展示效果不理想；CSS 一般不能脱离 HTML 页面；JavaScript 可以脱离 HTML 和 CSS 而独立存在；JavaScript 可以操作 HTML 和 CSS。

1.2.2　JavaScript 与 Java 的关系

Netscape 公司将 LiveScript 命名为 JavaScript，是因为 Java 是当时最流行的编程语言，带有"Java"的名字有助于这门新生语言的传播。

JavaScript 与 Java 的相同之处：它们的语法和 C 语言都很相似；JavaScript 在设计时参照了 Java 的命名规则。

JavaScript 与 Java 的不同之处：JavaScript 是解释型语言，Java 是编译型语言；JavaScript 是弱类型语言，Java 是强类型语言；JavaScript 的面向对象是基于原型实现的，Java 是基于类实现的。

1.2.3　JavaScript 与 TypeScript 的关系

TypeScript 是微软公司推出的开源语言，是 JavaScript 类型的超类，可以使用 JavaScript 中的所有代码和编程概念。它是为了使 JavaScript 的开发变得更加容易而创建的。

TypeScript 增加了静态类型、类、模块、接口和类型注解等，可用于开发大型的应用。

TypeScript 代码需要被编译成 JavaScript 才能执行。

1.3　初识 JavaScript 程序

在介绍了 JavaScript 语言之后，接下来就要与 JavaScript 程序见面了，本节就来初步 JavaScript 程序。

1.3.1　代码编辑工具——VSCode

JavaScript 程序可以使用任何一种文本编辑器进行编辑，例如 VSCode（Visual Studio Code）、WebStorm、HBuilder、Sublime 等软件。VSCode 是一款免费开源的现代化轻量级代码编辑器，支持主流开发语言的语法高亮、智能代码补全、自定义热键、括号匹配、代码片段等特性，支持插件扩展，并针对网页开发和云端应用开发做了优化。本书使用 VSCode 作为代码编辑工具。VSCode 软件界面如图 1-6 所示。

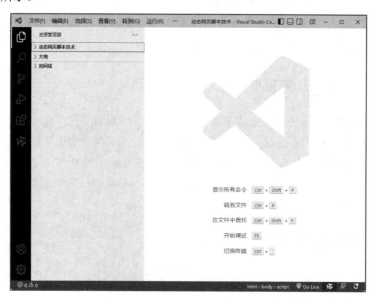

图 1-6　VSCode 软件界面

1. VSCode 的安装

登录 VSCode 官网首页，选择与自己计算机系统对应的版本下载，如图 1-7 所示。

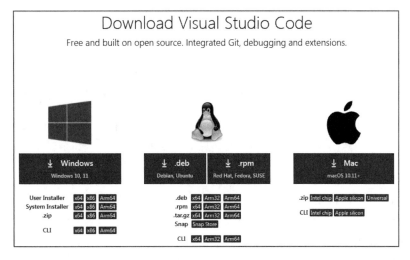

图 1-7　VSCode 官网下载界面

双击下载的文件，按照提示一步一步地安装即可，非常方便。

2. VSCode 插件

VSCode 插件是 VSCode 的一种扩展功能，它利用 VSCode 开放的一些 API 进行开发，以解决开发中的一些问题，提高生产效率。这些插件可以丰富 VSCode 的功能，满足用户不同的需求。例如官网下载的 VSCode 默认是英文语言，可以选择一款中文汉化插件进行汉化，步骤如下：打开 VSCode，在左侧边栏中单击"扩展"图标按钮，在搜索框输入"Chinese"，然后单击 Install 按钮就可以完成插件的安装，如图 1-8 所示。

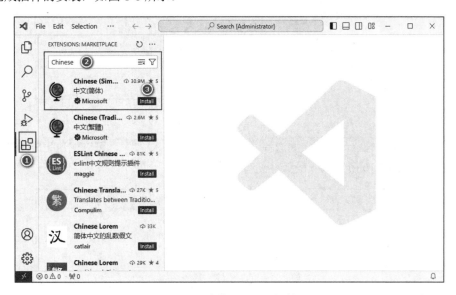

图 1-8　安装 VSCode 插件

以下是 VSCode 中常见的一些插件：

- Open in Browser：用于快速在浏览器中打开网页文件，查看其渲染效果。
- ESLint：用于 JavaScript 代码的语法检查和风格检查，它可以帮助开发人员遵循一致的编码规范，提高代码的可读性和可维护性。
- Live Server：提供一个本地开发服务器，以便实时预览和调试网页应用程序。
- TODO Highlights：用于帮助开发人员识别和管理代码中的待办事项。
- VSCode Icons：为文件和文件夹添加图标，以增强编辑器的可视化效果和可识别性。

在使用插件时，可以通过 VSCode 的插件市场进行搜索和安装。同时，也需要注意插件的来源和可靠性，避免安装恶意插件对计算机和个人信息造成威胁。

3. 新建 HTML 文件

使用 VSCode 建立 HTML 文件，可以选择"文件"菜单中的"新建文本文件"命令，这时会创建一个"Untitled-1"纯文本文件，它还不是 HTML 类型的文件。将它保存到计算机上，选择"文件"菜单中的"保存"命令，此时会弹出一个对话框，选择一个文件夹来保存该文件，并将该文件命名为"1.html"。此时 VSCode 会根据文件的扩展名将该文件识别为 HTML 类型的文件，并且"Untitle-1"也变成了"1.html"，如图 1-9 所示。

图 1-9　新建 HTML 文件

创建空白文件后，输入"html"并选择"html:5"，或输入"!"，可以快速生成 HTML 代码。自动生成的代码如图 1-10 所示。

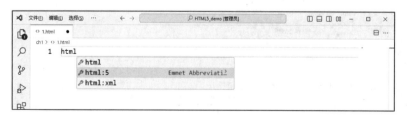

图 1-10　自动生成代码

在浏览器中查看页面渲染效果，可以单击菜单中的"调试"命令，或在右键菜单中选择"Open in Browser"选项。

1.3.2　人工智能辅助编程工具

人工智能辅助编程工具是一种利用人工智能技术来帮助程序员更高效地编写和维护代码的工具。这些工具使用机器学习算法来分析代码库、学习编程模式和偏好，并自动完成编程任务，从而减少程序员的工作量和错误。

具体来说，人工智能辅助编程工具可以提供智能化的辅助功能，例如代码补全、错误提示和建议等。它们基于大数据和机器学习技术，能够分析代码结构和上下文，快速提供帮助和建议，帮助开发人员更快地解决问题和做出决策。它们可以检测出常见的编程错误、优化瓶颈和安全漏洞等，提升代码的质量和稳定性。

此外，人工智能辅助编程工具还支持多种编程语言和领域，无论是开发 Web 应用、移动应用还是进行数据分析和机器学习，都可以找到相应的工具来提高开发效率和质量。

GitHub Copilot、通义灵码、Baidu Comate 等均是人工智能辅助编程工具。它们为开发者提供行级和函数级代码续写、单元测试生成、代码注释生成、研发智能问答等能力，有助于高质高效地完成编码工作。在 VSCode 插件市场直接安装上述插件，即可开启智能编码之旅。以通义灵码为例，在 VSCode 中安装通义灵码插件的步骤如下：

步骤 01 在 VSCode 的左侧边栏中单击"扩展"图标按钮，搜索通义灵码（TONGYI Lingma），找到通义灵码后单击"安装"按钮，如图 1-11 所示。

图 1-11　搜索通义灵码

步骤 02 重启 VSCode，重启成功后登录阿里云账号，即可开启智能编码之旅，如图 1-12 所示。

图 1-12　通义灵码界面

　　提示：利用 AI 辅助编程，不仅可以提高编程效率，还可以探索新的编程方法和思路，从而推动科技创新。

1.3.3　代码运行工具——浏览器

　　浏览器是网页运行的平台，常见的浏览器有 Chrome、Safari、Edge 和 Firefox 等。

　　浏览器最重要的部分是浏览器的内核。浏览器内核是浏览器的核心，也称"渲染引擎"，用来解释网页语法并渲染到网页上。浏览器内核决定了浏览器如何显示网页内容以及页面的格式信息。由于不同的浏览器内核对网页的语法解释不同，因此开发者需要在不同内核的浏览器中测试网页的渲染效果。

　　浏览器内核可以分成渲染引擎和 JavaScript 引擎两部分。早期渲染引擎和 JavaScript 引擎并没有区分得很明确，但随着 JavaScript 引擎越来越独立，现在的内核倾向于只指渲染引擎。

　　渲染引擎负责取得网页的内容、整理信息以及计算网页的显示方式，然后输出至显示器或打印机。常见的渲染引擎有 Chrome 和 Edge 浏览器使用的 Blink、Firefox 浏览器使用的 Gecko、Safari 浏览器使用的 Webkit 等。

　　JavaScript 引擎负责解释和执行 JavaScript 程序。常见的 JavaScript 引擎有 Chrome 浏览器使用的 V8、Firefox 浏览器使用的 SpiderMonkey、Safari 浏览器使用的 JavaScriptCore 和 Edge 浏览器使用的 Chakra 等。

　　全世界的浏览器虽然有着许多种，但浏览器内核却只有 Blink、Webkit、Gecko 这三大种类。这些浏览器内核均为国外技术，若是国产浏览器没有自己的内核，那么在庞大的浏览器市场中，能做的终究只是"配角"。国产浏览器要想站上世界舞台，其中一个重要的条件便是拥有自己的内核，只有努力实现关键核心技术自主可控，才能抓住千载难逢的历史机遇，有力支撑科技强国建设。读者应关注中国科技发展现状，树立远大的理想志向，为实现中国智造添砖加瓦。

提示：本书涉及的案例将全部在 Chrome 浏览器中运行演示。根据市场调查机构 Statcounter 公布的报告，2024 年 2 月谷歌 Chrome 浏览器以 65.38%的市场份额稳居全球浏览器份额首位，苹果 Safari 浏览器以 18.31%的市场份额位居第二、微软 Edge 浏览器以 5.07%的市场份额位居第三。

1.3.4 在网页中嵌入 JavaScript 代码

CSS 有行内样式表、内部样式表和外部样式表 3 种方式可以添加到 HTML 页面中。类似地，JavaScript 有行内嵌入、内部嵌入和外部引入 3 种方式添加到 HTML 页面中。

1. 行内嵌入

行内嵌入是指在元素的事件属性中直接添加 JavaScript 代码。由于结构分离不够彻底，不利于后期维护，复用性不强，因此不推荐使用。

【例 1-1】行内嵌入 JavaScript

```
<!DOCTYPE html>
<html lang="en">
<head>
    <meta charset="UTF-8">
    <title>例 1-1 行内嵌入 JavaScript</title>;
</head>
<body>
    <button onclick="alert('我是行内 JavaScript!')">点我</button>
</body>
</html>
```

例 1-1 在 Chrome 浏览器中的运行结果如图 1-13 所示。

图 1-13　例 1-1 的运行结果

2. 内部嵌入

CSS 使用 <style></style>标签为 HTML 文档嵌入内部样式表，JavaScript 使用<script></script>标签为 HTML 文档嵌入 JavaScript 程序。开发者在 HTML 文档中插入<script></script>标签，然后在<script></script>标签里面编写 JavaScript 代码。<script></script>标签可以有任意多个。

【例 1-2】内部嵌入 JavaScript

```
<!DOCTYPE html>
<html lang="en">
<head>
```

```
    <meta charset="UTF-8">
    <title>例 1-2 内部嵌入 JavaScript</title>
</head>
<body>
  <script>
    alert('我是内部嵌入 JavaScript');
  </script>
</body>
</html>
```

例 1-2 在 Chrome 浏览器中的运行结果如图 1-14 所示。

图 1-14　例 1-2 的运行结果

3. 外部引入

CSS 使用<link>标签链接外部样式表，JavaScript 使用<script></script>标签引入外部 JavaScript 文件。开发者首先新建外部 JavaScript 文件，然后在 HTML 文档中使用<script></script>标签引入外部 JavaScript 文件。

【例 1-3】外部引入 JavaScript

```
<!DOCTYPE html>
<html lang="en">
<head>
    <meta charset="UTF-8">
    <title>例 1-3 外部引入 JavaScript</title>
    <script src="js/demo.js"></script>
</head>
<body>
</body>
</html>
```

demo.js 文件中的代码如下：

```
alert('我是外部 JavaScript');
```

src 属性代表引入 JavaScript 文件的路径。外部 JavaScript 文件具有维护性高、可缓存、方便扩展、复用性高等特点，在项目开发中使用较多。例 1-3 在 Chrome 浏览器中的运行结果如图 1-15 所示。

图 1-15　例 1-3 的运行结果

1.3.5　注释、缩进、分号

JavaScript 程序和 HTML、CSS 一样，也可以添加注释。注释是代码的解释和说明文字，目的是提高程序的可读性和可维护性。注释主要对程序的功能、创建者、修改者、时间等内容进行说明。在程序执行的时候，JavaScript 引擎会自动忽略注释部分。注释非常有用，而且应该经常使用，尤其在大型应用中。注释分为单行注释和多行注释两类。

1. 单行注释（//）

这种注释方式一次可以注释一行内容。示例如下：

```
<script>
    alert('我是内部嵌入 JavaScript); // 单行注释
</script>
```

2. 多行注释(/**/)

这种注释方式一次可以注释多行内容。示例如下：

```
<script>
/*
    这是多行注释块
    它横跨了多行
*/
    alert('我是内部嵌入 JavaScript);
</script>
```

提示：VSCode 中的单行注释使用快捷键 "Ctrl+/"，多行注释使用快捷键 "Shift+Alt+A"。

缩进是代码可阅读性判断的直接因素。JavaScript 程序常使用 Tab 键缩进，可以是 2 个、4 个或 8 个空格缩进。

JavaScript 语句应该以分号结束。虽然大多数浏览器允许不写分号，但是为了不让语句出现歧义，推荐在每条语句的结尾处都加上分号。

1.3.6　常用输入/输出语句

JavaScript 输入语句可以获取用户输入的内容。JavaScript 常用输入语句使用 prompt()方法，它用于显示提示用户进行输入的对话框。示例如下：

```
<script>
    prompt("请输入您的国籍","中国");
```

```
</script>
```

上述程序在 Chrome 浏览器中的运行结果如图 1-16 所示。其中第一个参数是在对话框中显示的纯文本，第二个参数是默认的输入文本。用户单击提示框中的"取消"按钮，返回空值；单击"确认"按钮，返回输入字段当前显示的文本"中国"。

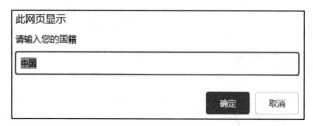

图 1-16　prompt()方法显示对话框

JavaScript 输出语句可以将程序执行结果显示在页面、控制台及弹窗中。JavaScript 常用输出语句如下。

1. alert()方法

alert()方法用于显示带有一条指定消息和一个"确定"按钮的警告框。示例如下：

```
<script>
    alert("请自觉履行公民义务，为国家的繁荣富强贡献力量。");
</script>
```

上述程序在 Chrome 浏览器中的运行结果如图 1-17 所示。

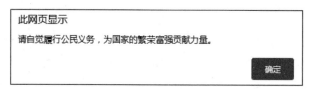

图 1-17　警告框

2. document.write()方法

document.write()方法可向文档写入 HTML 表达式或 JavaScript 代码。示例如下：

```
<script>
    document.write ("文化是一个国家、一个民族的灵魂。");
</script>
```

上述程序在 Chrome 浏览器中的运行结果如图 1-18 所示。

图 1-18　页面输出效果

3. console.log()方法

console.log()方法用于在控制台中输出信息。读者在查看该方法的输出结果时，需要按 F12 键在浏览器中打开开发人员工具，并切换至 Console 选项卡。示例如下：

```
<script>
    console.log('影响世界，年轻的你我或许都该这样追求。')
</script>
```

上述程序在 Chrome 浏览器中的运行结果如图 1-19 所示。

　　提示：打开百度网站，在控制台中可以看到百度的校园招聘信息。

图 1-19　控制台运行结果

1.3.7　在线帮助和资源

1. MDN

MDN 网站是一个提供 Web 技术和促进 Web 技术软件不断发展的学习平台，内容包括 Web 标准（例如 CSS、HTML 和 JavaScript）和 Web 应用开发。

2. W3School

W3School 网站是互联网上最大的 Web 开发者资源，其中包括全面的教程、完善的参考手册以及庞大的代码库。它是完全免费的、非营利性的，一直在升级和更新，是 W3C（World Wide Web Consortium，万维网联盟）中国社区成员，致力于推广 W3C 标准技术。

1.4　案例：输出社会主义核心价值观的内容

2013 年 12 月 23 日，中共中央办公厅印发了《关于培育和践行社会主义核心价值观的意见》，并要求各地区结合实际认真贯彻执行。社会主义核心价值观的基本内容是富强、民主、文明、和谐、自由、平等、公正、法治、爱国、敬业、诚信、友善。其中，富强、民主、文明、和谐是国家层面的价值目标，自由、平等、公正、法治是社会层面的价值取向，爱国、敬业、诚信、友善是公民个人层面的价值准则。

1. 案例呈现

本节实现在 Chrome 浏览器页面中输出社会主义核心价值观的文本内容，如图 1-20 所示。

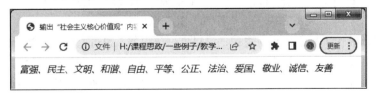

图 1-20　输出社会主义核心价值观效果

2. 案例分析

alert()方法用于显示带有一条指定消息和一个"OK"按钮的警告框。document.write()方法可向文档写入 HTML 表达式或 JavaScript 代码。console.log()方法用于在控制台中输出信息。由图 1-20 可知是在页面输出社会主义核心价值观内容，因此应将社会主义核心价值观的内容作为参数传递给 document.write()方法。

3. 案例实现

经过以上分析，本案例的完整代码如下：

```
<!DOCTYPE html>
<html lang="en">
<head>
    <meta charset="UTF-8">
    <title>输出"社会主义核心价值观"内容</title>
</head>
<body>
<script>
    // em 标签表示强调文本，不是必需的
    document.write("<em>富强、民主、文明、和谐、自由、平等、公正、法治、爱国、敬业、诚
信、友善</em>");
</script>
</body>
</html>
```

1.5　本章小结

本章首先介绍了 JavaScript 是什么以及它和其他语言的关系；然后初识了 JavaScript 程序，讲解了编辑器、注释、缩进、分号以及输入/输出语句的用法；最后实现了一个案例——输出社会主义核心价值观内容。本章可使读者初步了解 JavaScript，为后续章节的学习奠定基础。

1.6　本章高频面试题

1. JavaScript 代码写在<head>和<body>中有何区别？

（1）JavaScript 代码写在<head>里面：浏览器解析 HTML 文档是从上向下的。JavaScript 代码先解析，但这时候 body 还没有解析，所以一般都会绑定 window 对象的 onload 事件及其处理程序，当全部的 HTML 文档解析完成之后，再执行 JavaScript 代码。

（2）JavaScript 代码写在<body>里面：这里可以放函数，也可以放立即执行的语句，但是如果需要和网页元素互动（比如获取某个元素），则 JavaScript 代码需要写在标签的后面。

（3）JavaScript 代码写在<body>后面：这时候整个网页已经加载完毕了，所以这里最适合放需要立即执行的命令，而自定义函数之类的代码则不适合。

2. 简述 ECMAScript 与 JavaScript 的关系。

ECMA（European Computer Manufacturers Association，欧洲计算机制造商协会）在 1997 年制定了 ECMA-262 标准。该标准定义了一个名为 ECMAScript 的脚本语言，规定了脚本语言的规范，而 JavaScript 则是依照这个规范来实现的，ECMAScript 最新版为 ECMAScript 2024。

JavaScript 是 ECMAScript 的一种实现，浏览器中的 JavaScript 由 ECMAScript、DOM 和 BOM 三部分组成。

3. 简述 HTML、CSS、JavaScript 三者的关系和职能划分。

HTML、CSS、JavaScript 共同构建了网页的展示和交互。HTML 定义网页的结构，CSS 描述网页的样式，JavaScript 定义网页的行为。

HTML 与 CSS、JavaScript 是不同的技术，可以独立存在；HTML 一般需要 CSS 和 JavaScript 来配合使用，否则单一 HTML 文档无论是功能还是展示上效果都不理想；CSS 一般不能脱离 HTML 存在；JavaScript 可以脱离 HTML 和 CSS 而独立存在。

4. JavaScript 引擎的主要功能是什么？

（1）编译。把 JavaScript 代码翻译成机器能执行的字节码或机器码。

（2）优化。改写代码，使其高效。

（3）执行。执行上面的字节码或者机器码。

（4）垃圾回收。把 JavaScript 用完的内存回收，方便之后再次使用。

1.7　实践操作练习题

1. 党的二十大报告指出，从现在起，中国共产党的中心任务就是团结带领全国各族人民全面建成社会主义现代化强国、实现第二个百年奋斗目标，以中国式现代化全面推进中华民族伟大复兴。

请分别使用内部方式和外部引入方式嵌入 JavaScript 代码，在 Chrome 浏览器控制台中输出"为全面建设社会主义现代化国家而团结奋斗！"，效果如图 1-21 所示。

图 1-21　练习题 1 效果

2. 使用 JavaScript 代码输出个人信息，具体要求如下：

（1）在页面输出自己的学号和姓名。

（2）弹窗输出自己的专业和班级。

（3）在控制台输出自己的爱好。

第2章

JavaScript 语法基础

如果把掌握一门计算机语言比作修建一座大厦，那么语法基础就像大厦的地基，是掌握好这门语言的前提，JavaScript 语言也不例外。读者必须首先掌握 JavaScript 语法基础，才能熟练运用 JavaScript 语言进行前端开发。本章将主要介绍 JavaScript 的变量、数据类型、运算符、表达式、流程控制、代码调试等语法基础。

📖 **本章知识点思维导图**

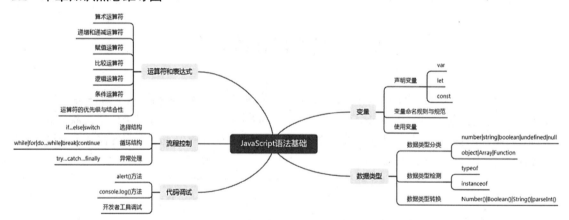

📖 **本章学习目标**

- 理解变量概念，能够声明变量并为其赋值。
- 熟悉数据类型的分类，能够说出 JavaScript 中有哪些数据类型。
- 掌握数据类型检测，能够检测变量的数据类型是否符合预期。
- 掌握数据类型转换，能够根据实际需求进行数据类型转换。
- 掌握运算符的使用，能够使用运算符完成运算。
- 熟悉运算符的优先级，能够区分表达式中运算符的优先级。
- 掌握流程控制，能够根据需求选择合适的流程控制语句，解决工程实际问题。
- 掌握代码调试，能够使用开发人员工具进行调试。

2.1　变　　量

在程序执行过程中，JavaScript 用变量来保存可能发生变化的数据。为了便于区分变量，开发者可以给每个变量起一个简洁明了、容易记住的名字，也就是"变量名"。变量名指向计算机内存中的某个地址，真正的数据存储在内存中。这和日常生活中取快递的过程存在相似之处。

在日常生活中，当快递被送到快递超市后，快递超市会给顾客发送一个"提货码"，之后顾客可以通过出示"提货码"给快递超市的服务人员，从而拿到自己的快递。在这个过程中，"快递超市"相当于"内存"，顾客在网上购买的物品相当于存在"内存"中的"变量"，"提货码"相当于"变量名"，顾客不需要知道自己的"物品"存在快递超市的哪个位置，只需通过"提货码"就可以找到自己的"物品"。

2.1.1　声明变量

JavaScript 声明变量的语法有以下几种方式。

（1）使用关键字 var 一次声明一个或多个变量，不同变量间使用逗号隔开。示例如下：

```
var age;                    // 一次声明一个变量
var age,userName,gender;    // 一次声明多个变量
```

var 是 JavaScript 关键字，用来声明变量。使用该关键字声明变量后，计算机会自动为变量分配内存空间。age、userName、gender 代表变量名，开发者可以通过变量名来访问变量在内存中分配的空间。

（2）声明变量时可以不初始化，此时其值默认为 undefined；也可以在声明变量的同时初始化变量。示例如下：

```
var age = 20;// 声明的同时初始化变量
var age = 20,userName,gender = '男';        // 声明的同时初始化部分变量
var age = 20,userName = '冰墩墩',gender = '男';  // 声明的同时初始化全部变量
```

运算符"="把右边的值赋到左边的变量存储空间中，此处"="代表赋值的意思。变量值是保存到变量存储空间里的值。

（3）声明变量时不初始化，使用赋值语句赋值。示例如下：

```
var age;     // 声明变量 age，没有初始化
age = 20;    // 将变量 age 赋值为 20
```

（4）不使用关键字 var 声明，直接使用变量。本书不建议这样声明，通常的做法是在使用变量前先声明。示例如下：

```
age = 20;              // 没有使用 var 声明，直接给变量 age 赋值为 20
console.log(age);      // 输出：20
```

提示：JavaScript 声明变量时可以不初始化,但对变量进行初始化是一个良好的编程习惯。

2.1.2　变量命名规则与规范

1. 变量命名规则

项目开发中，需要自定义一些符号来代表一些名称，如变量名、函数名、数组名、对象名等，这些符号称为标识符。JavaScript 中标识符的定义需要遵循以下规则：

（1）第一个字符必须是字母、下画线或美元符号，其后的字符可以是字母、数字、下画线或美元符号。

（2）不能包含空格。

（3）不能包含"+""–""@""#"等特殊字符。

（4）不能和 JavaScript 中的关键字及保留字同名。

（5）区分字母大小写。

关键字是指 JavaScript 中一些带有特殊含义的名称，它们是语言结构的一部分。保留字是指当前 JavaScript 版本中没有用到，但是将来可能用到的关键字。JavaScript 中常见关键字和保留字分别如表 2-1 和表 2-2 所示。

表2-1　JavaScript常见关键字

break	Case	catch	continue	delete
default	Debugger	do	else	finally
for	Function	if	instanceof	in
new	Return	switch	throw	this
try	Typeof	var	void	while

表2-2　JavaScript常见保留字

abstract	Boolean	char	class	double
export	Extends	final	float	goto
import	Int	interface	long	native
public	Protected	private	package	super

变量命名，示例如下：

```
var var;// 错误。var 是关键字
var 1name;// 错误。变量名不能以数字开头
var user name;// 错误。变量名不能包含空格
var $userName;// 正确
var user+Name;// 错误。变量名不能包含"+""–""@""#"等特殊字符
var userName; // 正确
var UserName; // 正确。userName 和 UserName 是不同的两个变量名
```

提示：避免使用 name 作为变量名。JavaScript 中 name 既不是保留字，也不是关键字，因此用作变量时并不会报错。但 Firefox、Safari、Chrome 和 Opera 等浏览器内置了一个非标准的 name 属性，因此在这些浏览器中使用 name 作为变量名，可能会导致一些预料之外的行为或冲突。

2. 变量命名规范

为变量命名时，不仅要遵守命名规则，还要遵循命名规范。命名规范是一种约定，也是程序员之间良好沟通的桥梁。命名时，可以采用一些常见的命名法，例如驼峰式命名法和帕斯卡命名法。

- 驼峰式命名法：第一个单词以小写字母开头，从第二个单词开始每个单词首字母都采用大写字母，例如 myFirstName、myLastName。
- 帕斯卡命名法：每个单词首字母均大写，例如 MyFirstName、MyLastName。

为变量命名时，尽量遵循以下规范：

（1）使用简单易识别的单词。比如需要为"成绩"起名，可以用 score 表示。

（2）描述要准确，符合语义，以清晰为主、简洁为辅。比如 value 和 data 都表示一个值，但是并不知道它代表的是什么值，应起见名知义的名字，例如 inputValue 和 outputData。

提示：

（1）良好的编码规范是团队合作开发中的催化剂，能够有效促进团队成员间的协同工作，确保代码的一致性和可维护性。像遵守命名规则和规范一样，我们在日常生活中要遵守相应的制度与规定，并用以约束和指导自己的行为，成为合格的社会公民。

（2）对于"别人看不懂，只有自己能看懂"的"防御型编程"代码，从长期和职业道德的角度来看，可能充满了风险和问题，因为它破坏了代码的可读性和可维护性。良好的代码应当是清晰、可读、易于维护的。程序员创造复杂和难以维护的代码，不仅会对项目的未来带来潜在的破坏性，同时也可能损害自己的职业声誉。从团队和项目管理的角度来看，防御性编程可能导致严重的后果，因为它使得代码的交接和维护变得异常困难，还有可能导致重要信息的丢失。更严重的是，如果这种编程方式被广泛采用，它可能威胁到整个技术生态的健康发展。

2.1.3　使用变量

使用变量时，有以下两种特殊情况。

（1）变量声明时没有初始化直接使用，此时变量的值是 undefined。示例如下：

```
var age;// 声明变量 age，没有初始化
console.log(age);// 输出：age 的值是 undefined
```

（2）变量没有声明，直接使用会报错。

```
console.log(age);// 没有声明变量 age，输出 age 的值
```

上述代码在 Chrome 浏览器控制台中的报错信息如图 2-1 所示。

```
⊗ ▶Uncaught ReferenceError: age is not defined
```

图 2-1　Chrome 浏览器控制台中的报错信息

2.2 数据类型

在计算机中，不同的数据占用的存储空间是不同的。变量的数据类型决定了如何将变量的值存储到计算机的内存中，所有变量都具有数据类型。JavaScript 是一种弱类型语言，声明变量时不需要指明数据类型，变量的数据类型由所赋的值的类型决定。

2.2.1 数据类型分类

JavaScript 把数据类型分为基本数据类型和复杂数据类型（也称为引用数据类型）两类。基本数据类型包含了 number（数字）类型、string（字符串）类型、boolean（布尔）类型、undefined（未定义）类型、null（空）类型；复杂数据类型就是对象类型，包含了对象、数组、函数。数据类型划分示意图如图 2-2 所示。

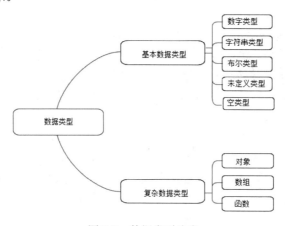

图 2-2 数据类型分类

本小节介绍基本数据类型，后续章节将介绍复杂数据类型。

1. number（数字）类型

数字类型用于存储数字。数字可分为整型和浮点型，整型用于表示整数，浮点型用于表示小数。示例如下：

```
var age = 21;          // 整数
var salary = 2000.3;   // 小数
```

数字类型有 Infinity、-Infinity 和 NaN（Not a Number）三个特殊值，分别代表正无穷大、负无穷大和非数字。JavaScript 提供了 isFinite()和 isNaN()函数，分别用于判断当前变量是否为有限数值和非数字（这些函数的介绍详见"第 4 章 函数"）。示例如下：

```
var age = 21;          // 整数
var salary = 2000.3;   // 小数
console.log(3/0);      // 输出: Infinity
console.log(-3/0);     // 输出: -Infinity
var age;               // 声明变量 age, 没有初始化, 默认值是 undefined
console.log(age+3);    // 输出: NaN
```

提示：BigInt 是在 ES10（ECMAScript 2019）中新增的数据类型。它表示一个任意精度的整数，可以表示超长数据，超出 2 的 53 次方。在 JavaScript 中，普通的 number 类型只能安全地表示-(2^53-1)到 2^53-1 之间的值。使用 BigInt 可以扩展这个范围，满足更大的数值运算需求。可以用在一个整数字面量后面加 n 的方式定义一个 BigInt，如 10n，或者调用 BigInt() 函数来创建。

2. string（字符串）类型

字符串类型是一个连续的字符序列，可以是计算机能够表示的任何字符序列。JavaScript 通过使用单引号或者双引号来表示字符串。由于 HTML 标签里面的属性使用的是双引号，因此本书推荐使用单引号表示字符串。示例如下：

```
var strMsg = "爱我中华";        // 使用双引号表示字符串
var strMsg2 = '爱我中华';        // 使用单引号表示字符串
var strMsg3 = 爱我中华;          // 错误，缺少引号
```

需要注意的是，JavaScript 可以用单引号嵌套双引号，或者用双引号嵌套单引号。示例如下：

```
// 用单引号嵌套双引号
var strMsg4 = '从政府工作报告看稳就业的"组合拳" ';
// 用双引号嵌套单引号
var strMsg5 = " '祝融'探火,'羲和'逐日,'天和'遨游星辰";
// 错误。单双引号需搭配
var strMsg6 = '对高校毕业生'要加强就业创业政策支持和不断线服务'';
```

JavaScript 的反斜杠（\）有着特殊的用途，通过它和一些字符的组合，可以在字符串中包含一些无法直接输入的字符，或改变某个字符的原义。反斜杠（\）称为转义字符，例如"\n"表示的是换行符，可实现换行功能。JavaScript 常用的转义字符如表 2-3 所示。

表2-3　常用的转义字符

转义字符	描　　述	转义字符	描　　述
\n	换行符	\"	双引号
\\	反斜杠符	\b	退格符
\t	水平制表符	\r	回车符
\'	单引号	\f	换页符

转义字符的应用，示例如下：

```
var strMsg = " 把\"国之大者\"作为\"责之重者\"，把\"民之关切\"作为\"行之所向\" ";
alert(strMsg);
```

上述代码在 Chrome 浏览器中的运行结果如图 2-3 所示。

图 2-3　转义字符的使用

由图 2-3 可知，要输出字符串中的双引号，除了可以使用单引号嵌套双引号的方法之外，还可以在双引号里面使用转义字符。

3. boolean（布尔）类型

布尔类型表示真或假、是或否，只有 true 和 false 两个值，true 表示"真"，false 表示"假"，区分字母大小写。示例如下：

```
var foo = true;// 正确
var bar = false; // 正确
var foo = TRUE; // 错误。TRUE 没有定义
var bar = FALSE; // 错误。FALSE 没有定义
```

提示：布尔类型通常用于表示某种状态，或在流程控制语句中判断条件是否成立。

4. undefined（未定义）类型

undefined 类型只有一个值，即 undefined。这个值表示变量或属性没有被赋值，或者说它们没有被定义。示例如下：

```
var age; // 声明变量 age，没有初始化，默认值是 undefined
```

5. null（空）类型

null 类型只有一个值，即 null。它通常用于表示变量不包含任何对象或者函数。示例如下：

```
var obj = null; // 声明变量 obj，初始值是 null
```

提示：null 与 undefined 的区别是 null 表示给变量赋予了空值，而 undefined 则表示变量没有被赋值。

2.2.2　数据类型检测

JavaScript 使用运算符 typeof 来检测变量或值的数据类型，返回值是代表数据类型的字符串。typeof 返回值如表 2-4 所示。

表2-4　typeof返回值

typeof 操作数	返　回　值
typeof　10	number
typeof　NaN	number
typeof　'10'	string
typeof　true	boolean
typeof　undefined	undefined
typeof　null	object

typeof 检测 null 和引用类型时一律返回 object，这是 typeof 的局限性。如果希望判断一个变量是不是数组，或判断某个变量是不是某个对象的实例，需要使用 instanceof。instanceof 用于判断一个变量是不是某个对象的实例。示例如下：

```
var a=new Array();
```

```
console.log (a instanceof Array);// true
var d = new Date();
console.log (d instanceof Date);// true
```

2.2.3　数据类型转换

不同类型的数据一起参与运算时，需要进行数据类型转换。JavaScript 数据类型转换可以分为自动类型转换和强制类型转换两种。

1. 自动类型转换

自动类型转换并不会改变操作数本身的类型，改变的仅仅是这些操作数如何被求值以及表达式本身的类型。

1）其他类型转布尔型

其他类型转换为布尔型时，会被看作 false 的数据如表 2-5 所示，其他数据会被视为 true。

表2-5　其他类型转布尔型

需要转换的数据	布　尔　值
0、0.0	false
空字符串	false
null	false
undefined	false
NaN	false

其中，浮点型 0.0 后面无论添加多少个 0，值均为 false；空字符串的值为 false，但包含一个空格的非空字符串的值为 true。

2）其他类型转数字型

布尔型和数字型进行算术运算时，true 会自动转换为 1 参与运算，false 会自动转换为 0 参与运算。示例如下：

```
var foo = true;
console.log(foo+3);      // 输出：4
console.log(true*3);     // 输出：3
```

undefined 参与算术运算时结果为 NaN。示例如下：

```
var age;                 // 声明变量 age，没有初始化，默认值是 undefined
console.log(age+3);      // 输出：NaN
```

null 参与算术运算时转换为 0。示例如下：

```
var obj = null;          // 声明变量 obj，初始值是 null
console.log(obj+3);      // 输出：3
```

如果运算符为–、*、/、%中的任意一个，JavaScript 会自动将字符串转换为数字，对于无法转换的则转换为 NaN。示例如下：

```
console.log("15"-5);     // 输出：10
```

```
console.log("2"*5);      // 输出：10
console.log("15"-"a");   // 输出：NaN
```

3）其他类型转字符串型

如果表达式中存在字符串类型和其他类型数据，而运算符使用"+"，则 JavaScript 会自动将其他类型转换为字符串，并将两个字符串拼接在一起。示例如下：

```
console.log("20"+2);              // 输出：202
var age = 75;
// 输出：2024 年是建国 75 周年
console.log('2024 年是建国'+age+'周年');
var variable = undefined;
console.log(variable + '你好'); // 输出：undefined 你好
```

2. 强制类型转换

强制类型转换可以把一种数据类型强制转为另一种数据类型，JavaScript 中强制类型转换可以通过 Number()、Boolean()、String()、parseInt()等函数实现，具体内容详见"第 4 章　函数"。示例如下：

```
var num1 = prompt();    // 1
var num2 = prompt();    // 2
var sum1 = num1 + num2; // 求和
console.log(sum1);      // 12
var sum2 = parseInt(num1) + parseInt(num2);
console.log(sum2);      // 3
```

上面代码中，prompt()函数的返回值是字符串类型，因此 sum1 的值是字符串拼接的结果"12"。使用 parseInt()函数将字符串转换为数字后，可以得到正确的求和结果。

2.3　运算符和表达式

运算符也被称为操作符，是用于实现赋值、比较和算术运算等功能的符号。JavaScript 运算符主要包括算术运算符、递增和递减运算符、赋值运算符、比较运算符、逻辑运算符、条件运算符等。表达式是由数字、运算符、变量等组成的有返回值的式子。

2.3.1　算术运算符

算术运算符主要用于处理加、减、乘、除和取模等数学运算，JavaScript 常用算术运算符如表 2-6 所示。

表2-6　算术运算符

运　算　符	描　　述	示　　例
＋	当操作数全部为数字类型时执行加法运算；当操作数存在字符串时执行字符串连接操作	1＋2 // 执行加法运算，结果为 3 "1"＋2 //执行字符串连接操作，结果为"12"
－	减法运算	1－2 // 执行减法运算，结果为-1

（续表）

运　算　符	描　　述	示　　例
*	乘法运算	1 * 2 // 执行乘法运算，结果为 2
/	除法运算	1 / 2 // 执行除法运算，结果为 0.5
%	取模运算	1 % 2 // 执行取模运算，结果为 1

运算符 "+" 和 "-" 可以将其他类型转换为数值型，示例如下：

```
var age = "20";
console.log(typeof  +age);// 输出: number
```

JavaScript 采用 IEEE754 的双精度标准，在计算机内部存储数据的编码时，0.1 不是精确的 0.1，而是有舍入误差的。因此不能直接判断两个浮点数是否相等，可以根据业务对精度的要求用差值来间接判断，比如差值小于 0.0005 视为相等。示例如下：

```
var num = 0.1+0.2;
console.log(num);// 输出: 0.30000000000000004
console.log(num.toFixed(1));// 输出: 0.3
```

2.3.2　递增和递减运算符

递增运算符（++）和递减运算符（--）只接收一个操作数，根据操作数和运算符的相对位置不同，分为前递增、后递增、前递减、后递减四种情况，如表 2-7 所示。

表2-7　递增和递减运算符

示　　例	描　　述	作　　用
++a	前递增	a 先加 1，再返回值
a++	后递增	先返回 a 的值，a 再加 1
--a	前递减	a 先减 1，再返回值
a--	后递减	先返回 a 的值，a 再减 1

【例 2-1】递增运算

```
var num = 18;
var res1 = ++ num;
var age = 18;
var res2 = age++;
console.log("num 的值是:"+num);
console.log("age 的值是:"+age);
console.log("res1 的值是:"+res1);
console.log("res2 的值是:"+res2);
```

例 2-1 在 Chrome 浏览器控制台中的输出结果如图 2-4 所示。由输出结果可知，无论操作数在运算符的前面还是后面，通过自增运算后，操作数本身加 1。区别主要体现在给其他变量赋值时，前递增运算会把操作数加 1 后的值赋给变量 res1；后递增会先把操作数的值赋给变量 res2，然后操作数加 1。递减运算符和递增运算符的用法相同，不再赘述。

```
num的值是:19
age的值是:19
res1的值是:19
res2的值是:18
```

图 2-4　例 2-1 的输出结果

2.3.3　赋值运算符

赋值运算符（=）把右侧表达式的值赋给左边的操作数。JavaScript 赋值运算符如表 2-8 所示。

表2-8　赋值运算符

运　算　符	描　　　述	举　　　例
=	赋值	a=b，把 b 的值赋给 a
+=	加等于	a+=b，等价于 a=a+b
-=	减等于	a-=b，等价于 a=a-b
*=	乘等于	a*=b，等价于 a=a*b
/=	除等于	a/=b，等价于 a=a/b
%=	模等于	a%=b，等价于 a=a%b

2.3.4　比较运算符

比较运算符用于对两个操作数进行比较，比较的结果为真时返回 true，结果为假时返回 false。JavaScript 比较运算符如表 2-9 所示。

表2-9　比较运算符

运　算　符	名　　称	示　　例	结　　　果
<	小于	a < b	a 小于 b 时，返回 true
>	大于	a > b	a 大于 b 时，返回 true
<=	小于或等于	a <= b	a 小于或者等于 b 时，返回 true
>=	大于或等于	a >= b	a 大于或者等于 b 时，返回 true
==	等于	a == b	a 等于 b 时，返回 true
!=	不等	a != b	a 不等于 b 时，返回 true
===	全等	a === b	a 和 b 的值和类型都相同时，返回 true
!==	不全等	a !== b	a 和 b 的值或类型不同时，返回 true

【例 2-2】比较运算符

```javascript
console.log(1 == "1");// true。字符串"1"先转换为数字 1 再和 1 比较
console.log(1 === "1");// false。字符串"1"和数字 1 类型不同
console.log(NaN == NaN); // false。NaN 不等于任何值
console.log(0.1 + 0.2 == 0.3); // false。由于精度问题 0.1 + 0.2 不等于 0.3
console.log(0.1 * 10 + 0.2 * 10 == 0.3 * 10); // true。转换为比较 1+2 == 3
console.log(1 == true); // true。布尔值先转换为数字 1 再比较
console.log('21' < '15'); // false。字符串比较是按照每一位的 Unicode 码进行比较
console.log('21' < 15); // false。字符串"21"先转换为数字 21 再和 15 比较
```

例 2-2 在 Chrome 浏览器控制台中的输出结果如图 2-5 所示。由输出结果可知，当进行比较的两个操作数类型不同时，除了 "===" 和 "!==" 之外，其他操作符会自动将字符串类型数据转换为数字类型之后再比较。全等运算符（===）只有当两个操作数的类型和值均相等时，结果才为 true。

```
true
false
false
false
true
true
false
false
```

图 2-5　例 2-2 的输出结果

2.3.5　逻辑运算符

逻辑运算符可以把两个或多个表达式连接成一个表达式，或使表达式的逻辑反转。JavaScript 逻辑运算符如表 2-10 所示。

表2-10　逻辑运算符

运　算　符	名　　　称	示　　　例	说　　　明
&&	逻辑与	a && b	a 和 b 都为 true 时，结果为 true
||	逻辑或	a || b	a 或 b 任一为 true 时，结果为 true
!	逻辑非	! a	将 a 的值转换为布尔值并取反

1. &&

"&&" 运算符执行与运算，遵循以下两条规则：

（1）如果 "&&" 运算符左边的表达式为 true 或代表真的值，将继续进行右边表达式的计算，最终返回右边表达式的值。

（2）如果 "&&" 运算符左边的表达式为 false 或代表假的值，将不会进行右边表达式的计算，最终返回左边表达式的值。该规则也称为 "短路" 规则。

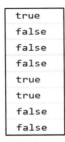

【例 2-3】 "&&" 运算符

```
console.log(true && false);      // 输出: false
console.log(1 && 6);             // 输出: 6
console.log(0 && 6);             // 输出: 0
console.log(1 == 1 && 6);        // 输出: 6
console.log('a' && 'c');         // 输出: 'c'
console.log(null && 6);          // 输出: null
console.log(NaN && 6);           // 输出: NaN
console.log(undefined && 6);     // 输出: undefined
console.log(0 && 1 && 6 );       // 输出: 0
console.log(1 && 2 && 3);        // 输出: 3
```

例 2-3 在 Chrome 浏览器控制台中的输出结果如图 2-6 所示。由输出结果可知，逻辑与表达式的值既可以是布尔值，也可以不是布尔值。如果第一个表达式的值为真，则返回第二个表达式的值；如果第一个表达式的值为假，则返回第一个表达式的值。

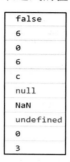

```
false
6
0
6
c
null
NaN
undefined
0
3
```

图 2-6　例 2-3 的输出结果

提示： JavaScript 程序中表达 "1<x<9" 的逻辑关系时，应写作 "1<x && x<9"。"1<x<9" 相当于 "var temp=1<x; temp<9;"，其中 "1<x" 的返回值是 true 或 false，"temp<9" 中的比较运算符 "<" 会将布尔型 temp 转换为数字和 9 比较，true 转换为 1，false 转换为 0，因此无论 x 是多少，"temp < 9" 恒成立，因此 "1<x<9" 返回结果始终都是 true。

2. ||

"||" 运算符执行或运算，遵循以下两条规则：

（1）如果 "||" 运算符左边的表达式为 false 或代表假的值，将继续进行右边表达式的计算，最终返回右边表达式的值。

（2）如果 "||" 运算符左边的表达式为 true 或代表真的值，将不会进行右边表达式的计算，最终返回左边表达式的值。

【例 2-4】 "||" 运算符

```
console.log(true || false);          // 输出：true
console.log(1 || 6);                 // 输出：1
console.log(0 || 6);                 // 输出：6
console.log(1 == 1 || 6);            // 输出：true
console.log('a' || 'c');             // 输出：'a'
console.log(null || 6);              // 输出：6
console.log(NaN || 6);               // 输出：6
console.log(undefined || 6);         // 输出：6
console.log(0 || 1 || 6);            // 输出：1
console.log(1 || 2 || 3);            // 输出：1
var num = 0;
123 || num++;                        // 第一个表达式为真，num++不再执行
console.log(num);                    // 输出：0
```

例 2-4 在 Chrome 浏览器控制台中的输出结果如图 2-7 所示。由输出结果可知，逻辑或表达式的值既可以是布尔值，也可以不是布尔值。如果第一个表达式的值为真，则返回第一个表达式的值；如果第一个表达式的值为假，则返回第二个表达式的值。

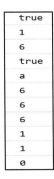

图 2-7　例 2-4 的输出结果

3. !

"!" 运算符执行取反运算，遵循以下两条规则：

（1）"!" 运算符的操作数只有一个。

（2）"!" 运算符在执行运算时，首先将操作数转换为布尔值，然后对布尔值取反，返回 true 或 false。示例如下：

```
console.log( !true ); // 输出: false
console.log( !false ); // 输出: true
console.log( !123 );// 输出: false，数字 123 转换为布尔值是 true
console.log( !null );// 输出: true，null 转换为布尔值是 false
console.log( !undefined );// 输出: true，undefined 转换为布尔值是 false
console.log( !NaN );// 输出: true，NaN 转换为布尔值是 false
console.log( !!456 );// 输出: true，数字 456 转换为布尔值是 true，两次取反后返回 true
```

2.3.6　条件运算符

条件运算符是三元运算符，需要 3 个操作数。语法格式如下：

条件表达式?表达式 1:表达式 2

条件运算符根据条件表达式的真假返回不同的值，当条件表达式为真时，返回表达式 1 的值；当条件表达式为假时，返回表达式 2 的值。

【例 2-5】输出两者中比较大的值

```
var a = 10;
var b = 20;
console.log(a > b ? a : b);// 输出: 20
```

2.3.7　运算符的优先级与结合性

运算符优先级是指多个运算符放在一起进行运算时，优先使用哪个运算符。例如表达式"1+2*3"的结果是 7，而不是 9，因为乘法比加法的优先级高。

如果运算符的优先级相同，则需要按照结合方向来决定运算顺序。例如，乘法运算符是向左结合，所以 2*3*4 等价于（2*3）*4；赋值运算符 "=" 是向右结合，所以 a=b=c 等价于 a=(b=c)，即先把 c 的值赋给 b，再把 b 的值赋给 a。

本书建议通过增加小括号来明确显示运算符的优先级，从而增强程序的可读性。JavaScript 运算符的优先级与结合性如表 2-11 所示。

表2-11　运算符的优先级与结合性

结 合 性	运 算 符	优 先 级
从左到右	.　[]　()	同一行的运算符优先级相同；不同行的运算符，从上到下，优先级由高到低依次排列
从右到左	++　--　-（取反）　!　new　typeof	
从左到右	*　/　%	
从左到右	+　-	
从左到右	<　<=　>　>=　instanceof	
从左到右	==　!=　===　!==	
从左到右	&&	
从左到右	||	
从右到左	?：	
从右到左	=　+=　-=　*=　/=　%=	
从左到右	,	

【例 2-6】运算符的优先级与结合性

```
// 根据优先级，先执行乘法再执行加法
console.log(1 + 5 * 2 );
// 根据优先级，先执行小括号里的 1+5 再和 2 相乘
console.log((1 + 5) * 2 );
// 根据优先级，先执行 3 > 5，再执行&&运算
console.log(3 > 5 && 2 < 7);
// 根据优先级，先执行严格相等比较再赋值
var c = 2 === "2";
console.log(c);
// 根据优先级，先执行取反，再执行&&运算，最后执行||运算
var d = !2 || 3 && 1;
console.log(d);
```

例 2-6 在 Chrome 浏览器控制台中的输出结果如图 2-8 所示。

```
11
12
false
false
1
```

图 2-8　例 2-6 的输出结果

2.4　流程控制

流程控制实现程序流程的选择、循环、跳转等功能。流程控制语句对编程语言起着至关重要的

作用，程序的执行流程直接决定最后的结果。开发者只有清楚每条语句的执行流程，才能选择合适的流程控制语句来实现想要的功能。合理的流程控制结构能够使程序代码更加清晰，并减少代码冗余，有利于提高开发效率。

2.4.1　选择结构

选择结构根据条件的不同，执行不同的分支语句，从而得到不同的结果。例如，若学生成绩大于 60，则该学生的成绩及格，否则成绩不及格。若淘宝用户的积分在 4~250，则其信用等级为"红心"；在 250~10000，则信用等级为"蓝钻"等。

选择结构包括 if 条件语句和 switch 条件语句两种。

1. if 条件语句

在 JavaScript 中，if 条件语句可分为 if、if…else、if…else if…else 3 种。

1）if 语句

if 语句的语法格式如下：

```
if(条件表达式){
    代码块;
}
```

如果条件表达的结果为真，则执行代码块。

【例 2-7】判断闰年

```
var year = 2020;
//能被 4 整除且不能被 100 整除或者能够被 400 整除的是闰年
if (year % 4 == 0 && year % 100 != 0 || year % 400 == 0) {
    console.log (year+'年是闰年');
}
```

例 2-7 在 Chrome 浏览器控制台中的运行结果为：

2020 年是闰年

2）if…else 语句

if…else 语句的语法格式如下：

```
if(条件表达式){
    代码块 1;
}else{
    代码块 2;
}
```

if…else 语句在条件表达式的结果为真时，执行代码块 1，否则执行代码块 2。

【例 2-8】输出较大的数字

```
var num1 = 10;
var num2 = 20;
if (num1 > num2) {
```

```
        console.log("较大的数是" + num1);
    }else {
        console.log("较大的数是" + num2);
    }
```

例 2-8 在 Chrome 浏览器控制台中的运行结果为：

较大的数是 20

3）if…else if…else 语句

if…else 语句只能用于包含两个分支结果的情况，当分支结果更多时，可以使用 if…else if…else 语句。

【例 2-9】判断会员积分等级

某电商网站根据用户积分数量共设定四个会员等级：积分不超过 1000 分为普通会员；积分大于 1000 分且不超过 5000 分为黄金会员；积分大于 5000 分且不超过 10000 分为铂金会员；积分大于 10000 分为超级会员。现有一用户积分为 3000 分，判断其会员等级。

```
var integral = 3000;
if (integral <= 1000) {
    console.log("普通会员");
} else if (integral <= 5000) {
    console.log("黄金会员");
} else if (integral <= 10000) {
    console.log("铂金会员");
} else {
    console.log("超级会员");
}
```

例 2-9 在 Chrome 浏览器控制台中的运行结果为：

黄金会员

【例 2-10】根据空气质量指数进行生活建议

AQI（Air Quality Index，空气质量指数）根据空气中的各种成分占比，将监测的空气浓度简化为单一的概念性数值形式，它将空气污染程度和空气质量状况分级表示，适合于表示城市的短期空气质量状况和变化趋势。空气质量指数、对应等级及相关建议如表 2-12 所示。

表2-12 空气质量指数、对应等级及相关建议

AQI 数值	等　级	生活建议
0~50	优	空气清新，参加户外活动
51~100	良	可以正常进行户外活动
101~150	轻度污染	敏感人群减少体力消耗大的户外活动
151~200	中度污染	对敏感人群影响较大，减少户外活动
201~300	重度污染	所有人适当减少户外活动
>300	严重污染	尽量不要留在户外

案例代码如下：

```javascript
var x = prompt("请输入 AQI 数值:");
var s = '';
if (x < 0)
    console.log("输入错误! ");
else if (x <= 50)
    s = "优，空气清新，参加户外活动。"
else if (x <= 100)
    s = "良，可以正常进行户外活动。"
else if (x <= 150)
    s = "轻度污染，敏感人群减少体力消耗大的户外活动。"
else if (x <= 200)
    s = "中度污染，对敏感人群影响较大，减少户外活动。"
else if (x <= 300)
    s = "重度污染，所有人适当减少户外活动。"
else
    s = "严重污染，尽量不要留在户外。"
console.log("空气质量为" + s);
```

在上述代码中，变量 x 保存用户输入的值，根据用户输入的 AQI 数值的不同，给变量 s 赋相应的字符串值，最后在控制台中输出。当用户输入 320 时，例 2-10 在 Chrome 浏览器控制台中的输出结果为：

空气质量为严重污染，尽量不要留在户外。

2. switch 语句

当表达式的值可以列举时，可以采用 switch 语句，其语法格式为：

```javascript
switch(变量或表达式){
    case 常量 1:
        语句块 1;
        break;
        case 常量 2:
        语句块 2;
        break;
        ...
    case 常量 n:
        语句块 n;
        break;
    default:
        语句块 n+1;
}
```

switch 语句根据变量或者表达式的值，从上往下依次与每个 case 后面的常量值进行严格相等的比较，直至找到与变量或表达式严格相等的常量，进而执行该分支下的语句块。如果没有匹配的 case 分支，则执行 default 分支。

需要注意的是：

（1）每个 case 分支的语句块后面都会带一个 break 语句，否则，执行完当前 case 后，会继续执行下一个 case 分支。

（2）switch 中的表达式与 case 语句中的取值是严格相等模式。

提示：switch 语句适合处理判断分支较多的情况，代码可读性好。if 语句适合处理判断分支较少的情况。

【例 2-11】判断用户角色

在线考试系统中支持 3 种角色登录，分别是管理员、教师、学生，不同的角色登录后看到的系统页面不同，能够使用的功能也不尽相同。使用 switch 语句可以根据不同角色，显示不同的页面。项目开发中，可通过数字标识不同的角色，本例分别用数字 0、1、2 代表管理员、教师、学生角色。

```
var role = 1;
switch (role) {
    case 0:
        console.log("显示管理员角色页面");
        break;
    case 1: // 此处如果是字符串"1"，则不严格相等，会执行 default 语句
        console.log("显示教师角色页面");
        break;
    case 2:
        console.log("显示学生角色页面");
        break;
    default:
        console.log("没有访问权限");
}
```

例 2-11 在 Chrome 浏览器控制台中的运行结果为：

显示教师角色页面

2.4.2 循环结构

对于一些需要反复执行并且有规律的代码，可以采用循环结构进行编写。循环结构能够使代码结构更加清晰，有效减少重复代码。循环结构包含 for、while、do…while 3 种形式。

1. for 循环

当循环次数固定时，一般采用 for 循环结构。for 循环结构的语法格式为：

```
for (初始化表达式；结束条件表达式；迭代表达式) {
    循环代码块；
}
```

初始化表达式只在第一次循环开始前执行一次。结束条件表达式在每次循环开始前计算一次值，如果值为 true，则继续循环并执行代码块，否则终止循环。迭代表达式在每次循环后执行一次。

【例 2-12】求 100 和 1000 之间的自然数之和

```
var sum = 0;
for (var i = 100; i <= 1000; i++) {
    sum += i;
}
```

```
console.log(sum);
```

例 2-12 在 Chrome 浏览器控制台中的运行结果为：

```
495550
```

for 循环语句还可以结合条件语句实现更加复杂的功能。我国古代数学家张丘建先生在《算经》中提出了用"一百铜钱购买一百只鸡"的经典算术问题。如果手工计算，庞大的计算量无异于愚公移山，而通过循环结构编写程序，计算机成功执行立即得到结果。因此，我们要学会利用先进的手段解决问题，提高创新能力，用所学知识去解决现实中的问题。

【例 2-13】一百铜钱购买一百只鸡

鸡翁一，值钱五；鸡母一，值钱三；鸡雏三，值钱一；百钱买百鸡，则翁、母、雏各几何？

```
for (var i = 0; i <= 100; i++)
    for (var j = 0; j <= 100; j++)
        for (var k = 0; k <= 100; k++) {
            if (5 * i + 3 * j + k / 3 == 100 && k % 3 == 0 && i + j + k == 100) {
                console.log("可以买" + i + "只公鸡, " + j + "只母鸡," + k + "只小鸡");
            }
        }
```

例 2-13 在 Chrome 浏览器控制台中的输出结果如图 2-9 所示。

可以买0只公鸡，25只母鸡,75只小鸡
可以买4只公鸡，18只母鸡,78只小鸡
可以买8只公鸡，11只母鸡,81只小鸡
可以买12只公鸡，4只母鸡,84只小鸡

图 2-9　例 2-13 的输出结果

2. while 循环

while 循环根据循环条件的真假决定是否执行循环体，语法格式为：

```
while (循环条件) {
    循环代码块;
}
```

while 循环在每次循环前先判断循环条件，如果条件为真，则执行代码块，否则跳出循环。

【例 2-14】 "合抱之木，生于毫末；九层之台，起于累土；千里之行，始于足下"。一张厚度为 0.1 毫米的足够大的纸，对折多少次以后才能达到珠穆朗玛峰的高度（8844.43 米）？

```
var h = 0.1;
var count = 0;   //折叠次数
while (h < 8844430) {
    h = h * 2;
    count++;
}
console.log(count);
```

例 2-14 在 Chrome 浏览器控制台中的运行结果为：

```
27
```

3. do…while 循环

do…while 循环是 while 循环的变种。在 do…while 循环中，无论循环条件是否为真，都会至少执行一次代码块。do…while 循环的语法格式为：

```
do {
    循环代码块;
} while (循环条件);
```

【例 2-15】猜数字游戏

```
var random = 8;
do {
    var num = prompt('你来猜？ 请输入 1~10 的一个数字');
    if (num > random) {
        console.log('输入的值'+num+'猜大了');
    } else if (num < random) {
        console.log('输入的值'+num+'猜小了');
    } else {
        console.log('输入的值'+num+'猜对了');
    }
} while (num != random);
```

在例 2-15 中，变量 random 代表用户要猜的一个数字，值为 8。变量 num 保存用户输入的值，循环条件为 "num != random"。在循环体中，首先弹出输入框获取用户输入值，然后判断输入值 num 和 random 的关系，如果相等则循环结束，输入框消失。在输入框中依次输入 2、9 和 8，例 2-15 在 Chrome 浏览器控制台中的运行结果如图 2-10 所示。

图 2-10 例 2-15 的运行结果

while 和 do…while 的区别是：while 循环首先判断循环条件是否成立，条件不满足不执行循环体；do…while 循环先执行循环体，再判断循环条件是否成立，即使条件不成立，也执行了一次循环体。示例如下：

```
var n = 10;
while (n < 10) {
    console.log(n);
}

运行结果：
无输出
```

```
var n = 10;
do {
    console.log(n);
} while (n < 10);

运行结果：
10
```

在上述示例的左、右两个代码块中，n 的初值相同，循环条件和循环体也相同，但结果不同。

提示：for 循环适合循环次数是已知的操作。while 和 do…while 循环适合循环次数是未知的操作。

4. 循环跳出语句

只要循环条件成立，循环语句便会一直执行下去。如果希望在循环过程中跳出循环，可以使用循环跳出语句。JavaScript 循环跳出语句包括 break 和 continue 两种。

break 语句可以直接跳出 for、while 和 do…while 循环。当有多层循环嵌套时，break 语句只能跳出离得最近的一层循环。

【例 2-16】判断给定数字是否为素数

```javascript
var num = 23517;
var flag = true;
for (var i = 2; i < num / 2; i++) {
    if (num % i == 0) {
        flag = false;
        break;
    }
}
if (flag) {
    console.log("该数字是素数");
} else {
    console.log("该数字不是素数");
}
```

上面示例在 Chrome 浏览器控制台中显示的运行结果为：

```
该数字不是素数
```

在例 2-16 中，只要发现一个大于 1 且可以整除该数字的自然数，即可证明该数字不是素数，程序也没必要继续执行下去，所以用 break 语句直接跳出 for 循环。

continue 语句只能跳出本次循环，并继续进入下一次循环。

【例 2-17】输出 10 以内的奇数

```javascript
for (var i = 1; i <= 10; i++) {
  if (i % 2 == 0) continue;
    console.log(i);
}
```

例 2-17 在 Chrome 浏览器控制台中的运行结果为：

```
1
3
5
7
9
```

2.4.3 异常处理

异常是指程序运行过程中发生的一些不正常事件（如除 0 溢出、数组下标越界、所要读取的文件不存在、网络连接中断、服务器崩溃等）。JavaScript 可以捕获异常并进行相应的处理。通常用到的异常处理语句包括 try…catch…finally 语句和 throw 语句。

1. try…catch…finally 语句

语法格式如下：

```
try {
  // 可能会抛出异常的代码
}
catch (error) {
  // 异常处理代码
}
finally {
  // 无论是否发生异常都会执行的代码（可以省略）
}
```

try 语句块中的语句首先被执行。如果运行中发生了错误，程序就会转移到位于 catch 语句块中的语句，其中括号中的 error 参数被作为例外变量传递；如果运行中没有错误，catch 语句块的语句被跳过不执行。无论是否发生异常，最后将执行 finally 语句块中的语句。try 和 catch 成对出现，finally 可以省略。

```
try {
  console.log(num);
} catch (e) {
  console.log(e);
} finally {
  console.log('不管是否出错，这里的代码都会执行。');
}
console.log('其他代码');
```

在上面代码中，由于变量 num 未定义，JavaScript 将抛出异常（JavaScript 实际上会创建带有两个属性的 Error 对象：name 和 message）。catch 语句块捕获到之后，在控制台中输出相应的错误信息 "Uncaught ReferenceError: num is not defined"。最后，finally 语句块中的代码会执行。try…catch…finally 语句执行完毕后，不影响其他程序的执行，因此控制台最后会输出 "其他代码"。

2. throw 语句

throw 语句允许创建自定义错误，即抛出异常（抛出错误）。
异常可以是 JavaScript 字符串、数字、布尔值或对象：

```
throw "Too big";     // 抛出文本
throw 500;           // 抛出数字
```

如果把 throw 与 try 和 catch 一同使用，就可以控制程序流程并生成自定义错误消息。示例如下：

```
function devide(a, b) {
  if (0 === b) { // 分母为 0
```

```
      throw '分母不能为零!'; // 抛出异常
   }
   return a / b;
}
try {
   devide(10, 0); // 可能会出现错误的代码
} catch (e) {
   console.error(e); // 出现错误后，会抛出自定义的错误
}
```

在上面代码中，定义了一个 devide 函数，判断分子是否为 0，如果为 0，就用 throw 抛出异常。在 try 里面调用 devide 函数，如果出现分子为 0，则运行 catch 里面的代码。

提示：错误总会发生！设计良好的程序应该在程序发生异常时提供处理这些异常的方法，使得程序不会因为异常的发生而阻断或产生不可预见的结果。

2.5　代码调试

代码调试在任何一种开发语言中都是必不可少的技能。掌握各种调试技巧，能在工作中起到事半功倍的效果，例如快速定位问题、降低程序异常概率、帮助分析逻辑错误等。要在前端开发中降低开发成本，提升工作效率，掌握前端开发调试技巧尤为重要。本节将介绍常用 JavaScript 代码调试方法。

2.5.1　alert()方法

在控制台出现之前，JavaScript 可以使用 alert()方法进行代码跟踪。alert()方法可以出现在脚本程序的任意位置。

【例 2-18】使用 alert()方法调试代码

```
var sum = 0;
for (var i = 1; i <= 3; i++) {
  sum += i;
  alert('sum='+sum+',i='+i)
}
```

例 2-18 使用 alert()方法跟踪 sum 和 i 的值，一共弹出 3 次对话框，需要单击第一个对话框中的"确定"按钮，才能显示下一个对话框。从显示的对话框中可以看到两个变量值的变化。例 2-18 在 Chrome 浏览器中的运行结果如图 2-11 所示。

图 2-11　例 2-18 的运行结果

由图 2-11 可知，需要用户单击对话框中的"确定"按钮，程序才会继续执行，因此 alert()方法

会阻塞后续程序代码的执行，连续测试不太方便。实际编程中，用于调试代码的 alert()方法在调试结束后要全部删掉。

2.5.2 console.log()方法

console.log()方法的作用是在浏览器的控制台中输出信息，它不会阻塞程序的执行。

【例 2-19】使用 console.log()方法调试代码

```
var sum = 0;
for (var i = 1; i <= 3; i++) {
  sum += i;
  console.log('sum='+sum+',i='+i) ;
}
```

例 2-19 在 Chrome 浏览器控制台中的运行结果如图 2-12 所示。

```
sum=1,i=1
sum=3,i=2
sum=6,i=3
```

图 2-12 例 2-19 的运行结果

由图 2-12 可知，console.log()方法在控制台中输出调试信息，不影响页面显示。在调试完成后，console.log()方法的调试代码不删除也不会对业务逻辑造成破坏，但是为了代码整洁，还是应该尽可能删除与业务逻辑无关的调试代码。

2.5.3 开发人员工具调试

除了使用 alert()方法和 console.log()方法之外，开发人员经常使用浏览器的开发人员工具定位代码错误、跟踪调试代码和在控制台中运行 JavaScript 代码。

1. 定位代码错误

开发人员工具可以在控制台中具体指出错误的类型和出错代码所在的位置。

【例 2-20】定位代码错误

```
var sum =0;
for (var i = 1; i <= 3; i++) {
  su += i; // sum 误写为 su
  console.log('sum='+sum+',i='+i) ;
}
```

例 2-20 在 Chrome 浏览器中的运行结果如图 2-13 所示。

```
⊗ ▶Uncaught ReferenceError: su is not defined
    at 例2-20.html:7:7
```

图 2-13 例 2-20 的运行结果

由图 2-13 可知，文件"例 2-20.html"的第 7 行出现了错误，错误类型是"Uncaught ReferenceError
（引用错误）"，错误信息是"su is not defined（su 未定义）"。根据控制台报错信息，开发人员
容易定位错误，第 7 行正确的写法应是"sum += i;"。

2. 跟踪调试代码

开发人员工具允许开发人员为 JavaScript 代码添加断点，使程序执行到某一特定位置时暂停，
方便开发者对该处代码段进行分析和处理。下面演示跟踪调试【例 2-19】的代码，步骤如下：

步骤 01 在 Chrome 浏览器中运行例 2-19 代码。

步骤 02 按 F12 键，或者右击，在弹出的快捷菜单中选中"检查"，打开开发人员工具。

步骤 03 打开开发人员工具的 Sources 选项卡。双击左侧窗口的文件名称"例 2-19.html"，此时会在
　　　　中间窗口打开源代码，如图 2-14 所示。

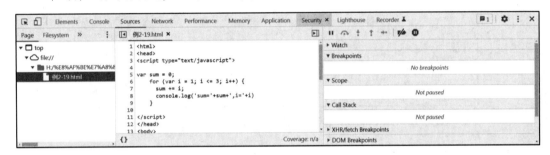

图 2-14　Sources 选项卡

步骤 04 添加断点。在需要调试的代码行号处单击，此时该行号会显示蓝色背景。断点可以添加多
　　　　个，单击第 7 行添加断点的效果如图 2-15 所示。

```
📘 例2-19.html ✕
 1  <html>
 2  <head>
 3  <script type="text/javascript">
 4
 5  var sum = 0;
 6      for (var i = 1; i <= 3; i++) {
 7        sum += i;
 8        console.log('sum='+sum+',i='+i)
 9      }
10
11  </script>
12  </head>
13  <body>
```

图 2-15　添加断点

步骤 05 刷新页面。按 F10 键或 F11 键实现逐语句或逐过程调试程序。在调试过程中，可以在右侧
　　　　窗口的 Scope 选项中跟踪每一个变量在运行过程中的值，或在 Watch 选项中添加需要观测
　　　　的变量的值，或将鼠标悬停在需要观测的变量值上，演示效果如图 2-16 所示。

步骤 06 调试完毕后取消断点。在已添加断点的代码行号处单击，再刷新页面即可。

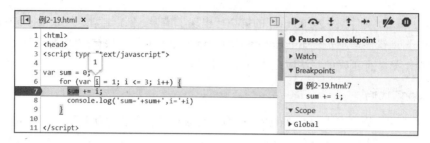

图 2-16　跟踪调试代码

3. 在控制台中运行 JavaScript 代码

浏览器控制台中不仅能输出信息，还能直接运行 JavaScript 代码。在 Chrome 浏览器控制台中输入 JavaScript 代码，按回车键即可运行，如图 2-17 所示。

图 2-17　在控制台中运行 JavaScript 代码

提示：程序漏洞引起的事故有很多，例如著名的"千年虫"问题。"千年虫"问题是指在某些使用了计算机程序的智能系统（包括计算机系统、自动控制芯片等）中，由于其中的年份只使用两位十进制数来表示，因此当系统进行（或涉及）跨世纪的日期处理运算时（如多个日期之间的计算或比较等），就会出现错误的结果，进而引发各种各样的系统功能紊乱甚至崩溃。因此，我们在开发调试程序中要注重细节，遇到无法解决的问题时，应该坚持不懈地查找资料，而不是放弃。任何一个小的疏忽，哪怕是一个标点用错了，都将导致程序无法运行或不能得到正确的结果。在调试程序中应保持认真、细心和严谨的作风，通过不断调试、改错，培养和践行"工匠精神"。

2.6　案例：重污染天气预警程序设计

绿水青山就是金山银山。持续深入打好蓝天、碧水、净土保卫战是高质量发展的内在要求，也是民心所向。重污染天气预警以日 AQI（空气质量指数）为指标，按照连续 24 小时（可以跨自然日）均值计算。预警级别由低到高分为黄色、橙色和红色预警三级，各级别分级标准如下：

- 黄色预警：预测日 AQI>200 或日 AQI>150 持续 48 小时以上，且未达到高级别预警条件。
- 橙色预警：预测日 AQI>200 持续 48 小时或日 AQI>150 持续 72 小时以上，且未达到高级别预警条件。
- 红色预警：预测日 AQI>200 持续 72 小时且日 AQI>300 持续 24 小时以上。

重污染天气预警可以提高预防、预警和应对能力，及时有效地控制、减少或消除重污染天气带来的危害，更好地保障人民群众的身体健康和经济社会高质量发展。

1. 案例呈现

本节使用多分支流程控制语句，实现如图 2-18 所示的重污染天气预警功能。在案例中主要实现以下功能：

（1）弹出提示框，获取用户输入预测日 AQI。
（2）弹出提示框，获取用户输入预测日持续时间。
（3）弹出提示框，获取用户输入日 AQI。
（4）弹出提示框，获取用户输入日持续时间。
（5）判断预警等级，并在弹出对话框中显示。

图 2-18　重污染天气预警程序效果

2. 案例分析

案例中，需要在页面中弹出提示框获取用户的输入值，然后根据重污染天气预警等级划分标准，判断预警等级。案例的实现分为以下几个步骤：

步骤01 定义变量 forcastAQI 保存预测日 AQI；定义变量 forcastHours 保存预测日持续时间；定义变量 realAQI 保存日 AQI；定义变量 realHours 保存日持续时间。

步骤02 通过 prompt()方法弹出提示框获取用户输入数据。

步骤03 通过 if-else 多分支语句判断预警等级。

步骤04 通过 alert()方法输出预警等级。

3. 案例实现

经过以上分析，本案例的 JavaScript 代码如下：

```
<script>
var forcastAQI = prompt("请输入预测日 AQI:")
var forcastHours = prompt("请输入预测日持续时间:")
var realAQI = prompt("请输入日 AQI:")
var realHours = prompt("请输入日持续时间:")
var result = "无预警"
if (forcastAQI>200&&forcastHours>=72 || realAQI>300&&realHours>24){
  result = "红色预警"
}
else if(forcastAQI>200&&forcastHours>=48 || realAQI>150&&realHours>72){
  result = "橙色预警"
}
else if(forcastAQI>200 || realAQI>150&&realHours>48){
  result = "黄色预警"
}
alert(result);
</script>
```

2.7　本章小结

本章首先介绍了 JavaScript 的基础语法，包括变量、数据类型、运算符、表达式和流程控制，然后介绍了代码调试，最后通过"重污染天气预警程序设计"案例介绍了多分支语句的应用。通过本章的学习，读者可以掌握 JavaScript 的基本语法和代码调试技巧，为后续章节的学习打下基础。ECMAScript 6（简称 ES6）中引入的 let 和 const 关键字、运算符的扩展、for…of 语句和数据类型 Symbol 等知识点，请查看第 12 章。

2.8　本章高频面试题

1. 运算符 "=="和 "==="有什么区别？

"==="是严格相等，左右两边不仅值要相等，类型也要相等，例如'1'===1 的结果是 false，因为一边是 string 类型，另一边是 number 类型。

"=="两边只要值相等，就返回 true，例如'1'==1 的结果是 true。

"=="两边类型不一样时，先进行自动类型转换，再比较值是否相同。

2. null 和 undefined 有什么区别？

（1）null 转换为数值时为 0，undefined 转换为数值时为 NaN。

（2）当声明的变量还未被初始化时，变量的默认值为 undefined。

（3）调用函数时，应该提供的参数没有提供，则该参数的值为 undefined。

（4）对象中没有赋值的属性，该属性的值为 undefined。

（5）函数没有返回值时，默认返回 undefined。

3. typeof 是否能正确判断所有数据类型？

不能。对于原始类型来说，除了 null 之外，其他的都可以调用 typeof 显示正确的类型。对于引用数据类型，除了函数之外，其他的都会显示"object"。因此采用 typeof 判断 null 和对象数据类型是不合适的，采用运算符 instanceof 会更好，instanceof 的原理是基于原型链的查询，只要处于原型链中，则判断永远为 true。

2.9　实践操作练习题

1. 交换两个变量的值，效果如图 2-19 所示。

交换前num1=1,num2=2

交换后num1=2,num2=1

图 2-19　练习题 1 的效果

2. 超速行驶是指驾驶员在驾车行驶中，以超过法律、法规规定的速度行驶的行为。例如，在高速公路上，汽车行驶速度最快不超过 120km/h。根据相关规定，机动车在道路上行驶时，对违反限速规定的驾驶员会根据不同的超速情况做出不同的处罚。假设相应处罚标准如表 2-13 所示。

表2-13　超速处罚标准

描　　述	处罚结论
车速≤限速	未超速
超速比≤10%	超速警告
10% <超速比≤20%	罚款 100 元
20% <超速比≤50%	罚款 500 元
50% <超速比≤100%	罚款 1000 元
超速比 > 100%	罚款 2000 元

编写程序，根据输入的车速和限速值，输出如表 2-13 所示的处罚结论，效果如图 2-20 所示。

图 2-20　练习题 2 的效果

3. 阶梯式电价是指把户均用电量设置为若干个阶梯或分档次定价计算费用。通过实行居民阶梯电价政策，可以发挥价格的杠杆作用，引导用户特别是用电量多的居民用户调整用电行为，促进科学、节约用电。具体规则为：当每月用电量在 0~260 度时为第一档，电价是 0.68 元/度；当每月用电量在 261~600 度时为第二档次,260 度以内的按照第一档次收费,剩余的电价按照 0.73 元/度收取；

当每月用电量大于 600 度时，先分别按照第一档次和第二档次收费，剩余电价再按照 0.98 元/度收取。编写程序，根据输入的月用电量计算电费，输出效果如图 2-21 所示。

图 2-21　练习题 3 的效果

4. 在页面输出九九乘法口诀表。

5. 计算 n 的阶乘。n 的阶乘是从 1 开始乘以比前一个数大 1 的数，一直乘到 n，用公式表示为：$1×2×3×4×\cdots×(n-2)×(n-1)×n=n!$。

6. 使用循环语句，计算斐波那契数列第 n 项的值。斐波那契数列指的是这样一个数列：1、1、2、3、5、8、13、21、34、55、89…这个数列从第 3 项开始，每一项都等于前两项之和。

7. 猴子吃桃。猴子第一天摘下若干个桃子，当即吃了一半，还不过瘾，又多吃了一个。第二天早上将第一天剩下的桃子吃掉一半，又多吃了一个。以后每天早上都吃了前一天剩下桃子的一半再加一个。到第 10 天早上想再吃时，发现只剩下一个桃子了。计算猴子第一天摘了多少个桃子？

8. 棋盘上放芝麻。在 64 格的棋盘上放置芝麻，第 1 格上放置 1 粒芝麻，第 2 格上放置 2 粒芝麻，第 3 格上放置 4 粒芝麻，下一格放置的芝麻数量是前一格的 2 倍，以此类推。假设棋盘无限大，编写程序计算第 64 格上应该放置多少粒芝麻？

9. 体脂率计算器。可以通过 BMI 公式根据身高、体重、年龄及性别快速计算出体脂率，随时了解身体健康状况。成年人的体脂率正常范围：女性为 20%～25%，男性为 15%～18%。若体脂率过高，体重超过正常值的 20%以上就可视为肥胖。

BMI 算法：（1）BMI=体重（公斤）÷（身高×身高）（米）。
（2）体脂率：1.2×BMI+0.23×年龄-5.4-10.8×性别（男为 1，女为 0）。

10. 向学生发放补贴，预计共给 50 名学生发放 10000 元，其中特殊困难学生每人 500 元，困难学生每人 350 元，一般困难学生每人 150 元，每个奖项至少有 1 人获得，输出所有符合条件的困难等级学生人数组合。

11. 唐朝是中国历史上一个文化繁荣的时代，涌现出了许多杰出的诗人。唐朝诗人通过诗歌的创作和表达，传承和发展了传统文化，反映了社会现实，倡导了审美情趣和文化素养的提高，鼓励人们保持独立思考和创造性思维，并强调了人格和品德的重要性。这些都对后世产生了深远的影响，成为中华文化的重要组成部分。以下是一些唐朝著名诗人的出生年份：王勃，约 650 年；李白，701 年；高适，704 年；杜甫，712 年。要求编程实现输入年份，输出对应的诗人。

12. 数值累加。累加用户在输入框中输入的正数，忽略 NaN 和负数，当输入 Q 或 q 时，输入结束，并输出求和的值，效果如图 2-22 所示。

图 2-22　练习题 12 的效果

第3章

数　组

　　基本类型的变量只能保存一个数据，当需要保存并处理一批数据时，需要用到复杂数据类型的数组变量。它可以保存一批数据，方便对数据进行分类和批量处理，从而有效地提高程序开发效率。数组是复杂数据类型，在 JavaScript 中应用广泛。本章将介绍创建数组、访问数组的方法以及数组的常用属性和方法。

📖　**本章知识点思维导图**

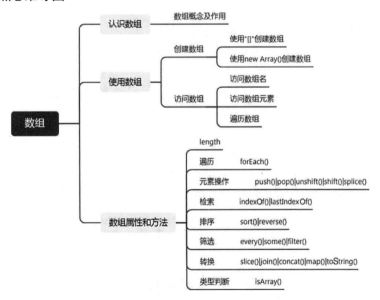

📖　**本章学习目标**

- 掌握数组的创建方式，能够使用数组字面量方式创建数组。
- 掌握访问数组的方法，能够实现访问整个数组及数组元素。
- 掌握遍历数组的方法，能够使用 forEach 语句实现数组的遍历。

- 掌握数组 length 属性，能够实现获取和修改数组的长度。
- 掌握数组的常用方法，能够灵活运用数组方法解决工程问题。
- 能够使用数组实现 "2048" 游戏的关键算法。

3.1 数组概述

开发者经常会在程序中对一批数据进行操作，例如，在微信运动中，对好友每天的运动步数进行排序，如果用 number 类型来表示每位好友每天的运动步数，有多少个好友就需要定义多少个变量，这样做不仅麻烦，而且容易出错。这时，可以使用数组来解决。

什么是数组呢？数组就是一组具有某种共同特性的数据组成的集合，相当于存储多个数据的容器。其中的每个数据被称作元素，在数组中可以存放任意类型的元素。

3.2 创建数组

JavaScript 创建数组有两种方式，一种是使用方括号（[]）创建数组，一种是使用 new Array() 函数创建数组。

1. 使用 "[]" 创建数组

通过在方括号内指定元素给数组赋值，示例如下：

```
var arr = [];// 创建一个长度为 0 的空数组，没有元素
var arr = [1,"篮球",true,undefined,null];// 创建一个长度为 5 的数组,包含 5 个类型不同的元素
```

在上述代码中，arr 为数组名，方括号是数组的标志，元素类型可以是任意数据类型。

2. 使用 new Array()函数创建数组

Array 是 JavaScript 标准内置数组对象，用于构造数组，示例如下：

```
var arr = new Array();// 创建一个空数组，没有元素
var arr = new Array(1,"篮球",true,undefined,null); // 创建一个数组,包含 5 个类型不同的元素
```

提示：使用 "[]" 创建数组比较简洁，在项目开发中最常用。

3.3 访问数组

访问数组有 3 种方式：访问数组名、访问数组元素、遍历数组。

1. 访问数组名

直接访问数组名将返回数组中存储的所有元素值,示例如下:

```
var arr = [1, 2, 3]; // 创建数组 arr
console.log(arr);//直接访问数组名,输出:1, 2, 3
```

2. 访问数组元素

数组中存储的每个元素都有一个位置索引,从 0 开始,到"数组长度-1"结束。开发者可以通过索引来访问、修改对应的数组元素的值。语法格式如下:

数组名[索引]

示例如下:

```
var arr = [1, 2, 3];// 创建数组
console.log(arr[0]);// 获取数组中的第 1 个元素,输出:1
console.log(arr[1]);// 获取数组中的第 2 个元素,输出:2
console.log(arr[99]);// 获取数组中的第 100 个元素,输出:undefined
arr[0] = 8;// 修改数组中的第 1 个元素的值为 8
arr[3] = 5;// 修改数组中的第 4 个元素的值为 5
console.log(arr);// 输出数组中所有的元素值,输出:8,2,3,5
```

提示:如果数组中没有和索引值对应的元素,则得到的值是 undefined,上述代码中 arr[99] 并不存在,因此输出 undefined;如果修改数组中不存在的元素,则代表在数组的末尾插入新元素,此时数组长度自动增长为"索引值+1",上述示例中 arr[3] 并不存在,"arr[3]=5"执行前,数组长度是 3,执行后,数组长度变为 4。

3. 遍历数组

遍历数组是对数组中的每一个元素依次进行访问。开发者可以使用 for 循环语句对数组进行遍历。

【例 3-1】使用 for 语句遍历数组

```
var arr = ['red', 'green', 'blue'];
for (var i = 0; i < 3; i++) {// 3 代表数组长度
  console.log(arr[i]);
}
```

例 3-1 在 Chrome 浏览器控制台中的运行结果为:

```
red
green
blue
```

3.4 数组的常用属性和方法

1. 数组的常用属性

属性 length 返回数组的长度,即数组中元素的个数。它是一个可读可写的属性,语法格式如下:

数组名.length

修改 length 属性的值可以增加或减少数组元素。如果设置的 length 属性值大于数组的元素个数，则会在数组末尾插入 undefined 元素；如果设置的 length 属性值小于数组的元素个数，则会把超过该值的数组元素删除。

示例如下：

```
var arr = [1, 2, 3];// 创建数组
console.log(arr.length);// 获取数组的长度，输出：3
arr.length = 2;// 修改 length 属性的值为 2，此时元素只剩 2 个
console.log(arr);//输出：1,2
arr.length = 0;// 修改 length 属性的值为 0，此时数组元素被清空
console.log(arr); // 输出空数组：[]
arr.length = 1;// 修改 length 属性的值为 1，此时数组增加 1 个元素，默认值是 undefined
console.log(arr[0]);// 输出：undefined
```

2. 数组的常用方法

JavaScript 提供了丰富且功能强大的数组方法，主要包括遍历、元素操作、检索、排序、筛选、转换和类型判断等，如表 3-1 所示。

表3-1 数组的常用方法

数组方法分类	方 法 名
遍历	forEach()
元素操作	push()、pop()、unshift()、shift ()、splice()
检索	indexOf()、lastIndexOf()
排序	sort()、reverse()
筛选	every()、some()、filter()
转换	slice()、join()、concat()、map()、toString()
类型判断	isArray()

1）遍历

forEach()方法对数组中的每个元素执行一次给定的函数。

语法：array.forEach(callback(currentValue))

参数描述：callback()是数组中每个元素执行的函数，currentValue 是数组中正在处理的当前元素。

返回值：undefined。

示例如下：

```
var arr = [1, 2, 3];// 创建数组
arr.forEach(function(item){
  console.log(item);// 输出数组中的每个元素，输出：1, 2, 3
});
```

提示：除了抛出异常以外，没有办法中止或跳出 forEach()循环。

2）元素操作

（1）push()方法将一个或多个元素添加到数组的末尾，并返回新数组元素的个数。

语法：array.push(item1, item2,…, itemX)

参数描述：添加到数组中的项目。

返回值：添加元素后的数组长度。

示例如下：

```
var fruits = ["Banana", "Orange", "Apple", "Mango"];
var r =fruits.push("Kiwi");
console.log(r);// 输出: 5
console.log(fruits);// 输出["Banana","Orange","Apple", "Mango","Kiwi"]
```

（2）pop()方法移除数组的最后一个元素，并返回该元素。

语法：array.pop()

返回值：数组的最后一个元素。

示例如下：

```
var fruits = ["Banana", "Orange", "Apple", "Mango"];
var r = fruits.pop();
console.log(r);// 输出: Mango
console.log(fruits);// 输出: ["Banana", "Orange", "Apple"]
```

（3）unshift()方法将新元素添加到数组的开头，并返回新的长度。

语法：array.unshift(item1, item2,…, itemX)

参数描述：添加到数组开头的元素。

返回值：添加元素后的数组长度。

示例如下：

```
var fruits = ["Banana", "Orange"];
var r =fruits.unshift("Lemon", "Apple");
console.log(r);// 输出: 4
console.log(fruits);// 输出: ["Lemon", "Apple","Banana", "Orange"]
```

（4）shift()方法移除数组的第一个元素。

语法：array.shift()

返回值：数组的第一个元素。

示例如下：

```
var fruits = ["Banana", "Orange", "Apple", "Mango"];
var r = fruits.shift();
console.log(r);// 输出: Banana
console.log(fruits);// 输出: ["Orange", "Apple", "Mango"]
```

【例 3-2】将数组的第一个元素删除并放至数组末尾位置

```
var arr = ['跑', '马', '灯','特','效'];
arr.push(arr.shift());
console.log(arr);// 输出: ['马', '灯','特','效', '跑'];
arr.push(arr.shift());
console.log(arr);// 输出: ['灯','特','效', '跑', '马'];
```

（5）splice()方法向/从数组添加/删除项目，并返回删除的项目。

语法：array.splice(index, howmany, item1, …, itemX)

返回值：新数组，包含删除的项目（如果有）。

示例如下：

```
var fruits = ["Banana", "Orange", "Apple", "Mango"];
fruits.splice(2, 0, "Lemon", "Kiwi");    //将项目添加到数组
```

提示：元素操作方法均会改变原数组。

3）检索

（1）indexOf()方法在数组中搜索指定元素，并返回第一个匹配项的位置。

语法：array.indexOf(item, start)

参数描述：item 代表要搜索的元素。start 指定从哪里开始搜索。搜索将从指定位置开始，如果未指定开始位置，则从头开始，并在数组末尾结束搜索。

返回值：第一个匹配项的位置，若找不到则返回-1。

示例如下：

```
var fruits = ["Apple", "Orange", "Apple", "Mango"];
console.log(fruits.indexOf("Apple"));// 输出: 0
console.log(fruits.indexOf("Apple",1));// 输出: 2
console.log(fruits.indexOf("abc"));// 输出: -1
```

【例 3-3】找到数组中所有元素值为"Apple"的位置

```
var fruits = ["Apple", "Orange", "Apple", "Mango"];
var index = -1;
do {
  index = fruits.indexOf('Apple', index + 1);
  if (index !== -1) {
    console.log(index);
  }
} while (index !== -1);
```

例 3-3 在 Chrome 浏览器控制台中的运行结果如图 3-1 所示。indexOf()方法在搜索到第一个匹配值时立即返回，可以使用循环语句和 indexOf()方法从返回位置的下一个位置开始继续检索，直到找不到匹配值时返回-1。

```
0
2
```

图 3-1　例 3-3 的运行结果

（2）lastIndexOf()方法在数组中搜索指定元素，并返回第一个匹配项的位置。

语法：array.lastIndexOf (item, start)

参数描述：item 代表要搜索的元素。start 指定从哪里开始搜索。搜索将从指定位置开始，如果未指定开始位置，则从末尾开始，并在数组开头结束搜索。

返回值：第一个匹配项的位置，若找不到则返回-1。

示例如下：

```
var fruits = ["Apple", "Orange", "Apple", "Mango"];
console.log(fruits.lastIndexOf("Apple"));// 输出: 2
console.log(fruits.lastIndexOf("Apple",1));// 输出: 0
console.log(fruits.lastIndexOf("abc"));// 输出: -1
```

提示：indexOf 和 lastIndexOf 的区别：

（1）indexOf 搜索某个指定的字符串首次出现的位置，方向是从左向右搜索。

（2）lastIndexOf 搜索某个指定的字符串最后一次出现的位置，方向是从右向左搜索。

4）排序

（1）reverse()方法将数组中元素的位置颠倒，并返回该数组。数组的第一个元素会变成最后一个，数组的最后一个元素变成第一个。

语法：array.reverse()

返回值：颠倒顺序后的原数组。

示例如下：

```
var fruits = ["Banana", "Orange", "Apple", "Mango"];
fruits.reverse();
console.log(fruits); // 输出: ["Mango", "Apple", "Orange","Banana"];
```

（2）sort()方法对数组的元素进行排序。排序顺序可以是按字母或数字升序或降序。默认情况下，sort()方法将按字母和数字升序对字符串进行排序。

语法：array.sort(compareFunction)

参数描述：compareFunction 用来指定按某种顺序进行排列的函数。如果省略，则元素按照默认规则进行排序。

返回值：排序后的原数组。

示例如下：

```
var fruits = ["Banana", "Orange", "Apple", "Mango"];
fruits.sort();
console.log(fruits);// 输出: ["Apple","Banana","Mango","Orange"]
```

```
var num = [40, 100, 1, 5, 25, 10];
num.sort();
console.log(num);// 输出: [1,10,100,25,40,5]
num.sort(function (a, b) { //按升序对数组中的数字进行排序
  return a - b;
});
console.log(num);// 输出: [1,5,10,25,40,100]
var arr1 = ['abc', 'ab', 'a', 'abcdef', 'xy'];
arr1.sort(function (a, b) {
  return a.length - b.length;// 按照字符串长度升序排序
});
console.log(arr1);// 输出: ['a','ab', 'xy','abc','abcdef'];
var arr2 = [1, 2, 3, 4, 5, 6, 7, 8];
arr2.sort(function (a, b) {
  return Math.random() - 0.5;// 随机排序
});
console.log(arr2);// 可能的输出: [1, 2, 6, 8, 4, 3, 7, 5]
```

提示：排序方法均会改变原数组。

5）筛选

（1）every()方法测试一个数组内的所有元素是否都能通过某个指定函数的测试。

语法：array.every(callback(currentValue))

参数描述：callback()是用来测试每个元素的函数，currentValue 是数组中正在处理的当前元素。

返回值：every()方法为数组中的每个元素执行一次 callback()函数，直到它找到一个会使 callback()返回 false 的元素。如果发现了一个这样的元素，every()方法将会立即返回 false；否则，callback()为每一个元素返回 true，every()方法返回 true。

示例如下：

```
var ages = [32, 33, 16, 40];
var result = ages.every(function (item) {
  return item > 18;// 检测数组中的每一个元素是否都大于 18
});
console.log(result);// 输出: false
```

（2）some()方法测试数组中是不是至少有 1 个元素通过了指定函数的测试。

语法：array.some(callback(currentValue))

参数描述：callback()是用来测试每个元素的函数，currentValue 是数组中正在处理的当前元素。

返回值：some()方法为数组中的每个元素执行一次 callback()函数，直到它找到一个会使 callback()返回 true 的元素。如果发现了一个这样的元素，some()方法将会立即返回 true；否则，callback()为每一个元素返回 false，some()方法返回 false。

示例如下：

```
var ages = [32, 33, 16, 40];
var result = ages.some(function (item) {
  return item > 18;// 检测是不是至少有 1 个元素大于 18
});
```

```
console.log(result);// 输出：true
```

（3）filter()方法创建一个新数组，新数组包含通过指定函数测试的所有元素。

语法：arr.filter(callback(currentValue))

参数描述：callback()是用来测试每个元素的函数，返回 true 表示该元素通过测试，保留该元素，返回 false 则不保留。currentValue 是数组中正在处理的当前元素。

返回值：一个新的、由通过测试的元素组成的数组。如果没有任何数组元素通过测试，则返回空数组。

示例如下：

```
var ages = [32, 33, 16, 40];
var result = ages.filter(function (item) {
  return item > 18;// 检测每个元素是否大于 18
});
console.log(result);// 输出：[32, 33, 40]
```

　提示：筛选方法均不会改变原数组。

6）转换

（1）slice()方法返回数组中被选中的元素。

语法：array.slice(start, end)

参数描述：start 指定从哪里开始选择，如果省略，则从数组起始位置开始。end 指定结束选择的位置，不包含 end，如果省略，将选择从开始位置到数组末尾的所有元素。若参数使用负数，则表示从数组末尾开始进行选择。

返回值：一个新数组，包含选定的元素。

示例如下：

```
var fruits = ["Banana", "Orange", "Lemon", "Apple", "Mango"];
console.log(fruits.slice(1, 3));// 输出：["Orange", "Lemon"];
console.log(fruits.slice(1));// 输出：["Orange", "Lemon", "Apple", "Mango"];
console.log(fruits.slice(-3,-1));// 输出：[ "Lemon", "Apple"];
```

（2）join()方法将数组作为字符串返回。元素将由指定的分隔符分隔，默认分隔符是逗号。

语法：array.join(separator)
参数描述：separator 代表要使用的分隔符。如果省略，则元素用逗号分隔。
返回值：数组元素值组成的字符串，由指定的分隔符分隔。

示例如下：

```
var arr = ['green', 'blue', red];
console.log(arr.join()); // 输出字符串："green,blue,red "
console.log(arr.join('-')); // 输出字符串："green-blue-red"
console.log(arr.join('&')); // 输出字符串："green&blue&red"
```

（3）concat()方法用于连接两个或多个数组。

语法：array1.concat(array2, array3,…, arrayX)

参数描述：要连接的数组。

返回值：一个新数组，其中包含已连接数组的值。

示例如下：

```
var num1 = [1, 2, 3],num2 = [4, 5, 6],num3 = [7, 8, 9];
var nums = num1.concat(num2, num3);
console.log(nums);// 输出：[1, 2, 3, 4, 5, 6, 7, 8, 9]
```

（4）map()方法创建一个新数组，新数组中的每个元素是调用一次提供的函数后的返回值。

语法：arr.map (callback(currentValue))

参数描述：callback()是为数组中的每个元素执行的函数。currentValue 是数组中正在处理的当前元素。

返回值：一个新数组。新数组中的每个元素是调用一次提供的函数后的返回值。

示例如下：

```
var num = [1, 2, 3];
var result = num.map(function(item){
  return item * 10;// 每个元素乘以 10
})
console.log(result);// 输出：[10, 20, 30]
```

（5）toString()方法返回包含所有数组值的字符串，以逗号分隔。

语法：array.toString()

返回值：字符串。代表数组的值，用逗号隔开。

示例如下：

```
var arr = ['green', 'blue', 'red'];
console.log(arr.toString()); // 输出字符串："green,blue,red "
```

提示：转换方法均不改变原数组。

7）类型判断

isArray()方法检测对象是否为数组。

语法：Array.isArray(obj)

参数描述：obj 是需要检测的对象。

返回值：如果对象是 Array，则返回 true，否则返回 false。

示例如下：

```
// 下面的 isArray()方法调用都返回 true
Array.isArray([]);
Array.isArray([7, 8, 9]);
Array.isArray(new Array());
Array.isArray(new Array('a', 'b', 'c', 'd'))
```

```
// 下面的 isArray()方法调用都返回 false
Array.isArray();
Array.isArray(null);
Array.isArray(undefined);
Array.isArray(17);
Array.isArray('Array');
Array.isArray(true);
```

提示：typeof [7,8,9]的结果是 object，因此用 typeof 运算符并不能检测出对象是不是一个 Array 对象。

3.5　案例：使用数组实现"2048"游戏的关键算法

网络游戏的娱乐性、新鲜性可以相对缓解工作上的疲劳，但是过度玩网络游戏则会影响工作、生活、学习。读者应自觉遵守新闻出版总署公布的健康游戏忠告："抵制不良游戏，拒绝盗版游戏。注意自我保护，谨防受骗上当。适度游戏益脑，沉迷游戏伤身。合理安排时间，享受健康生活。"本节将介绍使用数组实现"2048"游戏关键算法的方法。

1. 案例呈现

"2048"游戏界面如图 3-2 所示。游戏的规则是通过按键"↑""→""↓""←"控制当前方块向一个方向运动，两个相同的数字方块撞在一起之后合并成为它们的和，每次操作之后会随机生成一个数字 2，最终得到一个数字为"2048"的方块，代表胜利。

图 3-2　"2048"游戏界面

2. 案例分析

如图 3-2 所示，将第一列数据自上而下看作数组[0,0,2,0]，当用户按键盘上的"↑"键，会得到如图 3-3 所示的界面。

由图 3-3 可知，第一列的数据变成数组[2,0,0,0]。当用户再按键盘的"←"键时，会得到如图 3-4 所示的界面。由图 3-4 可知，第二行的数据从数组[0,0,2,0]变成[2,0,0,0]。

图 3-3　按"↑"键后的游戏界面　　　图 3-4　按"←"键后的游戏界面

经分析，按照游戏规则，当按键盘上的"↑"键时，将游戏看成 4 列数据，即原来的 4 个数组转换为新的 4 个数组；其余按键规则一致。因此"2048"游戏的关键算法是将 4 行或 4 列数据的每行或每列，从一个数组按规则变换为另一个数组。数组数据是以 2 为基数的任意数值，例如 0、2、4、8、16、32、64、128 等，长度是 4。数组变换规则如下：

（1）从索引号为 0 的第一个元素开始，相邻两个元素两两比较。

（2）如果数组元素的值是 0 则跳过，和下一位比较。

（3）若比较的两个元素不一致，则将第一个元素放入新数组，第二个元素继续两两比较。

（4）若比较的两个元素一致，则将两个元素相加的结果放入新数组，并从下一个没有参与比较的元素开始继续比较。

（5）若新数组长度小于 4，则在转换后的数组末尾插入 0，使它长度等于 4。

数组变换示例如表 3-2 所示。

表3-2　数组变换示例

原　数　组	新　数　组
[2,2,2,2]	[4,4,0,0]
[2,0,2,2]	[4,2,0,0]
[2,4,2,2]	[2,4,4,0]
[2,4,4,2]	[2,8,2,0]
[0,2,0,2]	[4,0,0,0]

3. 案例实现

```
1 <!DOCTYPE html>
2 <html lang="en">
3   <head>
4   </head>
5 <body>
6     <script>
7         var arr = [0,2,0,2];// 测试数据
8         var newArr = [];
9         for (var i = 0; i < arr.length; i++) {
10        // 数组元素的值是 0，则跳过
11            if (arr[i] != 0) {
12                // 找到下一个值不是 0 的元素
13                for (var j = i + 1; j < arr.length; j++) {
```

```
14              if (arr[j] != 0) break;
15          }
16          //  若比较的两个元素不一致
17          if (arr[i] != arr[j]) {
18              //  将当前值放入新数组
19              newArr.push(arr[i]);
20          } else {
21              //  若比较的两个元素一致，则将相加的结果放入新数组
22              newArr.push(arr[i] + arr[j]);
23              //  从下一个没参与比较的元素继续开始比较
24              i = j;
25          }
26      }
27  }
28  //  若变换后的数组长度小于 4，则在转换后的数组末尾插入 0
29  if (newArr.length < 4) {
30      for (var i = 0; i < arr.length; i++) {
31          if (!newArr[i]) newArr[i] = 0;
32      }
33  }
34  console.log(newArr);
35  </script>
36 </body>
37 </html>
```

在上述代码中，第 7 行定义了一个测试数组 arr，它有 4 个元素；第 8 行定义了一个转换后的新数组 newArr；第 9~27 行代码按照数组变换规则，通过 for 循环两两比较数组中的每个元素；第 29~33 行代码判断数组长度，如果小于 4，则在转换后的数组末尾插入 0；第 34 行输出新数组的值。案例程序在 Chrome 浏览器控制台的输出结果如图 3-5 所示。

```
[4, 0, 0, 0]
```

图 3-5 案例输出结果

3.6 本章小结

本章介绍了 JavaScript 的数组概念、数组创建、数组访问以及数组的常用属性和方法，然后使用数组实现了"2048"游戏的关键算法。本章可使读者掌握 JavaScript 数组的概念和使用方法，为后续章节内容的学习奠定基础。在 ECMAScript 6 中引入的数组的解构赋值和扩展，请查看第 12 章。

3.7 本章高频面试题

1. 如何移除一个数组里面重复的元素，请写出相应的代码。

方法 1：遍历数组中的元素，依次两两比较，如果相等，则把后面一个元素从数组中删除。示

例如下：

```
var arr = [1, 1, 2, 4, 2];
for (var i = 0; i < arr.length; i++) {
  for (var j = i + 1; j < arr.length; j++) {
    if (arr[i] == arr[j]) {
      arr.splice(j, 1);// 删除数组元素
      j--;
    }
  }
}
console.log(arr);// 输出[1, 2, 4];
```

方法 2：创建一个新数组，把原数组中的元素逐个添加到新数组中。判断新数组中是否已经包含原数组中的元素，如果没有，则把原数组中的元素添加到新数组；如果已经存在，则不添加。示例如下：

```
var arr = [1, 1, 2, 4, 2];
var newArr = [];
for (var i = 0; i < arr.length; i++) {
  if (newArr.indexOf(arr[i]) === -1) {
    newArr.push(arr[i]);
  }
}
console.log(newArr);// 输出[1, 2, 4];
```

2. forEach()方法与 map()方法有何异同？

forEach()和 map()都是 JavaScript 中的数组方法，它们都可以用于遍历数组。但是，它们之间有一些重要的差异。

1）相同点

遍历数组：forEach()和 map()都会遍历数组中的每个元素。

回调函数：两者都接收一个回调函数作为参数，这个函数会在每个数组元素上执行。

2）不同点

（1）返回值：

● forEach()：没有返回值。它的主要目的是执行某种操作，而不是生成新的数组。

● map()：返回一个新的数组，新数组中的元素是通过在原始数组上执行提供的函数生成的。

（2）用途：

● forEach()：当需要对数组的每个元素执行某些操作（例如打印、修改对象属性等），但不需要生成新数组时，使用 forEach()。

● map()：当需要根据原始数组生成一个新数组时，使用 map()。例如，将数组中的每个元素转换为另一种形式，或者根据数组中的元素计算新的值。

（3）链式调用：

● 由于 map()返回一个新数组，因此它可以与其他数组方法（如 filter()、reduce() 等）进行链式调用。
● forEach()由于没有返回值，因此无法直接进行链式调用。

3.8　实践操作练习题

1. 计算数组[2,6,1,7, 4]里面所有元素的和以及平均值。
2. 分别使用 for、forEach 和 sort 方法计算数组[2,6,1,77,52,25,7]中的最大值。
3. 将数组 ['red', 'green', 'blue', 'pink', 'purple']的内容反转，不使用 reverse()方法。
4. 使用冒泡排序算法，将数组[4, 1, 2, 3, 5]从大到小排序。
5. 输入某年某月某日，判断这一天是这一年的第几天。本习题在 Chrome 浏览器中的输出结果如图 3-6 所示。

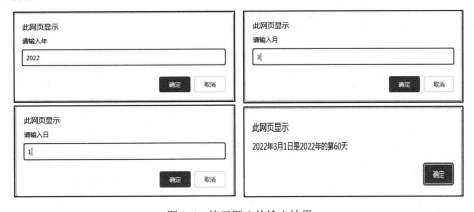

图 3-6　练习题 5 的输出结果

6. 统计数组 arr 中值等于 item 的元素出现的次数。例如数组[4,4,3,4,3]，当 item=4 时，出现的次数为 3。

7. 给定一个包含红色、白色和蓝色，一共 n 个元素的数组，原地对它们进行排序，使得相同颜色的元素相邻，并按照红色、白色、蓝色的顺序排列。此题中，使用整数 0、1 和 2 分别表示红色、白色和蓝色。输入样例：[2,0,2,1,1,0]，输出样例：[0,0,1,1,2,2]。

第4章

函　数

函数是完成一定功能的代码段，当需要使用该功能时，调用该函数即可。函数可以将程序中重复的代码模块化，从而减少代码量，增强代码的重用性，提高程序的可读性和效率，并且便于后期维护。本章将介绍 JavaScript 函数的使用。

📖 **本章知识点思维导图**

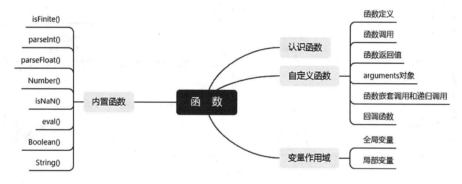

📖 **本章学习目标**

- 理解函数的概念，能够说出函数封装思想的作用。
- 掌握函数的定义与调用，能够根据需要定义函数并且完成函数的调用。
- 掌握常用内置函数的用法，能够根据需要完成内置函数的调用。
- 理解变量的作用域，能够区分全局变量和局部变量。
- 了解匿名函数、回调函数、递归函数，能够实现定义与调用。
- 掌握使用函数解决"渔夫打鱼晒网"程序设计等实际问题的方法。

4.1　函数概述

项目开发中需要重复执行某些操作，例如数据更新、数据查询、数据排序等，如果每个功能的操作都重新编写一次代码，不仅加大了开发人员的工作量，而且对后续的维护也有较大影响。对此，在项目开发中可以使用函数来解决这种重复性的编码操作。

　　函数是一段实现特定功能的代码段，只需要编写一次，使用时直接调用该函数就可以实现特定的功能，因此提高了程序员的开发效率，提高了代码的可读性。JavaScript 函数可以分为自定义函数和内置函数两种。

4.2　自定义函数

　　自定义函数是开发者根据实际功能需求定义的函数，通常将某段实现特定功能的代码定义成一个函数，写在一个独立的代码块中，在需要使用的时候调用即可。

4.2.1　函数的定义

　　JavaScript 使用关键字 function 来定义函数，包括有名函数和匿名函数。

有名函数语法格式如下：

```
function 函数名 ([参数 1,参数 2,…,参数 n])
{
  函数体;
  [return 返回值;]
}
```

匿名函数语法格式如下：

```
var fn = function ([参数 1,参数 2,…,参数 n])
{
  函数体;
  [return 返回值;]
}
```

语法格式说明如下：

- function: 函数定义时必须使用的关键字。函数是对象类型，但 typeof 的结果是"function"，而不是"object"。
- 函数名: 定义的函数名称，像变量名一样，必须符合标识符的命名规则，遵循命名规范，通常是动名词，例如 getElementById。
- 参数 1，参数 2，…，参数 n: 形参列表，默认值是 undefined。根据实际情况，可以有形参，也可以没有形参。当有多个参数时，中间以","隔开，函数调用时需要给形参传递值。
- 函数体: 函数定义的主体，是函数功能的实现代码。
- 返回值:使用 return 关键字将需要返回的数据传递给调用者。如果没有返回值,则省略 return 语句，此时函数返回 undefined。
- fn 是一个变量名，变量值是一个函数。

有名函数和匿名函数的区别：有名函数可以预解析，因此有名函数可以在定义之前使用，而匿名函数必须在定义后才可以使用。

函数定义的示例如下：

（1）定义带 return 语句的有名函数：

```
function getSum(num1, num2) {
  return num1 + num2;
}
```

上述代码定义了名为 getSum 的函数，其中有两个形参 num1 和 num2，函数返回传入的两个参数值的和。

（2）定义不带 return 语句的有名函数：

```
function sayHi(name) {
  console.log('hi~~'+name);
}
```

上述代码定义了名为 sayHi 的函数，其中有一个形参 name，函数向控制台输出结果。

（3）定义匿名函数：

```
var getSum = function (num1, num2) {
  return num1 + num2;
}
```

上述代码将一个匿名函数赋值给变量 getSum，其余语法和有名函数一样。

4.2.2 函数的调用

函数定义后，其内部的代码并不会自动执行。函数的执行需要通过调用函数来实现。调用有名函数的语法格式如下：

函数名([参数 1,参数 2,…])

调用匿名函数的语法格式如下：

变量名([参数 1,参数 2,…])

其中，"参数 1，参数 2，…"表示实参列表，是可选的，小括号必不可少。

【例 4-1】调用有名函数

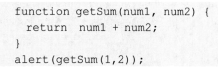

```
function getSum(num1, num2) {
  return  num1 + num2;
}
alert(getSum(1,2));
```

例 4-1 定义了有名函数 getSum，它有两个参数，函数的功能是返回两个参数值的和。调用函数 getSum，将数值 1 和 2 分别传递给参数 num1 和 num2。例 4-1 在 Chrome 浏览器控制台中的运行结果如图 4-1 所示。

此网页显示

3

确定

图 4-1 例 4-1 的运行结果

提示：在例 4-1 中，将调用函数的语句 alert(getSum(1,2)) 写在函数定义前也是可以的。有名函数可以预解析，因此有名函数可以在定义之前使用。

【例 4-2】调用匿名函数

```
var getSum = function (num1, num2) {
  return  num1 + num2;
}
alert(getSum(1,2));
```

例 4-2 将匿名函数赋值给了变量 getSum，它在 Chrome 浏览器控制台中运行结果如图 4-1 所示。匿名函数必须在定义后才可以使用。将调用函数的语句 alert(getSum(1,2)) 写在函数定义之前，程序会发生错误。

提示：在开发中，如果希望某个功能只能实现一次，可以使用匿名函数的自调用方式来完成。匿名函数自调用形式：(function () {})()。

调用函数传入的实参和形参的个数要保持一致，不匹配的情况说明如表 4-1 所示。

表 4-1 实参和形参不匹配的情况说明

参数个数	说 明
实参个数多于形参个数	只取到形参的个数
实参个数小于形参个数	多的形参的值是 undefined

4.2.3 函数返回值

调用函数时，有时需要得到处理的结果，这个结果就称为返回值。JavaScript 使用 return 语句中终止函数的执行并将结果返回给调用者。return 语句后跟的返回值可以是变量、数组、函数等任意类型的值。当没有 return 语句，或者 return 语句后没有指明返回的值时，函数都返回 "undefined"。

【例 4-3】return 的使用

```
function getSum (num1, num2) {
  if(typeof num1 !== 'number' || typeof num2 !== 'number'){
    return '请输入数字';// return 使函数中止执行，它后面的代码不再执行
  }
  return num1 + num2;
}
console.log(getSum('1',2));
console.log(getSum(1,'2'));
console.log(getSum(1,2));
```

例 4-3 定义了函数 getSum，它通过 return 语句将两个数的和返回。当调用函数传入的实参有一

个不是数字时，返回提示信息"请输入数字"，return 语句后的代码不会被执行，因此不会计算 num1 和 num2 的和。例 4-3 在 Chrome 浏览器中的运行结果如图 4-2 所示。

```
请输入数字
请输入数字
3
```

图 4-2　例 4-3 的运行结果

当 return 语句需要返回多个值时，可以在函数中定义一个数组，将多个值存储到数组中，然后通过 return 语句将数组返回。

【例 4-4】返回两个数的加、减、乘、除结果

```
function getResult(num1, num2) {
  return [num1 + num2, num1 - num2, num1 * num2, num1 / num2];
}
var result = getResult(1, 2); // 返回的是一个数组
console.log(result);
```

例 4-4 定义了函数 getResult，它通过 return 语句将两个数的加、减、乘、除的值返回。return 语句将加、减、乘、除的值存储到数组中，因此可返回多个值。例 4-4 在 Chrome 浏览器中的运行结果如图 4-3 所示。

```
[3, -1, 2, 0.5]
```

图 4-3　例 4-4 的运行结果

【例 4-5】没有 return 语句的函数返回值

```
function sayHi(name) {
  console.log('hi~~' + name);
}
var result = sayHi("雪容融");
console.log(result);
```

例 4-5 定义了函数 sayHi，它向控制台输出字符串"hi~~"和实参拼接的字符串。由于函数没有 return 语句，因此变量 result 的值是函数的返回值 undefined。例 4-5 在 Chrome 浏览器中的运行结果如图 4-4 所示。

```
hi~~雪容融
undefined
```

图 4-4　例 4-5 的运行结果

提示：

break、continue 和 return 的区别：

（1）break 结束当前的循环体。

（2）continue 跳出本次循环，继续执行下次循环。

（3）return 不仅可以退出循环，还能够返回 return 语句中的值，同时还可以当前函数的执行。

4.2.4 arguments 对象

arguments 对象是所有函数中都可用的局部变量。它是一个类数组对象，存储了传递给函数的每个实参，可以使用"arguments[下标]"的格式来访问。arguments 对象的属性 length 可以获取实参的个数。函数不确定有多少个参数需要传递的时候，可以用 arguments 对象来获取。

【例 4-6】使用 arguments 对象计算一批数的最大值

```javascript
function getMax() { // 没有形参
  var max = arguments[0];
  for (var i = 1; i < arguments.length; i++) {
    if (arguments[i] > max) {
      max = arguments[i];
    }
  }
  return max;
}
console.log(getMax(1, 2, 3));
console.log(getMax(1, 2, 3, 4, 5));
console.log(getMax(11, 2, 34, 444, 5, 100));
```

例 4-6 定义了函数 getMax，它返回一批数的最大值。由于参数个数不确定，函数 getMax 省略了形参，通过 arguments 对象来获得实参的值。例 4-6 在 Chrome 浏览器中的运行结果如图 4-5 所示。

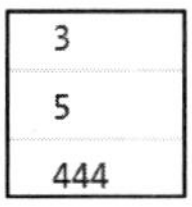

3
5
444

图 4-5 例 4-6 的运行结果

提示：类数组对象和数组一样拥有 length 属性，可以使用方括号访问对象的属性，但其不具有数组的方法，不是 Array 类型。JavaScript 中常见的类数组有 arguments 对象和 DOM 方法的返回结果。

4.2.5 变量作用域

变量作用域是指变量的作用范围，即变量起作用的程序代码范围。在 ECMAScript 6 之前，变量的作用域分为全局作用域和局部作用域（也称函数作用域）两种。根据作用域的不同，变量可以分为全局变量和局部变量。

1. 全局变量

全局变量是定义在所有函数之外的变量，由于 var 支持变量提升，所以 var 声明的全局变量对整个页面的 JavaScript 代码有效。

【例 4-7】全局变量

```javascript
var a = 1;// 全局变量
function fn() {
  console.log(a);
```

```
    console.log(b);
}
var b = 2; // 全局变量
fn();
```

例 4-7 在函数外定义了全局变量 a 和 b，其作用域对整个页面的 JavaScript 代码有效。在函数 fn 内部可以访问全局变量，因此调用函数 fn 会输出全局变量的值 1 和 2。例 4-7 在 Chrome 浏览器中的运行结果如图 4-6 所示。

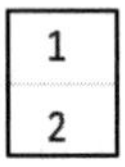

```
1
2
```

图 4-6　例 4-7 的运行结果

2. 局部变量

局部变量是定义在函数中的变量，其作用域为整个函数内部；函数的形参变量等同于函数内部定义的局部变量。在函数内不使用 var 声明的变量是全局变量（不建议使用）。

局部变量只能在作用域内使用，在作用域外不能使用。需要注意的是，一旦执行流程退出函数，局部变量就会被销毁，并释放空间。如果局部变量和全局变量同名，则在函数作用域中，局部变量会覆盖全局变量。

【例 4-8】局部变量

```
var a = 1;
function fn() {
  var a = 5;
  console.log(a);
}
fn();
```

例 4-8 在 Chrome 浏览器控制台中的输出结果为：

```
5
```

例 4-8 在函数外定义了全局变量 a，其作用域对整个页面的 JavaScript 代码有效。在函数 fn 内部定义了局部变量 a，由于同名，在函数作用域中，局部变量会覆盖全局变量，因此调用函数 fn 会输出局部变量的值 5。

提示：

全局变量和局部变量的区别：

（1）全局变量只有在浏览器关闭时才会被销毁，因此比较占内存。局部变量在代码块运行结束后就会被销毁，因此更节省内存空间。

（2）如果局部变量和全局变量同名，则在函数作用域中，局部变量会覆盖全局变量。

3. 预解析

预解析也称变量、函数提升。JavaScript 程序的执行包括两个过程：预解析过程和逐行解读过程。在预解析过程中，当前作用域中的 var 变量声明和函数定义将被提升到作用域的最高处。

【例 4-9】预解析

```
 1 console.log(a);
 2 console.log(b);
 3 fn();
 4 f();
 5 var a = 1;
 6 function fn() {
 7   console.log("拼搏成就梦想，奋斗创造精彩");
 8 }
 9 var f = function (){
10 }
11 var b = 9;
```

第 5、11 行代码分别定义了全局变量 a 和 b，预解析时它们会被提升到全局作用域的最高处，在第 1、2 行代码输出时，它们是有声明的，但对应的值不会提升，因此输出 undefined。第 6 行代码定义了函数 fn，预解析时它会被提升到全局作用域的最高处，在第 3 行调用时，正常输出结果。第 9 行代码将匿名函数赋值给了全局变量 f，预解析时变量 f 会被提升到全局作用域的最高处，但对应的值不会提升，f 的值是 undefined 而不是一个函数，因此在执行第 4 行代码时会发生错误。例 4-9 的代码在运行前，经过预处理后的代码逻辑如下：

```
 1 var a;// 变量提升
 2 var b; // 变量提升
 3 function fn() {// 函数提升
    console.log("拼搏成就梦想，奋斗创造精彩");
    }
 4 var f; // 变量提升
 5 console.log(a);
 6 console.log(b);
 7 fn();
 8 f();
 9 a = 1;
10 f = function (){
11 }
12 b = 9;
```

例 4-9 在 Chrome 浏览器控制台中的运行结果如图 4-7 所示。

图 4-7　例 4-9 的运行结果

4.2.6　函数的嵌套调用和递归调用

1. 嵌套调用

JavaScript 中的各个函数是相互独立的，没有从属关系，但是可以在一个函数内调用另一个函数，这种方式称为函数的嵌套调用。函数嵌套调用由内向外执行。

【例 4-10】求三个数的最大值

```
1 function maxValue(a, b) {
2   return a >= b ? a : b;
3 }
4 console.log(maxValue(5, maxValue(6, 2)));
```

第 1~3 行代码定义了函数 maxValue()；第 4 行代码先调用内层的 maxValue(6,2)，求出最大值为 6，然后调用外层的 maxValue()函数，将 6 作为函数的第二个参数，执行 maxValue(5,6)，最后结果为 6。例 4-10 在 Chrome 浏览器控制台中的输出结果为：

```
6
```

2. 递归调用

递归调用是指在调用一个函数的过程中又直接或间接地调用该函数本身。递归调用不能无限地递归下去，必须有递归结束的条件，而且每次递归都应向结束条件迈进，直到满足结束条件而停止递归调用。

【例 4-11】有 5 个学生坐成一排，问第 5 个学生的年龄，她说比第 4 个学生大 2 岁；问第 4 个学生的年龄，她说比第 3 个学生大 2 岁；问第 3 个学生的年龄，她说比第 2 个学生大 2 岁；问第 2 个学生的年龄，她说比第 1 个学生大 2 岁；问第 1 个学生的年龄，她说她 10 岁。请问第 5 个学生的年龄多大

根据题意，第 1 个学生是 10 岁，每个学生的年龄都比其前 1 个学生的年龄大 2 岁。假设有 n 个学生年龄的函数 age(n)，第 1 个学生是 10 岁，则可以表示为 age(1)=10；要求第 5 个学生年龄，就需要知道第 4 个学生的年龄，可以表示为 age(5)=age(4)+2；要求第 4 个学生年龄，就需要知道第 3 个学生的年龄，可以表示为 age(4)=age(3)+2；要求第 3 个学生年龄，就需要知道第 2 个学生的年龄，可以表示为 age(3)=age(2)+2；要求第 2 个学生年龄，就需要知道第 1 个学生的年龄，可以表示为 age(2)=age(1)+2；当看到 age(1)，就知道 age(1)=10。然后反推即可求出第 5 个学生的年龄。代码如下：

```
function age(n) {
  if (n == 1) c = 10;
  else c = age(n - 1) + 2;
  return c;
}
console.log(age(5));
```

例 4-11 中函数 age()被调用了 5 次，分别是 age(5)、age(4)、age(3)、age(2)、age(1)。只有 age(5)在函数外调用一次，其余 4 次是在 age 函数中调用，即 age 函数自己调用自己，递归调用了 4 次。例 4-11 在 Chrome 浏览器控制台中的输出结果为：

18

4.2.7　回调函数

回调函数是一个被作为参数传递的函数。如果一个函数 A 作为参数传递给一个函数 B，然后在 B 的函数体内调用函数 A，则函数 A 被称为回调函数。回调函数的常见形式是匿名函数。

【例 4-12】回调函数

```
function calc(num1,num2,func) {
  return func(num1, num2);
}
function add(num1, num2) {    // 加法
  return num1 + num2;
}
function sub(num1, num2) {    // 减法
  return num1 - num2;
}
function mul(num1, num2) {    // 乘法
  return num1 * num2;
}
console.log(calc(1,2,add));
console.log(calc(1,2,sub));
console.log(calc(1,2,mul));
```

例 4-12 中，函数 add()、sub()、mul() 作为实参传递给函数 calc()，因此 add()、sub()、mul() 被称为回调函数。函数 calc() 的功能是返回 func(num1, num2) 的值。例 4-12 在运行时，通过不同的回调函数来决定函数 calc() 的行为，这提供了非常大的灵活性。Array 对象的 sort、forEach、some 等方法都使用回调函数实现调用者指定的具体功能。例 4-12 在 Chrome 浏览器控制台中的运行结果如图 4-8 所示。

```
3
-1
2
```

图 4-8　例 4-12 的运行结果

4.3　内置函数

JavaScript 提供了丰富的内置函数，可直接使用。常用的内置函数如表 4-2 所示。

表4-2　常用内置函数

函　　数	功　　能
isFinite()	确定一个值是否为一个有限数值（ES6 引入）
parseInt()	解析字符串并返回整数
parseFloat()	解析字符串并返回浮点数
Number()	将对象参数转换为表示对象值的数字
isNaN()	确定一个值是否为 NaN

（续表）

函　　数	功　　能
eval()	计算或执行参数
Boolean()	把给定的值转换成 Boolean 型
String()	把给定的值转换成字符串

1. isFinite()函数确定一个值是否为一个有限数值

语法：isFinite(value)

参数描述：value 是被检测的值。

返回值：如果被检测的值是 NaN、正无穷大或者负无穷大，则返回 false，否则返回 true。

示例如下：

```
isFinite(Infinity);      // false
isFinite(NaN);           // false
isFinite(-Infinity);     // false
isFinite(0);             // true
isFinite("0");           // true, 因为 isNaN("0")返回 false
isFinite("HELLO");       // false, 因为 isNaN("Hello")返回 true
```

2. parseInt()函数解析字符串并返回整数

语法：parseInt(string, radix)

参数描述：string 代表解析的字符串。radix 代表要使用的数字系统的数字（从 2~36），如果省略 radix，则默认值为十进制基数。

返回值：从给定的字符串中解析出的一个整数。如果第一个字符不能转换为数字，则返回 NaN。

示例如下：

```
console.log(parseInt("10"));         // 输出：10
console.log(parseInt("10.00"));      // 输出：10
console.log(parseInt("10.33"));      // 输出：10
console.log(parseInt("34 45 66"));   // 输出：34
console.log(parseInt("  60  "));     // 输出：60
console.log(parseInt("40  years"));  // 输出：40
console.log(parseInt("He was 40"));  // 输出：NaN
console.log(parseInt("10", 10));     // 输出：10
console.log( parseInt("10", 8));     // 输出：8
console.log(parseInt("0x10"));       // 输出：16
console.log(parseInt("10", 16));     // 输出：16
```

3. parseFloat()函数解析字符串并返回浮点数

语法：parseFloat (string)

参数描述：string 是要解析的字符串。

返回值：解析字符串并返回浮点数。如果第一个字符不能转换为数字，则返回 NaN。

示例如下：

```
console.log(parseFloat ("10.33"));     // 输出：10.33
console.log(parseFloat ("34 45 66"));  // 输出：34
console.log(parseFloat ("  60  "));    // 输出：60
console.log(parseFloat ("40  years")); // 输出： 40
console.log(parseFloat ("He was 40")); // 输出： NaN
```

4. Number()函数将对象参数转换为表示对象值的数字

语法：Number(object)

参数描述：object 是待转换的 JavaScript 对象。

返回值：将不同的对象值转换为数字。如果该值无法转换为合法数字，则返回 NaN；如果未提供参数，则返回 0。

示例如下：

```
console.log(Number (true));        // 输出：1
console.log(Number (false));       // 输出：0
console.log(Number ("789"));       // 输出：789
console.log(Number ("40  years")); // 输出： NaN
console.log(Number ("He was 40")); // 输出： NaN
```

5. isNaN()函数确定一个值是否为 NaN

语法：isNaN(value)

参数描述：value 代表被检测的值。

返回值：isNaN()函数将被检测的值转换为数字，然后对转换后的结果判断是否为 NaN；如果能转换为数字，则返回 false，否则返回 true。

示例如下：

```
isNaN(123)          // false
isNaN(-1.23)        // false
isNaN(5-2)          // false
isNaN(0)            // false
isNaN('123')        // false, 字符串'123'可转换为数字 123
isNaN('Hello')      // true, 字符串'Hello'不能转换成数字
isNaN('2005/12/12') // true, 字符串''2005/12/12''不能转换成数字
isNaN('')           // false, 空字符串''转换成数字是 0
isNaN(true)         // false, true 转换成数字是 1
isNaN(undefined)    // true
isNaN('NaN')        // true
isNaN(NaN)          // true
isNaN(null)         // false
```

【例 4-13】检测数字字符串

```
function isNumber(x) {
  x = parseInt(x) && Number(x);
  if (isNaN(x)) {
    return false;
```

```
    }
    return true;
};
console.log(isNumber("1"));
console.log(isNumber("123"));
console.log(isNumber(""));
console.log(isNumber("40 years"));
```

在例 4-13 中，函数 isNumber()的功能是检测参数 x 是不是数字字符串。如果参数 x 是数字字符串，则 isNumber()返回 true，否则返回 false。以字符串"40 years"为例，Number("40 years")返回 NaN，而 parseInt("40 years")返回 40，因此只有当 parseInt(x)和 Number(x)的返回值都不是 NaN 时，才代表是一个数字字符串。例 4-13 在 Chrome 浏览器控制台中的运行结果如图 4-9 所示。

图 4-9 例 4-13 的运行结果

6. eval()函数计算或执行参数

语法：eval(string)

参数描述：string 代表 JavaScript 表达式、变量、语句或语句序列。如果参数是表达式，则 eval() 计算表达式；如果参数是一个或多个 JavaScript 语句，则 eval() 执行这些语句。

示例如下：

```
var x = 10;
var y = 20;
eval("x * y");              // 200
eval("2 + 2");              // 4
eval("x*2 + 2*(2+1) - 1");  // 25
```

7. Boolean()函数把给定的值转换成 Boolean 型

当要转换的值是至少有一个字符的字符串、非 0 数字或对象时，Boolean()函数将返回 true。如果该值是空字符串、数字 0、undefined 或 null，它将返回 false。

示例如下：

```
var b1 = Boolean("");          // false - 空字符串
var b2 = Boolean("hello");     // true - 非空字符串
var b1 = Boolean(50);          // true - 非零数字
var b1 = Boolean(null);        // false - null
var b1 = Boolean(0);           // false - 零
var b1 = Boolean(new object()); // true - 对象
```

8. String()函数可把任何值转换成字符串

它与 toString()方法的唯一不同之处在于，对 null 和 undefined 值强制类型转换可以生成字符串而不引发错误。

示例如下：

```
String(true);              // 返回"true"
String(6);                 // 返回"6"
var s1 = String(null);     // 返回"null"
var oNull = null;
var s2 = oNull.toString(); // 会引发错误
```

4.4 案例："渔夫打鱼晒网"程序设计

在程序设计时，把可能需要反复执行的代码封装为函数，然后在需要执行该段代码功能的地方进行调用，这样不仅可以实现代码的复用，更重要的是可以保证代码的一致性，只需要修改该函数代码，则所有调用此函数的代码均做了修改。同时，把大任务拆分成多个函数也是"分治法"和"模块化程序设计"的基本思路，这样有利于复杂问题简单化。本节将使用自定义函数实现"渔夫打鱼晒网"程序设计。

1. 案例呈现

假设某渔夫从当年 1 月 1 日起开始"三天打鱼，两天晒网"，编程实现输入当年的某一天，输出该渔夫是在"打鱼"还是在"晒网"。案例效果如图 4-10 所示。

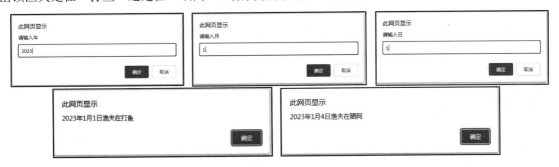

图 4-10　案例效果

2. 案例分析

案例中从当年 1 月 1 日起开始"三天打鱼，两天晒网"，则当年 1 月 1 日、2 日和 3 日在打鱼，1 月 4 日和 5 日在晒网，以此类推。首先计算出用户输入日期是这一年中的第几天，由于"打鱼"和"晒网"的周期为 5 天，将计算出的天数对 5 取余数，若余数为 1、2、3，则他是在"打鱼"，否则是在"晒网"。根据此分析，算法设计分为 3 步。

（1）计算输入日期是当年的第几天，若当年是闰年且输入月份大于 2，则需要多加一天。

（2）将计算出的天数对 5 取余数。

（3）根据余数判断渔夫是在"打鱼"还是在"晒网"；若余数为 1、2、3，则渔夫是在"打鱼"，否则是在"晒网"。

为简化代码，程序中自定义两个函数，实现判断闰年和计算输入日期是当年的第几天的功能，然后在程序中调用。

3. 案例实现

```
1   <!DOCTYPE html>
2   <html lang="en">
3   <head>
4   </head>
5   <body>
6     </script>
7       function isLeap(year) { // 判断是否为闰年
8           if (year % 4 === 0 && year % 100 !== 0 || year % 400 === 0) {
9               return true;
10          }
11          return false;
12      }
13      function getDays(year, month, day) {// 计算计算输入日期是当年的第几天
14          var arr = [31,28,31,30,31,30,31,31,30,31,30,31];//月份
15          for (var i = 0; i < month - 1; i++) {// for 循环让前面月份天数相加
16              day += arr[i];
17          }
18          if (isLeap(year) && month > 2) {// 调用函数
19              day++;
20          }
21          return day;
22      }
23      var year = prompt("请输入年");
24      var month = prompt("请输入月");
25      var day = prompt("请输入日");
26      var n = getDays(year, month, day); // 调用函数
27      if ((n % 5) < 4 && (n % 5) > 0) //余数是1、2 或 3 时说明在打鱼，否则在晒网
28          alert(year + "年" + month + "月" + day + "日渔夫在打鱼");
29      else
30          alert(year + "年" + month + "月" + day + "日渔夫在晒网");
31  </script>
32  </body>
33  </html>
```

在上面案例代码中，第 7 行定义函数 isLeap(year)，用于判断参数年份是不是闰年；第 13 行定义函数 getDays(year, month, day)，它调用 isLeap(year)函数计算输入日期是当年的第几天；第 26 行调用 getDays(year, month, day)函数获得输入日期是当年的第几天；第 27~30 行将获得的天数对 5 取余数，根据余数判断渔夫是在"打鱼"还是在"晒网"，并弹窗显示相应的结果信息。

提示： 从这个案例中，我们可以看到"分工合作""团结合作""合作共赢"思想的作用。在我们的日常工作和生活中，很多时候都需要团结合作实现共赢。例如，由于自然原因和人类活动导致的全球平均气温升高、极端天气事件增多、海平面上升，以及生态系统和生物多样性的变化等现象，都是一个复杂的环境问题，它影响着地球上的所有生命和生态系统。气候变化是全球性的挑战，需要国际社会共同努力。通过国际合作，各国可以共享技术、资金和经验，共同推动全球气候治理体系的建立和完善。

4.5　本章小结

本章介绍了 JavaScript 函数,包括函数定义、函数调用(嵌套调用和递归调用)、返回值、arguments 对象、变量作用域和常见内置函数,然后通过函数实现了"渔夫打鱼晒网"程序设计。本章可使读者掌握 JavaScript 函数的概念和使用方法,为后续章节内容的学习奠定基础。ECMAScript 6 中引入的箭头函数等函数的扩展,请查看第 12 章。

4.6　本章高频面试题

1. 函数的作用?

(1)将程序分解成更小的块(模块化)。

(2)降低理解难度,提高程序质量。

(3)减小程序体积,提高代码可重用性。

(4)降低软件开发和维护的成本。

2. 回调函数的作用?

回调函数是一个被作为参数传递的函数。回调函数的使用可以提升编程的效率,同时,有一些需求必须使用回调函数来实现,例如 Array.sort()方法需要一个回调函数作为参数,以使调用者决定排序算法,从而增加了排序的灵活性。

3. 什么是立即执行函数,它有什么作用?

立即执行函数在定义以后立即执行。它的常见形式是声明一个匿名函数,并马上调用这个匿名函数。示例如下:

```
//匿名函数包裹在一个括号运算符中,后面跟一对圆括号
(function(){
  //...
})()
```

立即执行函数有以下作用:

(1)不必为函数命名,避免污染全局变量。

(2)内部形成了一个单独的作用域,可以封装一些外部无法读取的私有变量。

立即执行函数的使用场景:

(1)在页面加载完成之后,不得不执行一些设置工作,比如时间处理器、创建对象等,但是这些工作只需要执行一次,比如只需要显示一个时间。

(2)程序需要一些临时变量,但是初始化过程结束之后,就再也不会被用到。这种情况可以用立即执行函数,将所有的代码包裹在它的局部作用域中,这样就不会让任何变量泄露成全局变量。示例如下:

```
当前时间: <span id="today"></span>
<script>
  (function(){
    var todaydom=document.getElementById("today");
    var today=new Date();
    var year=today.getFullYear();
    var month=today.getMonth()+1;
    var date=today.getDate();
    var msg=year+"年"+month+"月"+date+"日";
    todaydom.innerHTML=msg;
  })()
</script>
```

临时变量 todaydom、days 如果没有包裹在立即执行函数中，就将成为全局变量。立即执行函数执行之后，这些变量都不会在全局变量中存在，以后也不会在其他地方使用，有效地避免了污染全局变量。

4. 如何将类数组对象转换为 Array 对象？

类数组对象和数组一样拥有 length 属性，可以使用"[]"访问对象的属性，但它不具有数组的方法，不是 Array 类型。JavaScript 中常见的类数组有 arguments 对象和 DOM 方法的返回结果。

以 arguments 对象为例，常见的转换方法示例如下：

（1）将 arguments 对象的每个元素都放入一个数组里：

```
var arr = [];
for(var i=0;i<arguments.length;i++){
  arr.push(arguments [i]) ;
}
console.log(arr) ;
```

（2）使用 ES6 提供的 Array.from()方法：

```
var arr = Array.from(arguments)
console.log(arr)
```

（3）使用 ES6 提供的扩展运算符"..."：

```
var arr = [...arguments];
console.log(arr);
```

4.7 实践操作练习题

1. 设计一个函数，判断输入年份是不是闰年，并在程序中调用此函数。

2. 输入 x，计算并输出下列分段函数 sign(x)的值，sign(x)函数的定义如图 4-11 所示。要求定义和调用函数 sign(x)实现该分段函数，程序输入/输出效果如图 4-12 所示。

$$\text{sign}(x)\begin{cases} 1 & (x>0) \\ 0 & (x=0) \\ -0 & (x<0) \end{cases}$$

图 4-11　sign(x)函数

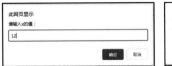 

图 4-12　程序输入/输出效果

3. 使用递归函数计算斐波那契数列第 *n* 项的值。

程序输入/输出效果如图 4-13 所示。

图 4-13　程序输入/输出效果

4. 实现 fizzBuzz 函数，参数 num 与返回值的关系如下：

（1）如果参数为空或者不是 Number 类型，则返回 false。
（2）如果 num 能同时被 3 和 5 整除，则返回字符串 fizzbuzz。
（3）如果 num 能被 3 整除，则返回字符串 fizz。
（4）如果 num 能被 5 整除，则返回字符串 buzz。
（5）　其余情况，则返回参数 num。

例如，当 num=15，输出：fizzbuzz。

5. 使用函数封装的思想，计算 1+(1+2)+(1+2+3)+⋯+(1+2+⋯+*n*)的值。

第 5 章

JavaScript 对象

数组保存并处理一批数据时，数据只能通过索引值访问，开发者需要清楚地知道数据的索引值才能准确地获取数据，但是当数据量庞大时，记忆所有数据的索引值将变得很困难。对象类型可以更好地存储一批数据，它为每项数据设置了属性名称，使得数据结构清晰，方便开发者使用，因此对象在 JavaScript 中应用十分广泛。本章将介绍创建对象、访问对象以及常用内置对象的属性和方法。

📖 本章知识点思维导图

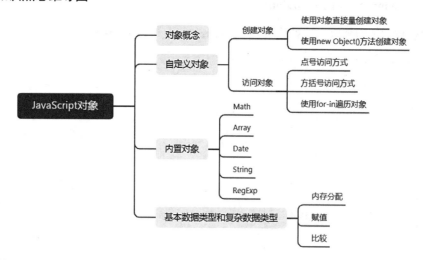

📖 本章学习目标

- 理解 JavaScript 对象的概念，能够说出对象的作用。
- 掌握创建对象的常用方法，能够使用不同方式创建对象。
- 掌握内置对象的常用属性和方法，能够根据程序需要调用。
- 理解值类型和引用类型，能够说出值类型和引用类型的特点
- 能够使用对象解决"扫雷游戏随机布雷"和"高亮显示关键词"等实际问题。

5.1 对象概述

对象是一组无序的相关属性和函数的集合。它的表现形式是一组无序的键/值对，其中的键包括属性名和函数名，值可以是 JavaScript 任意数据类型。对象中的函数也被称为方法。

示例如下：

```
var bdd = {
  name: '冰墩墩',
  sayHi: function () {
    alert('大家好啊~我是 2022 年北京冬季奥运会的吉祥物');
  }
};
```

上述代码创建了一个名为"bdd"的对象，它包括 1 个 name 属性和 1 个 sayHi 方法。

5.2 创建对象

JavaScript 创建对象的常用方式有两种，一种是使用对象直接量创建对象，另一种是使用 new Object()方法创建对象。

1. 使用对象直接量创建对象

使用对象直接量创建对象是一种简洁、易阅读的方式。对象直接量是由若干键/值对组成的映射表，每对键/值对中的键和值之间使用冒号分隔，不同键/值对用逗号分隔。整个映射表用"{}"括起来。示例如下：

```
var obj = {};            // 创建一个名为 obj 的空对象
var xrr = {              // 创建一个名为 xrr 的对象
  name: '雪容融',         // name 是属性名
  sayHi: function () {   // sayHi 是方法名
    alert('大家好啊~我是 2022 年北京冬季残奥会的吉祥物');
  }
};
```

2. 使用 new Object()方法创建对象

Object 是 JavaScript 的一种数据类型，用于存储各种键值集合和更复杂的实体。

new 运算符用于创建对象。语法格式如下：

```
new constructor[([arguments])]
```

其中 constructor 是一个指定类型的类或函数，arguments 是一个用于被 constructor 调用的参数列表。

对象可以通过 new Object ()方法创建，示例如下：

```
var obj = new Object();      // 创建一个名为 obj 的空对象
var srr = new Object();      // 创建一个名为 srr 的空对象
```

```
srr.name = '雪容融';           // 增加属性 name
srr.sayHi = function () {      // 增加方法 sayHi
  alert('大家好啊~我是 2022 年北京冬季残奥会的吉祥物');
}
```

new 运算符会进行如下操作：

步骤01 创建一个空的、简单的 JavaScript 对象。

步骤02 为 步骤01 新创建的对象添加属性__proto__，将该属性链接至构造函数的原型对象。

步骤03 将 步骤01 新创建的对象作为 this 的上下文。

步骤04 如果该函数没有返回对象，则返回 this。

下面是两个使用 new 运算符创建内置对象的示例。

```
var date = new Date();// 创建日期对象
var arr = new Array();// 创建数组对象
```

提示：对象里面的变量称为属性，不需要声明，用来描述该对象的特征。对象里面的函数称为方法，不需要声明，用来描述该对象的行为。

5.3 访问对象

访问对象中的属性和方法可以使用以下 3 种方式。

1. 点号访问方式

语法格式如下：

对象实例名.属性名或对象实例名.方法名(实参列表)

2. 方括号访问方式

语法格式如下：

对象实例名['属性名']
对象实例名['方法名'](实参列表)

【例 5-1】访问对象

```
var tank = {             // 坦克对象
  position: {             // 位置坐标
    XPosition: 0,         // x 坐标
    YPosition: 0          // y 坐标
  },
  BombNum: 2,            // 炮弹数
  shot: function(){      // 发射炮弹
    console.log("坦克发射炮弹");
  },
  move: function(){      // 坦克移动
    console.log("坦克移动");
  }
}
console.log(tank.position.XPosition, tank['BombNum']);
```

```
console.log(tank.move(), tank['shot']()) ;
```

例 5-1 定义了对象 tank，它包含两个属性 position 和 BombNum，两个方法 shot() 和 move()。可以使用 tank.position.XPosition 和 tank['BombNum'] 访问 XPosition 和 BombNum 的值；使用 tank.move() 和 tank['shot']() 执行移动和发射炮弹的动作。例 5-1 在 Chrome 浏览器控制台中的运行结果如图 5-1 所示。

```
0 2
坦克移动
坦克发射炮弹
```

图 5-1　例 5-1 的运行结果

3. 使用 for-in 遍历对象

遍历对象是对对象的每一个属性进行访问。JavaScript 使用 for-in 语句进行遍历。语法格式如下：

```
for (var key in object) {
    循环代码块；
}
```

每次迭代时，key 代表不同的成员名，object 代表被迭代的对象。

【例 5-2】使用 for-in 语句遍历 tank 对象

```
for (var key in tank) {
    console.log(key+":"+tank[key]);
}
```

例 5-2 使用 for-in 语句遍历对象 tank，key 代表每一个属性值，tank[key] 访问当前属性的值。例 5-2 在 Chrome 浏览器控制台中的运行结果如图 5-2 所示。

```
position:[object Object]
BombNum:2
shot:function(){// 发射炮弹
                console.log("坦克发射炮弹");
            }
move:function(){// 坦克移动
                console.log("坦克移动");
            }
```

图 5-2　例 5-2 的运行结果

5.4　常用内置对象

JavaScript 对象分为 3 种：自定义对象、内置对象和浏览器对象。自定义对象由开发者自定义，内置对象由 ECMAScript 提供，浏览器对象包括 DOM 和 BOM。本节将介绍常用的内置对象，浏览器对象在后续章节介绍。

JavaScript 提供了丰富且功能强大的内置对象，常用内置对象包括 Math、Array、Date、String、

RegExp 和 JSON 等。Array 对象已在第 3 章介绍过，本节主要介绍 Math、Date、String 和 RegExp 对象。JSON 对象将在第 10 章介绍。

5.4.1 Math 对象

Math 是一个内置对象，它拥有一些数学常数属性和数学函数方法。Math 的所有属性与方法都是静态的，使用时不需要创建 Math 对象实例，直接使用 Math 对象名来访问属性或方法，如 Math.PI、Math.max()。Math 对象的常用方法如表 5-1 所示。

表5-1 Math对象的常用方法

方 法 名	功 能	举 例	结 果
abs	返回绝对值	Math.abs(10) ;	结果为 10
ceil	返回大于变量的最小整数	Math.ceil(10.5) ;	结果为 11
floor	返回小于变量的最大整数	Math.floor(10.5) ;	结果为 10
max	返回最大值	Math.max(10, 6);	结果为 10
min	返回最小值	Math.min(10, 6);	结果为 6
pow	计算次方	Math.pow(2, 3);	结果为 8
sqrt	返回平方根	Math.sqrt(4);	结果为 2
round	对浮点数进行四舍五入	Math.round(6.652) ;	结果为 7
random	返回一个浮点数，伪随机数范围从 0 到小于 1，	Math.random();	结果为 0~1 的随机数

【例 5-3】定义函数 getRandomArbitrary(min, max)，返回一个在指定值之间的随机数。这个值不小于 min（有可能等于），并且小于（不等于）max

```
function getRandomArbitrary(min, max) {
  return Math.random() * (max - min) + min;
}
console.log( getRandomArbitrary(5, 10) );
console.log( getRandomArbitrary(5, 10) );
console.log( getRandomArbitrary(5, 10) );
console.log( getRandomArbitrary(5, 10) );
console.log( getRandomArbitrary(5, 10) );
```

在例 5-3 中，Math.random()的返回值范围在大于或等于 0 到小于 1 之间，经过算术运算，可以得到的值的范围在大于或等于 min 到小于 max 之间。由于 Math.random()返回随机数，因此每次调用函数 getRandomArbitrary(5, 10)时其输出结果都有可能不同。例 5-3 在 Chrome 浏览器控制台中的运行结果如图 5-3 所示。

```
9.862265446611197
9.026131463614401
5.968447940580277
5.105760085540515
6.322065273553626
```

图 5-3 例 5-3 的运行结果

【例 5-4】定义函数 getRandIP，返回一个随机 IP 地址，一个合法的 IP 地址范围是 "0.0.0.0"
到 "255.255.255.255"

```javascript
function getRandom(min,max) {
  return min + Math.floor(Math.random() * (max - min));
};
function getRandIP () {
  var arr = [];
  for (var i = 0; i < 4; i ++) {
    arr[i] = getRandom (0,256);
  }
  return arr.join('.')
}
console.log(getRandIP ());
console.log(getRandIP ());
console.log(getRandIP ());
```

在例 5-4 中，函数 getRandom(0,256)的取值范围是大于或等于 0 到小于 256 之间的整数。在函
数 getRandIP()中调用 getRandom (0,256)返回 4 个随机整数值，保存在数组 arr 中，然后调用数组方
法 join()，用圆点符号（.）将数组元素拼接在一起，得到 IP 地址。每次调用函数 getRandIP()的输出
结果都有可能不同。例 5-4 在 Chrome 浏览器中的运行结果如图 5-4 所示。

```
102.84.74.207
88.166.191.163
96.185.13.170
```

图 5-4　例 5-4 的运行结果

5.4.2　Date 对象

在使用 JavaScript 开发 Web 应用程序时，经常需要处理和时间相关的问题，比如用户访问网站
的时间、购买产品下订单的时间、用户登录的时间等。为此，JavaScript 提供了日期时间对象 Date，
来满足开发者的需求。

Date 对象用于处理日期和时间。创建 Date 对象实例有 4 种方式，语法格式如下：

```javascript
var d = new Date();
var d = new Date(milliseconds);
var d = new Date(dateString);
var d = new Date(year, month, day, hours, minutes, seconds, milliseconds);
```

其中，milliseconds 是一个整数值，表示自 1970 年 1 月 1 日 00:00:00 以来的毫秒数；dateString
是表示日期的字符串值；year、month、day、hours、minutes、seconds 和 milliseconds 分别表示年、
月、日、小时、分钟、秒、毫秒，其中 day、hours、minutes、seconds 和 milliseconds 可以省略。示
例如下：

```javascript
var today = new Date();// 系统当前日期
var d1 = new Date("October 13, 2022 11:13:00");// 2022 年 10 月 13 日 11 点 13 分 0 秒
var d2 = new Date(2022,5,24);// 2022 年 6 月 24 日
```

```
var d3 = new Date(2022,5,24,11,33,0);// 2022 年 6 月 24 日 11 点 13 分 0 秒
```

Date 对象的常用方法如表 5-2 所示。

表5-2 Date对象的常用方法

方 法 名	功 能
getFullYear	返回年份
getHours	返回小时（从 0~23）
getMinutes	返回分钟（从 0~59）
getMonth	返回月份（从 0~11）
getSeconds	返回秒数（从 0~59）
getDate	返回月中的第几天（从 1~31）
getDay	返回星期几（0~6）
toLocaleString	使用区域设置约定将 Date 对象转换为字符串

【例 5-5】格式化输出当前系统时间

```
var date = new Date();// 获取系统当前时间
var year = date.getFullYear(),
month = date.getMonth() + 1,
date = d.getDate(),
day = date.getDay(),
hour = date.getHours(),
minute = date.getMinutes(),
second = date.getSeconds();
var week = ['星期日', '星期一', '星期二', '星期三', '星期四', '星期五', '星期六'];
hour = hour < 10 ? '0' + hour : hour;// 补 0
minute = minute < 10 ? '0' + minute : minute;
second = second < 10 ? '0' + second : second;
console.log("现在时间是: " + year + '年' + month + '月' + date + '日' + hour + ':'
' + minute + ':' + second + week[day]);
console.log(date.toLocaleString());
```

例 5-5 在获取当前系统时间后，使用 Date 对象方法分别获取年、月、日、时、分、秒数据，然后格式化输出。例 5-5 在 Chrome 浏览器控制台中的运行结果如图 5-5 所示。

```
现在时间是：2024年4月2日20:55:39星期二
2024/4/2 20:55:39
```

图 5-5 例 5-5 的运行结果

【例 5-6】新年倒计时

```
function countDown() {
  var nowTime = new Date();                              //当前时间
  var nextYear = parseInt(nowTime.getFullYear()) + 1;    // 计算下一年年份
  var inputTime = new Date(nextYear + "-1-1 0:0:0");      // 新年时间
  var times = (inputTime - nowTime) / 1000;              // times 是剩余时间总的秒数
  var d = parseInt(times / 60 / 60 / 24);                // 天
  d = d < 10 ? '0' + d : d;
```

```
  var h = parseInt(times / 60 / 60 % 24);      //时
  h = h < 10 ? '0' + h : h;
  var m = parseInt(times / 60 % 60);           // 分
  m = m < 10 ? '0' + m : m;
  var s = parseInt(times % 60);                // 秒
  s = s < 10 ? '0' + s : s;
  return "距离" + nextYear + "年还剩" + d + '天' + h + '小时' + m + '分钟' + s + '
秒';
}
console.log(countDown());
```

例 5-6 定义了函数 countDown()，它返回距离下一个新年所剩时间。其中，返回的两个日期时间之差是相差的毫秒数，通过算法转换成相应的天、小时、分钟和秒。例 5-6 在 Chrome 浏览器控制台中的运行结果如图 5-6 所示。

距离2025年还剩273天03小时02分钟39秒

图 5-6　例 5-6 的运行结果

提示：Date 对象处理日期和时间的方法很多，但很烦琐，要记住这些方法并不容易，而且输出的时间往往不是我们最终想要的本地化时间。项目开发中可以使用 Moment.js、Day.js 等开源日期处理类库来简化代码。

5.4.3　String 对象

String 对象用于处理字符串。字符串可以是使用双引号或单引号引起来的一组字符序列，例如 var str = 'hello'，也可以使用 String 对象创建。语法格式如下：

```
new String(s);
```

参数 s 是要存储在 String 对象中的字符串的值。返回值是一个新创建的 String 对象。示例如下：

```
var str = "坚定信心，勇毅前行";// 字符串直接量
var str2 = new String("坚定信心，勇毅前行");
```

提示：由于创建字符串对象需要对字符串直接量进行包装，从而有可能拖慢执行速度，因此本书推荐使用字符串直接量处理文本。

下面介绍字符串的常用属性和方法。

1. 字符串的常用属性

length 属性返回字符串中的字符数目。示例如下：

```
var str = "绿水青山，'植'此青绿";
console.log(str.length);// 输出: 11
```

2. 字符串的常用方法

JavaScript 提供了丰富且功能强大的字符串方法，主要包括检索字符串、转换字符串、截取字符串、分割字符串等方法。字符串的常用方法如表 5-3 所示。

表5-3　字符串的常用方法

字符串方法分类	方　法　名
检索	charAt()、charCodeAt()、indexOf()、lastIndexOf()
转换	toUpperCase()、toLowerCase()、trim()
截取	substring()、substr()、slice()
分割	split()

1）检索字符串

（1）charAt()方法返回指定位置的字符。

语法：stringObject.charAt(index)
参数描述：index 代表字符在字符串中的下标。

返回值：指定位置的字符。字符串中第一个字符的下标是 0。如果参数 index 不在 0 与 string.length 之间，该方法将返回一个空字符串。

示例如下：

```
var str = '"两个奥运"精彩答卷彰显中国贡献';
console.log(str.charAt(3));// 输出: 奥
```

（2）charCodeAt ()方法返回指定位置的字符的 Unicode 编码。

语法：stringObject.charCodeAt(index)
参数描述：index 代表字符在字符串中的下标。

返回值：指定位置的字符的 Unicode 编码。这个返回值是 0~65535 的整数，如果 index 是负数，或大于等于字符串的长度，则 charCodeAt()返回 NaN。

示例如下：

```
var str = '"两个奥运"精彩答卷彰显中国贡献';
console.log(str. charCodeAt (3));// 输出: 22885
```

（3）indexOf()方法返回某个指定的字符串值在字符串中首次出现的位置。

语法：stringObject.indexOf(searchvalue,fromindex)
参数描述：searchvalue 代表需检索的字符串值。fromindex 是可选的整数参数，代表在字符串中开始检索的位置，它的合法取值是 0 到 stringObject.length-1；如省略该参数，则将从字符串的首字符开始检索。

返回值：返回某个指定的字符串值在字符串中首次出现的位置。如果要检索的字符串值没有出现，则返回"-1"。示例如下：

```
var str = '"两个奥运"精彩答卷彰显中国贡献';
console.log(str.indexOf('奥'));// 输出: 3
```

【例 5-7】查找字符串中某字符出现的次数

```
var str = '兑现"两个奥运、同样精彩"的庄严承诺—北京冬奥组委总结冬残奥会';
var index = str.indexOf('奥');
```

```
var num = 0;
while (index !== -1) {
  num++;
  index = str.indexOf('奥', index + 1);
}
console.log('"奥"出现的次数是: ' + num);
```

例 5-7 定义了字符串变量 str，使用 indexOf 方法检索字符"奥"出现的次数。由于 indexOf 方法只返回第一个匹配项，因此使用 while 循环遍历整个字符串，直到 indexOf 方法返回"–1"结束循环。例 5-7 在 Chrome 浏览器控制台中的运行结果如图 5-7 所示。

"奥"出现的次数是: 3

图 5-7　例 5-7 的运行结果

（4）lastIndexOf() 方法返回一个指定的字符串值最后出现的位置，在一个字符串中的指定位置从后向前搜索。

语法：stringObject.lastIndexOf(searchvalue,fromindex)

参数描述：searchvalue 代表需检索的字符串值。fromindex 是可选的整数参数，代表在字符串中开始检索的位置，它的合法取值是 0 到 stringObject.length–1；如省略该参数，则将从字符串的最后一个字符处开始检索。

返回值：返回某个指定的字符串值在字符串中首次出现的位置。如果要检索的字符串值没有出现，则返回"–1"。示例如下：

```
var str2 = '兑现"两个奥运、同样精彩"的庄严承诺—北京冬奥组委总结冬残奥会'
console.log(str2.lastIndexOf('奥'));//输出: 29
```

提示：indexOf() 和 lastIndexOf() 都对英文字母大小写敏感。

2）转换字符串

（1）toUpperCase() 和 toLowerCase() 方法分别用于把英文字符串转换为大写和小写。示例如下：

```
var str="Hello World!"
console.log(str.toUpperCase());// 输出: HELLO WORLD!
console.log(str.toLowerCase());// 输出: hello world!
```

（2）trim() 方法从一个字符串的两端删除空白字符。示例如下：

```
var str = '  Hello world!  ';
console.log(str.trim());// 输出: 'Hello world! '
```

3）截取字符串

（1）substring () 方法用于提取字符串中介于两个指定下标之间的字符。

语法：stringObject.substring(start,stop)

参数描述：start 规定要提取的子串的第一个字符在 stringObject 中的位置。stop 是要提取的子串的最后一个字符在 stringObject 中的位置加 1；如果省略该参数，那么返回的子串会一直到字符串的结尾。

返回值：一个新的字符串，该字符串值包含 stringObject 的一个子字符串，其内容是从 start 处到 stop-1 处的所有字符。

示例如下：

```
var str = "奋进新征程 建功新时代";
console.log(str.substring(3));        // 输出：征程 建功新时代
console.log(str.substring(1,4));      // 输出：进新征
```

（2）slice()方法可提取字符串的某个部分，并以新的字符串返回被提取的部分。

语法：stringObject.slice(start,end)

参数描述：start 是要抽取的片段的起始下标，如果是负数，则是从字符串的尾部开始算起的位置。例如"-1"指字符串的最后一个字符，"-2"指倒数第二个字符，以此类推。end 是要抽取的片段的结尾的下标，若未指定此参数，则要提取的子串包括 start 到原字符串结尾的字符串；如果该参数是负数，那么是从字符串的尾部开始算起的位置。

返回值：一个新的字符串，包括字符串 stringObject 中从 start 开始（包括 start）到 end 结束（不包括 end）的所有字符。

示例如下：

```
var str = "奋进新征程 建功新时代";
console.log(str.slice(6));            // 输出：建功新时代
console.log(str.slice(6,9));          // 输出：建功新
console.log(str.slice(-6,-1));        // 输出：建功新时
```

（3）substr ()方法可提取字符串的某个部分，并返回提取部分的字符串。

语法：stringObject.substr(start, length)

参数描述：start 是起始位置，不能省略。如果 start 大于长度，则 substr()返回空字符串；如果 start 为负数，则 substr()从字符串末尾开始计数。length 是要提取的字符数，如果省略，则提取字符串的其余部分。

返回值：包含提取部分的字符串。如果长度为 0 或负数，则返回空字符串。

示例如下：

```
var str = "奋进新征程 建功新时代";
console.log(str.substr (1, 4));       // 输出：进新征程
console.log(str.substr (2));          // 输出：新征程 建功新时代
console.log(str.substr (-5,-5));      // 输出：建功新时代
```

4）分割字符串

split()方法把一个字符串分割成字符串数组。

语法：stringObject.split(separator,howmany)

参数描述：separator 代表从该参数指定的地方分割 stringObject。howmany 指定返回的数组的最大长度，如果设置了该参数，则返回的子串不会多于这个参数指定的数组；如果没有设置该参数，则整个字符串都会被分割，不考虑它的长度。

返回值：一个字符串数组。该数组是通过在 separator 指定的边界处将字符串 stringObject 分割

成子串创建的。返回的数组中的子串不包括 separator 自身。如果把空字符串用作 separator，那么 stringObject 中的每个字符都会被分割。

示例如下：

```
var str="How-are-you"
console.log(str.split("-"));// 输出: ['How','are','you']
console.log(str.split(""));// 输出: ['H','o','w','-','a','r','e','-','y','o','u']
console.log(str.split("-",2));// 输出: ['How','are']
```

【例 5-8】将字符串"i-love-you"转换成驼峰命名法"iLoveYou"

```
var str = "i-love-you";
var arr = str.split('-');
for (var i = 1; i < arr.length; i++) {
  arr[i] = arr[i].charAt(0).toUpperCase() + arr[i].substring(1);
}
console.log(arr.join(''));
```

例 5-8 定义了一个字符串变量 str，首先使用 split() 方法以"-"分割得到字符串数组['i','love','you']；然后将数组中的从第 2 个元素开始的单词首字母大写；最后调用数组方法 join()，将数组转换为字符串。例 5-8 在 Chrome 浏览器控制台中的运行结果如图 5-8 所示。

iLoveYou

图 5-8　例 5-8 的运行结果

提示：split() 执行的操作与 join() 执行的操作是相反的。

5.4.4　RegExp 对象与正则表达式

正则表达式是计算机科学的一个概念，通常用来检索、替换那些符合某个模式（规则）的文本。许多程序设计语言都支持利用正则表达式进行字符串操作。在 JavaScript 中，RegExp 对象用于处理正则表达式。

Web 前端的用户名验证、邮箱验证、密码验证、敏感词过滤等，都可以使用正则表达式来实现。本节将介绍常用正则表达式的用法。

1. 常用正则表达式

```
var tel = /^1[3|4|5|7|8]\d{9}$/; // 手机号码规则：只能输入 11 位数字
var userName = /^[a-zA-Z0-9_]{6,16}$/; //用户名规则：只能输入英文字母、数字、下画线，
长度是 6~16 个字符
```

上述代码中，"/"是正则表达式的定界符，"^1[3|4|5|7|8]\d{9}$"表示正则表达式的模式文本。

提示：常用正则表达式可以从 MDN、W3School 等在线资源中获取。

2. RegExp 对象常用方法

test() 方法执行一个检索，用来查看正则表达式与指定的字符串是否匹配。

语法：regexObj.test(str)

参数描述：str 代表用来与正则表达式匹配的字符串。

返回值：如果正则表达式与指定的字符串匹配，则返回 true，否则返回 false。

示例如下：

```
var tel = /^1[3|4|5|7|8]\d{9}$/;
console.log(tel.test('15936078521'));   // 输出：true
console.log(tel.test('1693607851'));    // 第 2 位不符合规则，输出：false
console.log(tel.test('26936078521'));   // 第 1 位不符合规则，输出：false
```

【例 5-9】用户名验证

```
1  <input type="text" class="uname"> <span>请输入用户名</span>
2  <script>
3   var reg = /^[a-zA-Z0-9_-]{6,16}$/;
4   var uname = document.querySelector('.uname');
5   var span = document.querySelector('span');
6   uname.onblur = function() {
7    if (reg.test(this.value)) {
8     span.className = 'right';
9     span.innerHTML = '用户名格式输入正确';
10   } else {
11    span.className = 'wrong';
12    span.innerHTML = '用户名格式输入不正确';
13   }
14  }
15 </script>
```

例 5-9 的功能是，当文本框失去焦点时，判断文本框中输入的用户名是否符合规则，并给出相应提示。第 3 行代码声明了一个正则表达式，规则是只能输入英文字母、数字、下画线，长度是 6~16 个字符；第 7 行代码调用正则表达式的 test 方法，检测文本框的值是否符合规则；第 8~11 行代码根据正则表达式的返回值给出相应的提示。当用户输入正确时，例 5-9 在 Chrome 浏览器中的运行效果如图 5-9 所示。

图 5-9 例 5-9 的运行效果

3. String 对象的正则方法

String 对象中常用的正则方法有 repalce 方法、search 方法和 match 方法。下面分别介绍这 3 种方法。

（1）replace 方法可以在字符串中用一些字符替换另一些字符，或替换一个与正则表达式匹配的子串。

语法：stringObject.replace(regexp/substr,replacement)

参数描述：egexp/substr 代表子字符串或要替换的模式的 RegExp 对象。replacement 代表替换文本或生成替换文本的函数。

返回值：一个新的字符串，是用 replacement 替换了 regexp 的第一次匹配或所有匹配之后得到的字符串。

示例如下：

```
var str=' abc';
console.log(str.replace(/^\s+/g,"")); //把字符串前端的空白字符删除，输出：'abc'
var str2='禁止暴力';
console.log(str2.replace(/暴力/g,"**")); //敏感词替换，输出：'禁止**'
```

（2）search 方法用于检索字符串中指定的子字符串，或检索与正则表达式相匹配的子字符串。

语法：stringObject.search(searchvalue)
参数描述：searchvalue 代表查找的字符串或者正则表达式。
返回值：与指定查找的字符串或者正则表达式相匹配的 String 对象起始位置，如果没有找到任何匹配的子串，则返回-1。

示例如下：

```
var str="white red green blue";
console.log(str.search(/blue/)); //搜索字符串 blue，输出：16
```

（3）match()方法在字符串内检索指定的值，找到一个或多个正则表达式的匹配。

语法：stringObject.match(searchvalue/regexp)
参数描述：searchvalue/regexp 代表要检索的字符串或者正则表达式。
返回值：存放匹配结果的数组。

示例如下：

```
var str = '1234abcd5678qwer9';
console.log(str.match(/\d+/g));//找出字符串中所有数字，输出：['1234','5678','9']
```

5.5　基本数据类型和复杂数据类型

JavaScript 数据类型分为基本数据类型和复杂数据类型（也称为引用数据类型）两类。基本数据类型包含了 number（数字）类型、string（字符串）类型、boolean（布尔）类型、undefined（未定义）类型、null（空）类型；复杂数据类型就是对象类型，包含了对象、数组、函数等。下面介绍它们在内存分配、赋值和比较时的区别。

1. 内存分配

基本数据类型变量分配在栈内存中，其中存放了变量的值，对它是按值来访问的。复杂数据类型变量同时分配栈内存和堆内存，其中堆内存存放值，栈内存存放堆内存地址，对它是按引用访问的。示例如下：

```
var obj = {};
var arr = [];
```

```
function f(){
}
var date = new Date();
var age = 20;
var str = 'hello';
var bool = true;
```

上述代码定义了复杂数据类型变量 obj、arr、f 和 date，它们的值存在堆内存，在栈内存中存放了堆内存地址；还定义了基本数据类型变量 age、str 和 bool，它们的值存放在栈内存中。上述代码中各变量内存分配情况如图 5-10 所示。

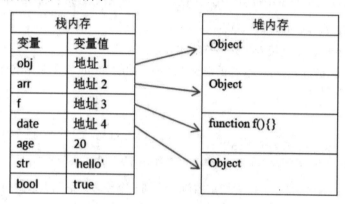

图 5-10　变量内存分配情况

提示： 基本数据类型占据的空间是固定的，因此可以将它们存储在较小的内存区域中，即栈中，这样便于迅速查询变量的值。由于复杂数据类型的大小会改变，因此不能把它放在栈中，否则会降低变量查询的速度。复杂数据类型放在栈空间中的值是其存储在堆中的地址，地址的大小是固定的，所以把它存储在栈中对变量性能无负面影响。

2. 赋值

基本类型在从一个变量向另一个变量赋值时，会在该变量上创建一个新值，然后把该值复制到新变量内存中。基本类型在赋值操作后，两个变量是相互不受影响的。示例如下：

```
var a = 9;
var b = a;
b++;
console.log(a);// 输出: 9
```

上述代码中，变量 a 在给 b 赋值后，相互不受影响，a 的值是 9，b 的值是 10。

复杂类型保存在变量中的是对象在堆内存中的地址，赋值操作后，两个变量都保存了同一个对象地址，这两个变量指向了同一个对象。因此，改变其中任何一个变量，都会影响另一变量。示例如下：

```
var a = [1, 2, 3];
var b = a;
b[0] = 66;
console.log(a); // 输出: [66,2,3]
```

上述代码中，数组是复杂数据类型，变量 a 在给 b 赋值后，a 和 b 指向同一个数组，任何一个变量的操作都会影响另一个变量。

3. 比较

基本类型的比较是值的比较，只有在它们的值相等的时候它们才相等。引用类型的比较是比较两个对象在堆内存中的地址是否相同。示例如下：

```
var obj1 = '{}';
var obj2 = '{}';
console.log(obj1 == obj2); // 输出：true
var obj3 = {};
var obj4 = {};
console.log(obj3 == obj4); //  输出：false
```

上述代码中，obj1 和 obj2 是基本类型，值相等；obj3 和 obj4 是对象类型，是两个不同的对象，在堆内存中的地址不相同，因此比较时不相等。

5.6　案　　例

本节将通过"扫雷"游戏中的随机布雷和高亮显示关键词两个案例来演示对象的使用方法。

5.6.1　"扫雷"游戏随机布雷

"扫雷"游戏是一款经典的益智小游戏，游戏目标是在最短的时间内找出所有的非雷格子，同时避免踩雷，踩到一个雷即全盘皆输。本例将介绍"扫雷"游戏随机布雷功能的设计与实现。

1. 案例呈现

"扫雷"游戏在游戏区域有 100 个单元格，其中 90 个代表草地，10 个代表地雷，地雷在游戏区域的位置是随机的。每次刷新页面，10 个地雷位置随机改变。随机布雷效果如图 5-11 所示。

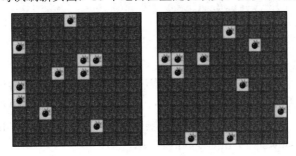

图 5-11　随机布雷效果

2. 案例分析

"扫雷"游戏在游戏区域有 100 个单元格，其中 90 个代表草地，10 个代表地雷。将草地用对象{mine: 0}表示，地雷用对象{mine: 1}表示。将游戏区域看作长度为 100 的数组，元素由 90 个{mine: 0}对象和 10 个{mine: 1}对象组成。随机布雷问题转换为使数组中的 10 个{mine: 1}对象出现在不同的索引位置。

3. 案例实现

```
1  <!DOCTYPE html>
2  <html lang="en">
3  <head>
4      <link rel="stylesheet" href="demo.css">
5  </head>
6  <body>
7      <script>
8          var mineMap = [];
9          for(var i=0;i<100;i++){
10             mineMap[mineMap.length] = { mine: 0 };
11         }
12         var minesNum = 10;
13         while (minesNum) {
14             var mineIndex = Math.floor(Math.random() * 100);
15             if (mineMap[mineIndex].mine === 0) {
16                 mineMap[mineIndex].mine = 1;
17                 minesNum--;
18             }
19         }
20         var s = ' <div class="box" id="box">';
21         for(var i=0;i<100;i++){
22             if(mineMap[i].mine === 0){
23                 s += '<div class="block"></div>';
24             }
25             else{
26                 s += '<div class="dilei"></div>';
27             }
28         }
29         s += ' </div>';
30         document.write(s);
31     </script>
32  </body>
33  </html>
```

在上述程序中，第 4 行代码引入了 CSS 样式，CSS 代码参见本书配套的源码资源；第 8~11 行代码声明并初始化了数组 mineMap，它包含 100 个元素{mine:0}；第 12~19 行代码将数组的 10 个元素随机修改为{mine:1}；第 20~30 行代码向页面输出了 90 个"<div class="dilei"></div>"标签和 10 个"<div class="dilei"></div>"标签。

5.6.2 高亮显示关键词

国务院政府工作报告是中华人民共和国政府的一种公文形式，各级政府都必须在每年召开的当地人民代表大会会议和政治协商会议上，向大会主席团、与会人大代表和政协委员发布这一报告。

政府工作报告为我们的奋斗前行赋予了更鲜明的时代意义。通过学习《政府工作报告》精神，我们要把两会精神落实到日常生活和工作中，自觉践行两会精神，争做时代先锋。

1. 案例呈现

将 2022 年《政府工作报告》中的一段话中的关键词"教育"，在页面上高亮显示。高亮显示关键词前后对比效果如图 5-12 所示。

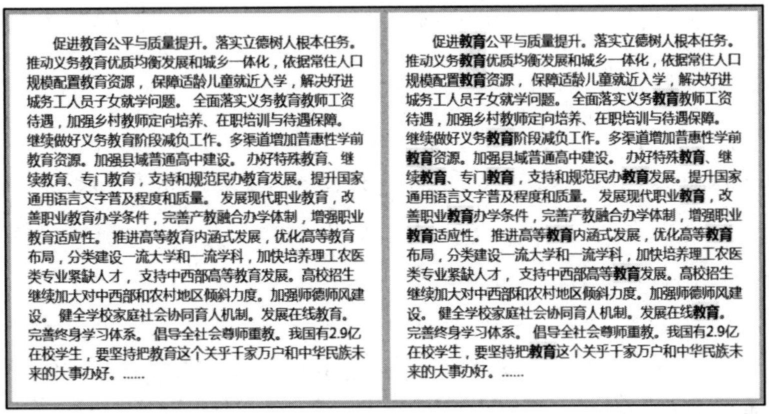

图 5-12　高亮显示关键词前后对比效果

2. 案例分析

在页面上高亮显示关键词，首先需要找到所有的关键词，然后为关键词添加相应的 CSS 样式。字符串方法 split 可以将文本以关键词"教育"分割，得到的字符串数组不包含关键词，然后使用数组方法 join 将字符串数组以"<span>教育</span>"连接成新字符串。其中<span>标签的样式设置为高亮颜色。

3. 案例实现

```
1 <!doctype html>
2 <html>
3 <head>
4 <style>
5    p {
6        border: 5px solid #ccc;
7        width: 400px;
8        padding: 20px;
9        font-size: 16px;
10       text-indent: 2em;
11       float: left;
12   }
13   span {
14       background: yellow;
15       font-weight: 900;
16   }
17 </style>
18 <body>
```

```
19 <script>
20    var keyWords = '教育';
21    var text = '促进教育公平与质量提升。落实立德树人根本任务。推动义务教育优质均衡发
展和城乡一体化，依据常住人口规模配置教育资源，保障适龄儿童就近入学，解决好进城务工人员子女就学问
题。全面落实义务教育教师工资待遇，加强乡村教师定向培养、在职培训与待遇保障。继续做好义务教育阶段
减负工作。多渠道增加普惠性学前教育资源。加强县域普通高中建设。办好特殊教育、继续教育、专门教育，
支持和规范民办教育发展。提升国家通用语言文字普及程度和质量。发展现代职业教育，改善职业教育办学条
件，完善产教融合办学体制，增强职业教育适应性。推进高等教育内涵式发展，优化高等教育布局，分类建设
一流大学和一流学科，加快培养理工农医类专业紧缺人才，支持中西部高等教育发展。高校招生继续加大对中
西部和农村地区倾斜力度。加强师德师风建设。健全学校家庭社会协同育人机制。发展在线教育。完善终身学
习体系。倡导全社会尊师重教。我国有 2.9 亿在校学生，要坚持把教育这个关乎千家万户和中华民族未来的
大事办好。……';
22    document.write("<p>" + text + "</p>");
23    document.write("<p>" + text.split(keyWords).join('<span>' + keyWords
+ '</span>') + "</p>");
24 </script>
25 </body>
26 </html>
```

上述代码中，第 5~16 行定义了 CSS 样式，其中<span>标签是黄色加粗显示；第 20 行定义了变量 keyWords 存储关键词 "教育"；第 21 行定义了变量 text 存储文本字符串；第 22 行将文本包裹在段落中原样输出；第 23 行使用字符串方法 split 将 text 以关键词 "教育" 分割，得到的字符串数组不包含关键词，然后使用数组方法 join 将字符串数组以 "<span>教育</span>" 连接成新字符串。在 CSS 样式控制下，关键词黄色加粗显示，起到高亮显示的效果。

5.7　本章小结

本章介绍了 JavaScript 对象概念、对象创建、对象访问以及常用的内置对象，然后通过对象实现了 "扫雷" 游戏的随机布雷和高亮显示关键词两个案例。本章可使读者掌握 JavaScript 对象的概念和使用方法，为后续章节内容的学习奠定基础。ECMAScript 6 中引入的对象解构赋值、字符串扩展、Set 和 Map 数据结构，请查看第 12 章。

5.8　本章高频面试题

1. 浅拷贝和深拷贝的区别？

拷贝就是赋值。把一个变量赋给另外一个变量，就是把变量的内容进行拷贝。

基本类型赋值时，赋的是数据，所以不存在浅拷贝和深拷贝的问题。

浅拷贝和深拷贝都只针对引用数据类型。浅拷贝只复制指向某个对象的指针，而不复制对象本身，新旧对象还是共享同一块内存；深拷贝会另外创造一个一模一样的对象，新对象跟原对象不共享内存，修改新对象不会影响到原对象；浅拷贝只复制对象的第一层属性，深拷贝可以对对象的属性进行递归复制。

2. 判断字符串'abcabcopdsarweppp'中出现次数最多的字符，并统计其次数。请写出相应的代码。

将字符串中的每个元素作为对象属性，属性值是它出现的次数。定义一个对象，如果对象中不存在此属性，则将此属性赋值为 1；如果已经存在此属性，则将值加 1。遍历对象的属性值，得到的最大值就是出现次数最多的字符的属性值。示例代码如下：

```
var str = 'abcdefgggggghijklmnnnn';
var o = {};
for (var i = 0; i < str.length; i++) {
    var chars = str.charAt(i);    // chars 是字符串中的每一个字符
    if (o[chars]) {                // o[chars] 得到的是属性值
        o[chars]++;
    } else {
        o[chars] = 1;
    }
}
var max = 0;
var ch = '';
for (var k in o) {
    // k 得到的是属性名
    // o[k] 得到的是属性值
    if (o[k] > max) {
        max = o[k];
        ch = k;
    }
}
console.log('最多的字符是' + ch+',出现次数是'+ max);
```

3. for、for-in 和 forEach 有何区别？

（1）for 循环是最原始的遍历，自 JavaScript 诞生起就有，用于遍历数组。

（2）for-in 是为遍历对象属性而构建的，不建议与数组一起使用。它最常用的地方是调试，可以更方便地检查对象的属性。

（3）forEach 是 ECMAScript 5.1 新增的，对数组的每个元素执行一次给定的函数。

5.9　实践操作练习题

1. 使用对象字面量定义对象 myMath。它包含一个值为 3.1415926 的属性 PI，一个用于返回最大值的 max 方法。myMath 对象调用示例如下：

```
console.log(myMath.PI);                    // 输出: 3.1415926
console.log(myMath.max(1,2,3,54,3333));    // 输出: 3333
console.log(myMath.max (1,2,3,54));        // 输出: 54
```

2. 使用恰当的 JavaScript 数据类型表示商品数据。商品数据至少包含以下信息：商品的唯一标识符、商品的名称、商品的描述、商品的价格、商品的库存数量、商品的图片链接、商品的分类、商品的评论列表，每个评论包含评论者的名称、评分和评论内容。

3. 定义函数，实现矩形的碰撞检测。

4. 定义函数 getRandomInt，返回一个在指定值之间的随机整数。这个值不小于 min（如果 min 不是整数，则不小于 min 的向上取整数），且小于（不等于）max。函数 getRandomInt()调用示例如下：

```
console.log( getRandomInt(5.3, 10) );   // 输出：6
console.log( getRandomInt(5, 10) );     // 输出：9
```

5. 定义函数 getRandStr，生成一个长度为 n 的随机字符串，字符串中字符的取值范围包括 0~9、a~z、A~Z。函数 getRandStr()调用示例如下：

```
console.log(getRandStr(8)); // 输出：7eNivwOA
console.log(getRandStr(4)); // 输出：6wSa
```

6. 分时问候。打开页面，根据不同时间段显示不同的问候语，如表 5-4 所示。

表5-4　分时问候

时间（小时 h）	问　候　语
0<h≤6	真早啊！三更灯火五更鸡，正是男儿读书时
6<h≤9	早上好！一年之计在于春，一日之计在于晨
9<h≤12	上午好！长风破浪会有时，直挂云帆济沧海。加油
12<h≤18	下午好！及时当勉励，岁月不待人
18<h≤22	晚上好！有余力，则学文。业余充电
22<h≤24	深夜了要休息了！一张一弛，文武之道也

7. 图片时间。将当前系统时间以图片的形式显示在页面上。其中前两位是小时，中间两位是分钟，后面两位是秒，都采用双位数显示。例如 9 应显示为"09"。页面效果如图 5-13 所示。

图 5-13　图片时间

8. 定义函数 myTrim()，实现和内置对象 String 提供的 trim()方法一样的功能。

9. 定义函数 convert()，将数字转换成千分位格式。函数 convert()调用示例如下：

```
console.log(convert('2359844564654')); // 输出：'2,359,844,564,654'
```

10. 定义函数，根据时间间隔返回字符串。参数为代表时间的字符串，返回值为包含"刚刚""分钟前""小时前""天前""月前""年前"等字样的字符串。例如，发帖时间是"2024-04-28 16:06:33"，当前时间是"2024-04-28 16:43:36"，则返回字符串"发布于：36 分钟前"。页面效果如图 5-14 所示。

图 5-14　练习题 10 的效果

11. 定义函数，该函数接收两个参数，分别为旧版本和新版本，当新版本高于旧版本时，表明需要更新，此时返回 true，否则返回 false。注意：版本号格式为"X.X.X"，0≤X≤9。当两个版本号相同时，不需要更新。

12. 已注册用户登录网站时，提示语效果如图 5-15 所示。实现以下功能：

（1）自定义 person 对象，合理设计其成员。

（2）针对不同用户，页面输出相应的提示语。

图 5-15　练习题 12 的效果

13. 随机答题程序。随机出题，单击"确定"按钮后，无论答案是否正确，都询问是否继续。如果继续，则接着随机出题；否则，结束答题。页面效果如图 5-16 所示。

图 5-16　练习题 13 的效果

第6章

DOM

浏览器中的 JavaScript 由 ECMAScript、DOM 和 BOM 3 个不同的部分组成。DOM（Document Object Model，文档对象模型）提供访问和操作网页内容的方法和接口。开发者使用 DOM 可以实现网页的动态变化，如显示或隐藏一幅图片、改变元素样式、增加或删除元素等，这增强了用户与网页的交互性。本章将介绍使用 DOM 来访问文档和其中的元素的方法。

📖 **本章知识点思维导图**

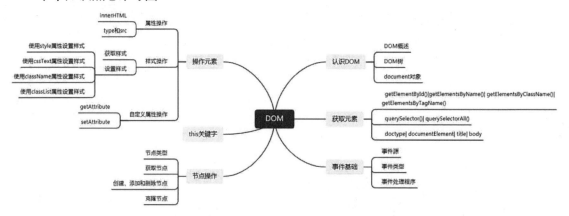

📖 **本章学习目标**

- 熟悉什么是 DOM，能够说出 DOM 中文档、元素和节点的关系。
- 了解事件的概念，能够说出事件的 3 个要素。
- 掌握元素操作，能够改变元素内容、属性和样式等。
- 掌握节点操作，能够完成节点的获取、创建、添加、移除和复制操作。
- 理解 this 关键字指向，能够正确识别 this 指向的对象。
- 使用 DOM 实现"留言板""折叠面板"等程序设计。

6.1　DOM 概述

DOM 是 W3C 标准化的 HTML 文档编程接口，是一种与平台和语言无关的应用程序接口。它提供了对文档的结构化表述，允许从程序中对该结构进行访问，从而改变文档的结构、样式和内容。DOM 将文档解析为一个由节点和对象组成的结构集合，从而将 Web 页面和脚本或程序语言连接起来。

DOM 的作用是将 HTML 文档转换为 JavaScript 对象，从而可以使用 JavaScript 来访问和处理网页。浏览器在加载 HTML 文档时，为每一个 HTML 文档创建相应的 document 对象。开发者可以通过 document 对象对 HTML 页面中的所有元素进行访问。

6.2　获取元素

JavaScript 对 HTML 页面中的元素进行访问，首先需要获取元素。CSS 使用 id 选择器、类选择器、后代选择器等选择器获取页面元素，JavaScript 则通过 document 对象和 element 对象提供的方法和属性获取元素，如表 6-1 所示。

表6-1　JavaScript获取元素的方法和属性

方法名/属性名	描述
getElementById()	返回对拥有指定 id 的第一个对象的引用
getElementsByName()	返回带有指定名称的对象集合
getElementsByClassName()	返回所有指定类名的元素集合
getElementsByTagName()	返回带有指定标签名的对象集合
querySelector()	返回匹配指定 CSS 选择器的第一个元素
querySelectorAll()	返回匹配指定 CSS 选择器的所有元素
documentElement	获取 html 根元素
title	获取文档标题
body	获取 body 元素

（1）getElementById 方法返回对拥有指定 id 的第一个对象的引用。

语法：document.getElementById(id)
参数描述：元素 id 属性值。
返回值：对拥有指定 id 的第一个对象的引用，如果元素不存在，则返回 null。

【例 6-1】getElementById()获取元素

```
1 <div id="time">2022-3-18</div>
2 <script>
3     var timer = document.getElementById('time');
4     console.log(timer);
5     console.log(typeof timer);
6     var timer2 = document.getElementById('time2');
```

```
7        console.log(timer2);
8  </script>
```

在例 6-1 中，第 3 行代码通过 getElementById 方法获取 id 值为"time"的元素，输出了元素 div，它的数据类型是对象类型"object"；第 6 行代码通过 getElementById 方法获取 id 值为"time2"的元素，由于 id 值为"time2"的元素不存在，因此第 7 行代码输出 null。例 6-1 在 Chrome 浏览器控制台中的运行结果如图 6-1 所示。

```
<div id="time">2022-3-18</div>
object
null
```

图 6-1　例 6-1 的运行结果

（2）getElementsByName 方法返回带有指定名称的对象集合。

语法：document.getElementsByName(name)
参数描述：元素 name 属性值。
返回值：指定名称的对象集合。

【例 6-2】getElementsByName()获取元素

```
1  <input name="myInput" type="text" value="1"/>
2  <input name="myInput" type="text" value="2" />
3  <input name="myInput" type="text" value="3" />
4  <script>
5      var myInputs = document.getElementsByName('myInput');
6      console.log(myInputs);
7      console.log(myInputs[0]);
8      console.log(myInputs.length);
9  </script>
```

在例 6-2 中，第 5 行代码通过 getElementsByName()获取 name 值为"myInput"的元素；第 6 行代码输出返回的元素节点集合对象 NodeList，它是一个类数组，拥有长度属性，并可以使用下标表达式的方式访问对象中的元素；第 7 行输出返回的第一个元素；第 8 行输出集合长度 3。例 6-2 在 Chrome 浏览器控制台中的运行结果如图 6-2 所示。

```
▶ NodeList(3) [input, input, input]
  <input name="myInput" type="text" value="1">
3
```

图 6-2　例 6-2 的运行结果

提示：getElementsByName()返回的是一个集合，即使页面中只有一个被选中的元素，也需要使用下标表达式"[0]"访问这个元素。

（3）getElementsByClassName 方法返回所有指定类名的元素集合。

语法：document | element.getElementsByClassName(classname)

参数描述：元素类名，多个类名使用空格分隔。

返回值：指定类名的元素集合。

【例 6-3】getElementsByClassName()获取元素

```
1  <div id="oDiv">
2    <input class="myInput" type="text" value="1" />
3    <input class="myInput" type="text" value="2" />
4    <input class="myInput" type="text" value="3" />
5  </div>
6  <script>
7    var oDiv = document.getElementById('oDiv');
8    var myInputs = document.getElementsByClassName('myInput');
9    var myInputs2 = oDiv.getElementsByClassName('myInput');
10   console.log(myInputs.length);// 输出：3
11   console.log(myInputs2.length); // 输出：3
12 </script>
```

（4）getElementsByTagName 方法返回带有指定标签名的对象的集合。

语法：document | element.getElementsByTagName(tagname)

参数描述：获取元素的标签名。

返回值：指定标签名的元素集合。

【例 6-4】getElementsByTagName()获取元素

```
1  <ul>
2    <li></li>
3    <li></li>
4  </ul>
5  <ol id="ol">
6    <li></li>
7    <li></li>
8  </ol>
9  <script>
10   var lis = document.getElementsByTagName('li');
11   console.log(lis.length); // 输出：4
12   var ol = document.getElementById('ol');
13   var lis2 = ol.getElementsByTagName('li');
14   console.log(lis2.length); // 输出：2
15 <script>
```

在例 6-4 中，document.getElementsByTagName('li')返回所有的 li 元素，ol.getElementsByTagName('li')只返回 ol 元素中的 li 元素，不包含 ul 中的 li 元素。

提示：getElementsByClassName()是通过 class 的值获取元素，getElementsByTagName()是通过 tagname 的值获取元素。它们均可以通过 document 或 element 调用，返回获取的元素集合。使用 element 调用时获取的元素范围更精准，和 CSS 的后代选择器获取元素类似。

（5）querySelector 方法返回匹配指定 CSS 选择器的第一个元素，querySelectorAll 方法返回匹配指定 CSS 选择器的所有元素。

语法：document | element. querySelector | querySelectorAll(CSS selectors)
参数描述：指定一个或多个匹配元素的 CSS 选择器。
返回值：匹配指定 CSS 选择器的第一个元素或所有元素。

【例 6-5】querySelector() 和 querySelectorAll() 获取元素

```
1 <div class="box">盒子1</div>
2 <div class="box">盒子2</div>
3 <div id="nav">
4    <ul>
5       <li>首页</li>
6       <li>产品</li>
7    </ul>
8 </div>
9 <script>
10    var firstBox = document.querySelector('.box');
11    console.log(firstBox);
12    var nav = document.querySelector('#nav');
13    console.log(nav);
14    var li = document.querySelector('li');
15    console.log(li);
16    var allBox = document.querySelectorAll('.box');
17    console.log(allBox);
18    var lis = document.querySelectorAll('li');
19    console.log(lis);
20 </script>
```

在例 6-5 中，第 10 行代码使用 CSS 类选择器返回第一个匹配项 "<div class="box">盒子1</div>"；
第 12 行代码使用 CSS 的 id 选择器返回第一个匹配项 "<div id="nav">…</div>"；第 14 行代码使
用 CSS 的标签选择器返回第一个匹配项 "<li>首页</li>"；第 16 行和第 18 行代码分别使用 CSS 的
类选择器和标签选择器返回所有的匹配项。例 6-5 在 Chrome 浏览器控制台中的运行结果如图 6-3
所示。

```
<div class="box">盒子1</div>
▶<div id="nav">…</div>
▶<li>…</li>
▶NodeList(2)
▶NodeList(2)
```

图 6-3　例 6-5 的运行结果

（6）document 属性获取元素。

【例 6-6】document 属性获取元素

```
1 <!DOCTYPE html>
2 <html lang="en">
```

```
3 <head>
4   <title>Document</title>
5 </head>
6 <body>
7   <script>
8       console.log(document.doctype);// 获取文档类型
9       console.log(document.documentElement);// 获取 html 根元素
10      console.log(document.title);// 获取文档标题
11      console.log(document.body);// 获取 body 元素
12  </script>
13 </body>
14 </html>
```

例 6-6 通 过 document 属 性 获 取 元 素 。 其 中 ， document.doctype 获 取 文 档 类 型 、
document.documentElement 获取 html 根元素、document.title 获取文档标题、document.body 获取 body
元素。例 6-6 在 Chrome 浏览器控制台中的运行结果如图 6-4 所示。

图 6-4　例 6-6 的运行结果

6.3　事件基础

JavaScript 采用事件驱动响应用户操作。事件是用户与 Web 页面交互时产生的操作，例如移动
光标、按下按键、单击按钮等；或者 JavaScript 和 HTML 交互后导致发生某种状态变化的事情，例
如页面加载完毕、动画执行完毕等。常用的鼠标事件如表 6-2 所示。

表6-2　常用的鼠标事件

事　　件	描　　述
click	用户单击鼠标时触发此事件
mousedown	按下鼠标按键时触发
mouseup	释放鼠标按键时触发
mouseout	鼠标离开元素时触发

事件由 3 部分组成：事件源、事件类型和事件处理程序。事件发生时，在 Web 页面中产生事
件的元素称为事件源；对事件进行处理的程序称为事件处理程序，通常定义为函数；一旦事件源发
生某种类型的事件，浏览器就会调用事件源绑定的处理程序进行事件处理。

事件源绑定事件处理程序的一种方式如下：

事件源.on 事件名 = 事件处理函数

其余方法详见"第 7 章　事件处理"。

【例 6-7】按钮单击事件

```
1 <button id="btn">点我</button>
2 <script>
3   var btn = document.getElementById('btn');// 获取元素
4   btn.onclick = function() {// 绑定事件处理程序
5       alert('hello');
6   }
7 </script>
```

在例 6-7 中，事件源是按钮 btn，事件类型是鼠标单击事件 onclick，事件处理程序是匿名函数 "function() {alert('hello');}"。当用户单击按钮时，例 6-7 在 Chrome 浏览器中的运行结果如图 6-5 所示。

图 6-5　例 6-7 的运行结果

6.4　操作元素

获取 HTML 元素后，开发者可以通过操作元素属性及 CSS 属性来改变元素的内容和样式。语法格式如下：

（1）获取属性的值：

1. 元素.属性名或元素[属性名]
2. 元素.getAttribute(属性名) //getAttribute 是方法名

（2）设置属性的值：

1. 元素.属性名 = 值或元素[属性名] = 值
2. 元素.setAttribute(属性名, 属性值) //setAttribute 是方法名

（3）移除属性的值：

元素.removeAttribute (属性名) //removeAttribute 是方法名

【例 6-8】获取和设置属性值

```
1 <div id="time">123</div>
2 <p id="test"></p>
3 <span id="span"></span>
4 <script>
5     var div = document.querySelector('div');
6     var p = document.querySelector('p');
7     var span = document.querySelector('span');
```

```
 8      console.log('设置前,div 元素的id 属性的值是：' + div.id);
 9      console.log('设置前,p 元素的id 属性的值是：' + p['id']);
10      console.log('设置前,span 元素的id 属性的值是:' + span.getAttribute('id'));
11      div.id = 'test';
12      p['id'] = 'test';
13      span.setAttribute('id', 'test');
14      console.log('设置后,div 元素的id 属性的值是：' + div.id);
15      console.log('设置后,p 元素的id 属性的值是：' + p['id']);
16      console.log('设置后,span 元素的id 属性的值是:' + span.getAttribute('id'));
17 </script>
```

在例 6-8 中，第 8~10 行代码通过 div.id、p['id'] 和 span.getAttribute('id')3 种方式获取了元素 id 属性的值；第 11~13 行代码通过 div.id、p['id'] 和 span. setAttribute('id', 'test'))3 种方式设置了元素 id 属性的值。例 6-8 在 Chrome 浏览器控制台中的运行结果如图 6-6 所示。

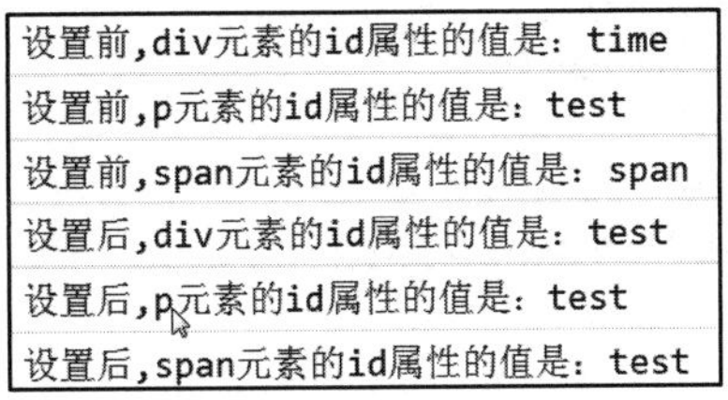

```
设置前,div元素的id属性的值是：time
设置前,p元素的id属性的值是：test
设置前,span元素的id属性的值是：span
设置后,div元素的id属性的值是：test
设置后,p元素的id属性的值是：test
设置后,span元素的id属性的值是：test
```

图 6-6　例 6-8 的运行结果

6.4.1　常用属性操作

1. innerHTML 属性

innerHTML 属性可以访问或设置元素的内容。

【例 6-9】innerHTML 属性

```
 1 <button>显示当前系统时间</button>
 2 <div></div>
 3 <script>
 4   var btn = document.querySelector('button'); //  获取元素
 5   var div = document.querySelector('div');
 6   btn.onclick = function() { // 事件绑定
 7       var date = new Date();
 8       div.innerHTML = date.toLocaleString();//单击按钮，div 里面的内容会发生变化
 9    }
10</script>
```

在例 6-9 中，div 元素初始的内容是空的，通过设置 div 元素的 innerHTML 属性，可以将 div 元素的内容设置为当前系统时间。用户单击按钮时，例 6-9 在 Chrome 浏览器中的运行结果如图 6-7 所示。

```
显示当前系统时间
2022/3/21 08:24:20
```

图 6-7　例 6-9 的运行结果

2. type 和 src 属性

type 属性可以访问或设置表单元素的类型，src 属性可以访问或设置图片元素的路径。

【例 6-10】显示或隐藏密码

```
1  <div class="box">
2    <label for="">
3      <img src="images/close.png" alt="" id="eye">
4    </label>
5    <input type="password" name="" id="pwd">
6  </div>
7  <script>
8    var eye = document.getElementById('eye');
9    var pwd = document.getElementById('pwd');
10   var flag = 0;// 状态标志
11   eye.onclick = function() {
12     if (flag == 0) {
13       pwd.type = 'text';
14       eye.src = 'images/open.png';
15       flag = 1;
16     } else {
17       pwd.type = 'password';
18       eye.src = 'images/close.png';
19       flag = 0;
20     }
21   }
22 </script>
```

在例 6-10 中，第 13 和 17 行代码修改表单元素的 type 属性值，当 type 属性值是 text 时，页面显示密码；当 type 属性值是 password 时，页面隐藏密码。第 14 和 18 行通过修改图片元素的 src 属性值来显示不同的图片。第一次单击图片时，例 6-10 在 Chrome 浏览器中的运行结果如图 6-8 所示。第二次单击图片时，例 6-10 在 Chrome 浏览器中的运行结果如图 6-9 所示。

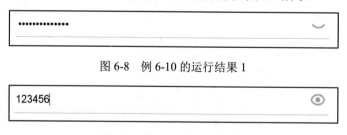

图 6-8　例 6-10 的运行结果 1

图 6-9　例 6-10 的运行结果 2

6.4.2　样式操作

1. 获取样式

（1）使用元素的 style 属性获取行内样式，语法格式如下：

```
element.style
```

（2）使用 getComputedStyle()方法获取内联样式、嵌入样式和外部样式，语法格式如下：

```
window.getComputedStyle(element, pseudoElement)
```

其中，element 是要获取样式的元素；pseudoElement 是可选参数，代表伪类元素，当不查询伪类元素的时候可以忽略或者传入 null。getComputedStyle()方法返回 CSS 样式规则的集合对象。

【例 6-11】获取样式

```
1 <div style=" background-color: red;"></div>
2 <script>
3     var div = document.querySelector('div');
4     console.log(div.style.backgroundColor);
5     console.log(div.style.width);// 输出：空字符串
6     console.log(window.getComputedStyle(div).width);
7 </script>
```

在例 6-11 中，使用 div.style.backgroundColor 可以获取 div 元素行级样式中的背景色；使用 div.style.width 不能获取非行级样式；使用 window.getComputedStyle(div).width 可以获取非行级样式。例 6-11 在 Chrome 浏览器控制台中的运行结果如图 6-10 所示。

图 6-10 例 6-11 的运行结果

提示：

getComputedStyle 和 element.style 的相同点：它们返回的都是 CSSStyleDeclaration 对象，取相应属性值的时候，都采用 CSS 驼峰式写法，例如 CSS 属性 background-color 写作 backgroundColor。

getComputedStyle 和 element.style 的不同点是：

- element.style 读取的只是元素的内联样式，即写在元素的 style 属性上的样式；而 getComputedStyle 读取的样式是最终样式，包括了内联样式、嵌入样式和外部样式。
- element.style 既支持读也支持写，getComputedStyle 仅支持读，并不支持写入。

2. 设置样式

1）使用 style 属性设置样式

element.style 既支持读也支持写，它设置的样式是行级样式。

【例 6-12】使用 style 属性设置样式

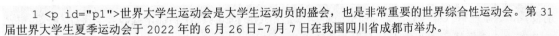

```
1 <p id="p1">世界大学生运动会是大学生运动员的盛会，也是非常重要的世界综合性运动会。第 31
届世界大学生夏季运动会于 2022 年的 6 月 26 日-7 月 7 日在我国四川省成都市举办。
2 </p>
3 <script>
4     var oP = document.getElementById("p1");
5     oP.style.fontSize = "12px";
6     oP.style.width = '300px';
```

```
7    op.style.fontStyle='italic';
8 </script>
```

在例 6-12 中,第 5 行代码设置 p 元素的字体大小是 12px;第 6 行代码设置 p 元素的宽度是 300px;第 7 行代码设置 p 元素的字体倾斜。例 6-12 在 Chrome 浏览器中的运行结果如图 6-11 所示。

世界大学生运动会是大学生运动员的盛会，也是非常重要的世界综合性运动会。第31届世界大学生夏季运动会将于2022年的6月26日-7月7日在我国四川省成都市举办。

图 6-11　例 6-12 的运行结果

【例 6-13】隔行变色

```
<ul>
    <li>1</li>
    <li>2</li>
    <li>3</li>
    <li>4</li>
    <li>5</li>
    <li>6</li>
</ul>
<script>
    var li = document.getElementsByTagName('li');
    for(var i=0;i<li.length;i++){
        if(i%2){
            li[i].style.backgroundColor = 'red';
        }
    }
</script>
```

例 6-13 使用 for 循环设置每一个 li 元素的背景色。循环变量 i 对 2 求余,如果余数为 0,则设置背景色为红色。例 6-13 在 Chrome 浏览器中运行结果如图 6-12 所示。

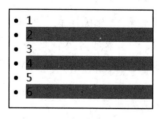

图 6-12　例 6-13 的运行结果

2）使用 cssText 属性设置样式

由例 6-12 可知,使用 element.style 设置多个不同的行级样式时,要使用多条 JavaScript 代码分别设置,这就使得代码量较多。JavaScript 可以使用 style 的 cssText 属性来同时设置多个样式。将例 6-12 的第 5~7 行代码改写如下,页面效果不变。

```
oP.style.cssText = 'font-size:12px;width:300px; font-style:italic';
```

3）使用 className 属性设置样式

上述两种方法都是设置行级样式，不利于重用样式，当样式较多时，在 JavaScript 代码中书写 CSS 不方便。开发者可以先写好 CSS 类别选择器的样式，再通过修改元素的 className 属性来添加或修改元素的类样式，以此设置样式。

【例 6-14】使用 className 属性设置样式

```
1  <style>
2      .p1 {
3          font-size: 12px;
4          width: 300px;
5      }
6      .p2 {
7          font-style: italic;
8      }
9  </style>
10 <p class="">世界大学生运动会是大学生运动员的盛会，也是非常重要的世界综合性运动会。第 31
届世界大学生夏季运动会于 2022 年的 6 月 26 日-7 月 7 日在我国四川省成都市举办。
11 </p>
12 <script>
13     var oP = document.querySelector("p");
14     oP.className = 'p1 p2';// 多类别选择器
15 </script>
```

在例 6-14 中，第 2~9 行代码定义了两个类别选择器；第 14 行代码通过设置 className 属性的值，使元素 oP 应用类别选择器声明的 CSS 样式，值'p1 p2'表示同时应用类别选择器 p1 和 p2。例 6-14 在 Chrome 浏览器中的运行结果如图 6-12 所示。

4）使用 classList 属性设置样式

classList 属性返回元素的类名列表，它拥有的 add、remove 和 toggle 方法分别用于在元素中添加、移除及切换 CSS 类。

（1）add 方法在元素中添加一个或多个类名。如果指定的类名已存在，则不会添加。

语法：add(class1, class2, …)
参数描述：添加的类名列表。

（2）remove 方法移除元素中的一个或多个类名。

语法：remove (class1, class2, …)
参数描述：移除的类名列表。

（3）toggle 方法在元素中切换类名。

语法：toggle (class)
参数描述：如果该类名不存在，则会在元素中添加类名；如果存在，则移除类名。

【例 6-15】使用 classList 属性设置样式

```
1 <p class="p1">世界大学生运动会是大学生运动员的盛会，也是非常重要的世界综合性运动会。第
```

31 届世界大学生夏季运动会于 2022 年的 6 月 26 日–7 月 7 日在我国四川省成都市举办。

```
2 </p>
3 <script>
4    var oP = document.querySelector("p");
5    oP.classList.add('p2');
6    oP.classList.remove('p1');
7    oP.classList.toggle('p1');
8 </script>
```

在上面示例中，第 1 行代码的 p 元素拥有类别选择器"p1"；第 5 行代码调用 classList 属性的 add 方法，为 p 元素添加类别选择器"p2"，此时 p 元素的 class 属性值是"p1 p2"；第 6 行代码调用 classList 属性的 remove 方法，移除 p 元素的类别选择器"p1"，此时 p 元素的 class 属性的值是"p2"；第 7 行代码调用 classList 属性的 toggle 方法切换类名，由于此时 p 元素没有类名"p1"，因此，第 7 行执行后，p 元素的 class 属性的值是"p1 p2"。

提示：classList 属性有浏览器兼容性问题。支持 classList 属性的浏览器版本包括 Chrome8+、IE10+等。

6.4.3　自定义属性操作

JavaScript 除了可以操作 HTML 标准属性外，还可以对 HTML 自定义属性进行操作。使用 JavaScript 获取元素后，可以设置或获取自定义属性。

（1）设置自定义属性，语法格式如下：

```
1.element.setAttribute('属性', '值')
2.element.自定义属性名 = 值
```

（2）获取自定义属性，语法格式如下：

```
1.element.getAttribute(属性)
2.element.自定义属性名
```

【例 6-16】设置和获取自定义属性

```
1 <div id="demo">设置和获取自定义属性</div>
2 <script>
3    var div = document.querySelector('div');
4    div.setAttribute('num', 3);
5    console.log(div.num); // 输出：undefined
6    console.log(div.getAttribute('num')); // 输出：3
7    div.removeAttribute('num');
8    div.test = '2';
9    console.log(div.test); // 输出：2
10 </script>
```

在上面示例中，第 4 行代码通过 setAttribute 方法设置了自定义属性 num，它会添加到页面中，如图 6-13 所示；通过 setAttribute 方法设置的自定义属性，需要通过 getAttribute 方法获取，因此第 5 行输出为 undefined；第 8 行代码通过"div.test = '2'"设置了自定义属性 test，它只存在于内存中，不会添加至页面中；第 7 行代码通过 removeAttribute 方法移除了自定义属性 num。

```
<div id="demo" num="3">设置和获取自定义属性</div>
```

图 6-13　自定义属性添加至页面

6.5　this 关键字

JavaScript 使用关键字 this 指向当前对象。在函数中，this 指向当前调用函数的元素；在没有元素显式调用时，this 指向 window 对象（window 对象将在"第 8 章　BOM"中详细介绍）。

【例 6-17】this 指向

```
1  <button></button>
2  <script>
3      function f() {
4          console.log(this);
5      }
6      f();
7      var btn = document.querySelector('button');
8      btn.onclick = function () {
9          console.log(this);
10     }
11 </script>
```

在例 6-17 中，第 6 行代码调用函数 f()，由于没有元素显式调用，this 指向 window 对象；第 8 行代码为 button 元素绑定单击事件及其处理程序，由于 this 所在函数是通过 btn.onclick 调用的，因此 this 指向 btn 对象。用户单击按钮，输出 this 的值是 button 元素。例 6-17 在 Chrome 浏览器中的运行结果如图 6-14 所示。

```
▶ Window
<button></button>
```

图 6-14　例 6-17 的运行结果

【例 6-18】选项卡切换

```
1  <div id="tab">
2      <input class="current" type="button" value="商品介绍">
3      <input type="button" value="规格与包装">
4      <input type="button" value="售后保障">
5      <div class="show">商品介绍模块内容</div>
6      <div>规格与包装模块内容</div>
7      <div>售后保障模块内容</div>
8  </div>
9  <script>
10     var inputs = document.querySelectorAll('input');
11     var divs = document.querySelectorAll('#tab div');
12     for (var i = 0; i < inputs.length; i++) {
13         inputs[i].index = i;
14         inputs[i].onclick = function () {
15             for (var i = 0; i < inputs.length; i++) {
```

```
16                  inputs[i].className = '';
17                  divs[i].className = '';
18              }
19          this.className = 'current';
20          divs[this.index].className = 'show';
21      }
22  }
23 </script>
```

在例 6-18 中，单击某一个按钮显示它对应的文本内容。第 13 行代码为每一个 input 元素设置自定义属性 index，值是 i；第 15~18 行代码将所有 input 元素和 div 元素的 class 属性设置为空值；第 19 行代码的 this 指向当前单击的 input 元素，将当前单击的 input 元素的 class 设置为"current"；第 20 行代码将当前单击的 input 元素对应的 div 元素的 class 属性设置为"show"显示出来。单击"规格与包装"，例 6-18 在 Chrome 浏览器中的运行结果如图 6-15 所示。单击"售后保障"，例 6-18 在 Chrome 浏览器中的运行结果如图 6-16 所示。

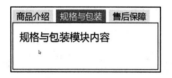

图 6-15　例 6-18 的运行结果 1　　　　图 6-16　例 6-18 的运行结果 2

6.6　节点操作

DOM 将 HTML 文档视作树结构，这种结构被称为节点树，如图 6-17 所示。根据 W3C 的 DOM 标准，HTML 文档中的所有内容都是节点。节点可通过 JavaScript 进行修改、创建或删除。

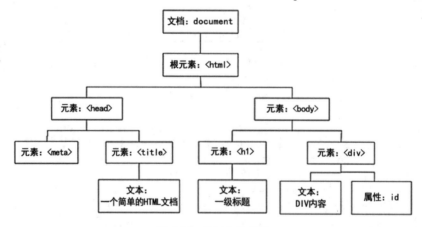

图 6-17　DOM 节点树

节点树中的节点彼此拥有层级关系。示例如下：

```
<html>
    <head>
    <title>DOM Tutorial</title>
```

```
    </head>
<body>
    <h1>DOM Lesson one</h1>
    <p>Hello world!</p>
</body>
</html>
```

在节点树中，<html>被称为根节点。除根节点之外的每个节点都有父节点，例如<head>和<body>的父节点是<html>节点。大部分元素节点都有子节点，例如<head>节点有一个子节点<title>。当节点共享同一个父节点时，它们就是同级节点，例如<h1>和<p>是同级节点，因为它们的父节点均是<body>节点。节点也可以拥有后代，后代指某个节点的所有子节点，或者这些子节点的子节点，例如所有的节点都是<html>节点的后代。节点也可以拥有先辈。先辈是某个节点的父节点，或者父节点的父节点，例如所有的节点都可把<html>节点作为先辈节点。

6.6.1　节点类型

节点树中的节点主要分为 document 节点、元素节点、属性节点、文本节点、注释节点。不同的节点类型具有一个对应的常量。一个节点就是一个对象。常用节点如表 6-3 所示。其中，整个文档是 document 节点，一个 document 节点就是一个 document 对象；HTML 元素是元素节点；HTML 元素内的文本是文本节点；每个 HTML 属性是属性节点；注释是注释节点。

表6-3　常用节点

节点类型	字符常量	数值常量
document 节点	DOCUMENT_NODE	9
元素节点	ELEMENT_NODE	1
属性节点	ATTRIBUTE_NODE	2
文本节点	TEXT_NODE	3
注释节点	COMMENT_NODE	8

提示：项目开发中，主要操作元素节点。

6.6.2　获取节点

使用元素的相关属性可以获取元素的子节点、父节点和同级节点。

1. 获取元素子节点

使用元素的 childNodes 和 children 属性可以获取元素的子节点，其中 childNodes 获取的是元素的所有子节点，children 获取的是元素类型的子节点。

【例 6-19】获取子节点

```
1  <ul>
2    <li>我是 li1</li>
3    <li>我是 li2</li>
4    <li>我是 li3</li>
```

```
5    <li>我是li4</li>
6  </ul>
7 <script>
8    var ul = document.querySelector('ul');
   // 1. childNodes 获取所有的子节点，包含元素节点、文本节点等
9    console.log(ul.childNodes);
   // 2. children 获取元素的所有子节点
10   console.log(ul.children);
11 </script>
```

例 6-19 在 Chrome 浏览器控制台中的运行结果如图 6-18 所示。

```
▶ NodeList(9) [text, li, text, li, text, li, text, li, text]
▶ HTMLCollection(4) [li, li, li, li]
```

图 6-18　例 6-19 的运行结果

由图 6-18 可知，ul.childNodes 获取元素 ul 的所有子节点，返回的 NodeList 对象包含元素节点、文本节点，共 9 个；ul.children 获取元素 ul 的所有子元素节点，返回的 HTMLCollection 对象包含 4 个 li 元素。

2. 获取元素第一个子节点和最后一个子节点

（1）使用 firstChild 和 lastChild 属性分别获取第一个子节点和最后一个子节点，包含所有类型的节点。

（2）使用 firstElementChild 和 lastElementChild 属性分别获取第一个子元素节点和最后一个子元素节点。

（3）使用 children 属性的第一个元素和最后一个元素分别获取第一个子元素节点和最后一个子元素节点。

【例 6-20】获取元素第一个子节点和最后一个子节点

```
1 <div>
2    <h1>我是 p 元素</h1>
3    <span>我是 li2</span>
4    <p>我是 li3</p>
5 </div>
6 <script>
7    var div = document.querySelector('div');
8    console.log(div.firstChild);
9    console.log(div.lastChild);
10   console.log(div.firstElementChild);
11   console.log(div.lastElementChild);
12   console.log(div.children[0]);
13   console.log(div.children[div.children.length - 1]);
14 </script>
```

例 6-20 在 Chrome 浏览器控制台中的运行结果如图 6-19 所示。

▸ #text
▸ #text
<h1>我是p元素</h1>
<p>我是li3</p>
<h1>我是p元素</h1>
<p>我是li3</p>

图 6-19　例 6-20 的运行结果

由图 6-19 可知，第 8、9 行代码获取的子节点是文本类型节点；第 10~13 行代码输出结果一致，获取到第一个子元素节点和最后一个子元素节点。

提示：

firstElementChild 和 children[0]的区别：

- firstElementChild 有浏览器兼容性问题，例如 IE9+开始支持 firstElementChild 属性。
- children[0]没有兼容性问题，项目开发中常用。

3. 获取元素父节点

使用元素的 parentNode 属性获取元素的父节点，对一个元素使用多次 parentNode 属性可以获取其先辈节点。

【例 6-21】获取父节点

```
1  <div class="demo">
2    <div class="box">
3      <span class="test"></span>
4    </div>
5  </div>
6  <script>
7    var test = document.querySelector('.test');
8    console.log(test.parentNode);
9    console.log(test.parentNode.parentNode);
10 </script>
```

例 6-21 在 Chrome 浏览器控制台中的运行结果如图 6-20 所示。

▸ <div class="box">…</div>
▸ <div class="demo">…</div>

图 6-20　例 6-21 的运行结果

由图 6-20 可知，使用一次 parentNode 属性可以获取其父节点，因此 test.parentNode 获取到父元素 "<div class="box">"；使用多次 parentNode 属性可以获取其先辈节点，因此 test.parentNode.parentNode 获取到先辈元素 "<div class="demo">"。

4. 获取同级节点

（1）使用 previousSibling 和 nextSibling 属性分别获取上一个同级节点和下一个同级节点，包含所有类型节点。

（2）使用 previousElementSibling 和 nextElementSibling 属性分别获取上一个同级元素节点和下一个同级元素节点。

【例 6-22】获取同级节点

```
1  <div>我是 div</div>
2  <span>我是 span</span>
3  <h1>我是 h1</h1>
4  <script>
5    var span = document.querySelector('span');
6    console.log(span.nextSibling);
7    console.log(span.previousSibling);
8    console.log(span.nextElementSibling);
9    console.log(span.previousElementSibling);
10 </script>
```

例 6-22 在 Chrome 浏览器控制台中的运行结果如图 6-21 所示。

```
▶ #text
▶ #text
    <h1>我是h1</h1>
    <div>我是div</div>
```

图 6-21　例 6-22 的运行结果

由图 6-21 可知，span.nextSibling 和 span.previousSibling 获取的是文本类型同级节点，span.nextElementSibling 获取到 span 元素的下一个同级元素节点 h1，span.previousElementSibling 获取到 span 元素的上一个同级元素节点 div。

previousElementSibling 和 nextElementSibling 属性有浏览器兼容性，例如 IE9+、Firefox3.5+、Edge12+等支持。nextSibling 和 previousSibling 属性没有兼容性问题。以获取下一个同级元素节点为例，封装函数解决浏览器兼容性问题，示例代码如下：

```
1 function nextElementSibling(element) {
2    var el = element;
3    while (el = el.nextSibling) {
4        if (el.nodeType === 1) {
5            return el;
6        }
7    }
8    return null;
9 }
```

5. 获取元素的偏移位置

元素的偏移位置指的是相对于最近定位的父节点或 body 元素的偏移位置。使用元素的

offsetParent 属性可以获取元素的最近定位的父节点；使用 offsetLeft 和 offsetTop 属性可以分别获取元素相对于最近定位的父节点或 body 元素的水平和垂直偏移位置。

【例 6-23】获取元素的最近定位的父节点

```
1 <style>
2 #div1{
3   position:relative;
4 }
5 </style>
6 <div id="div1">
7 <div id="div2"> </div>
8 </div>
9 <script>
10   var div2 = document.getElementById('div2');
11   console.log("div2 的最近定位的父节点是：");
12   console.log(div2.offsetParent);
13 </script>
```

在例 6-23 中，由于 div1 具有定位属性，因此 div2 元素的最近定位的父节点是 div1。例 6-23 在 Chrome 浏览器控制台中的运行结果如图 6-22 所示。

> **div2**的最近定位的父节点是：
> ▶ `<div id="div1">…</div>`

图 6-22　例 6-23 的运行结果

【例 6-24】获取元素的水平和垂直偏移位置

```
1 <style>
2 #div3{width:50px;height:50px;border:3px solid red;position:absolute;left:
20px;top:10px;}
3 #div4{width:30px;height:30px;border:3px solid blue;position:absolute;left:
20px;top:10px;}
4 </style>
5 </head>
6 <body>
7 <div id="div3">
8 <div id="div4"><div>
9 </div>
10 <script>
11   var div4 = document.getElementById('div4');
12   console.log("第四个 div 的水平偏移位置为：");
13   console.log(div4.offsetLeft);
14   console.log("第四个 div 的垂直偏移位置为：");
15   console.log(div4.offsetTop);
16 </script>
```

在例 6-24 中，由于元素 div3 具有定位属性，因此元素 div4 的最近定位的父节点是元素 div3。使用 offsetLeft 和 offsetTop 属性分别获取元素 div4 距离元素 div3 的水平和垂直偏移位置。例 6-24

在 Chrome 浏览器中的运行结果如图 6-23 所示。

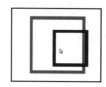

图 6-23　例 6-24 的运行结果

6.6.3　创建、添加和删除节点

使用 DOM 创建、添加和删除节点，可以分别调用 document 对象和元素对象的相应方法来实现。

（1）document.createElement 方法创建元素节点。

语法：document.createElement(tagName)
参数描述：创建元素类型的字符串。
返回值：创建的元素。

（2）appendChild 方法向节点的子节点列表末尾添加新的子节点。

语法：parentNode.appendChild(aChild)
参数描述：追加给父节点（通常为一个元素）的节点。
返回值：追加后的子节点。

（3）insertBefore 方法在已有的子节点前插入一个新的子节点。

语法：parentNode.insertBefore(newNode, referenceNode)
参数描述：newNode 是用于插入的节点；referenceNode 是已有的子节点，newNode 将要插在这个节点之前。
返回值：被插入过的子节点。

（4）removeChild 方法从 DOM 中删除一个子节点。

语法：parentNode.removeChild(child)
参数描述：移除的子节点。
返回值：移除的子节点。

【例 6-25】创建、添加和删除节点

```
1 <ul>
2     <li>0</li>
3 </ul>
4 <script>
5     var li1 = document.createElement('li');
6     li1.innerHTML = 'li1';
7     var ul = document.querySelector('ul');
8     ul.appendChild(li1);
9     var li2 = document.createElement('li');
```

```
10      li2.innerHTML = 'li2'
11      ul.insertBefore(li2, ul.children[0]);
12      ul.removeChild(li1)
13 </script>
```

在例 6-25 中，第 5 行代码创建了 li 元素 li1；第 8 行代码将 li1 添加到元素 ul 子节点列表的末尾；第 9 行代码创建了 li 元素 li2；第 11 行将 li2 添加到元素 ul 第一个子节点的前面。例 6-25 的代码执行到第 11 行时，在 Chrome 浏览器中的运行结果如图 6-24 所示。

由图 6-24 可知，元素 ul 添加了两个 li 元素，一共有 3 个 li 元素。第 12 行代码删除了子节点 li1，此时元素 ul 拥有两个 li 元素。例 6-25 的代码执行完第 12 行时，在 Chrome 浏览器控制台中的运行结果如图 6-25 所示。

图 6-24　例 6-25 的运行结果 1　　　　　图 6-25　例 6-25 的运行结果 2

6.6.4　克隆节点

使用元素的 cloneNode 方法可以获取节点的一个副本。

语法：node.cloneNode(deep)

参数描述：deep 代表是否采用深度克隆，如果为 true，则该节点的所有后代节点也都会被克隆；如果为 false 或空，则只克隆该节点本身。

返回值：克隆生成的副本节点。

【例 6-26】克隆节点

```
1 <ul>
2      <li>0</li>
3 </ul>
4 <script>
5      var ul = document.querySelector('ul');
6      var li1 = ul.children[0].cloneNode(true);
7      ul.appendChild(li1);
8      var li2 = ul.children[0].cloneNode();
9      ul.appendChild(li2);
10 </script>
```

例 6-26 在 Chrome 浏览器中的运行结果如图 6-26 所示。

图 6-26　例 6-26 的运行结果

例 6-26 中，第 6 行代码深度克隆了 ul 元素的第一个子元素 li；第 7 行代码将返回的副本节点

li1 添加至 ul 元素的末尾。由图 6-26 可知，文本子节点"0"也被复制；第 8 行代码浅克隆了 ul 元素的第一个子元素 li；第 9 行将返回的副本节点 li2 添加至 ul 元素的末尾。由图 6-26 可知，文本子节点"0"没有被复制。

6.7 案 例

本节使用 DOM 实现两个案例：留言板和折叠面板。

6.7.1 留言板

留言板是一种可以用来记录、展示文字信息的载体，有比较强的时效性。网站中的留言板功能非常重要，可以实现与用户的互动，例如人民网的"领导留言板"是一个典型的例子。"领导留言板"是人民日报为中央部委和地方各级党委政府主要负责同志搭建的网上群众工作平台。自平台创办以来，已有 400 多万件群众急难愁盼的问题获得回复和办理，大量建设性意见被各地区和各部门及时吸纳。各级政府单位入驻"领导留言板"，能够实现从线下分发到线上交办的全流程参与群众留言的办理，进一步降低了跨系统、跨部门的协调成本，提升了留言办理效率。本例将介绍如何使用 DOM 实现留言板的发表留言和删除留言功能。

1. 案例呈现

留言板有发表留言和删除留言两个功能，如图 6-27 所示。单击"删除"按钮将删除一条留言；单击"发表留言"按钮将用户昵称、发表时间和留言内容显示在网页指定区域。

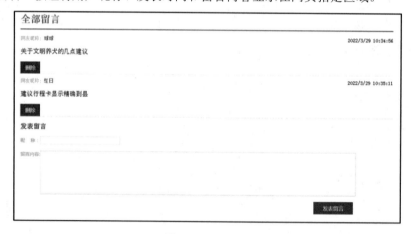

图 6-27 留言板

2. 案例分析

单击"删除"按钮删除一条留言时，需要先找到当前留言区域的父元素，通过父元素调用 removeChild()方法删除子元素。单击"发表留言"按钮时，首先通过 createElement()方法创建用户昵称、发表时间、留言内容和删除按钮等元素，然后通过父元素调用 appendChild()方法将它们显示在网页指定区域。

3. 案例实现

```
1  <div id="outside">
2      <h3>全部留言</h3>
3      <div id="comment">
4      </div>
5      <h4>发表留言</h4>
6      <div id="addComment">
7          昵称：<input type="text" id="name" />
8          <br /><br />
9          留言内容:<textarea id="comContent"></textarea>
10         <button id='tjpl'>发表留言</button>
11     </div>
12 </div>
13 <script>
14     var comment = document.querySelector('#comment');
15     var ips = document.querySelector('input');
16     var textarea = document.querySelector('textarea');
17     var tjpl = document.getElementById('tjpl')
18     tjpl.onclick = function () {
19         if (ips.value == '' || textarea.value == '') {
20             alert("输入不能为空！");
21             return;
22         }
23         var divs = document.createElement('div');
24         divs.className = 'comment1';
25         divs.innerHTML = '网友昵称:';
26         comment.appendChild(divs);
27         var spans = document.createElement('span');
28         spans.innerHTML = ips.value;
29         divs.appendChild(spans);
30         var time = document.createElement('time');
31         time.innerHTML = new Date().toLocaleString();
32         divs.appendChild(time);
33         var ps = document.createElement('p');
34         ps.innerHTML = textarea.value;
35         divs.appendChild(ps);
36         var del = document.createElement('button');
37         del.className = 'del';
38         del.innerHTML = '删除';
39         divs.appendChild(del);
40         var dels = document.querySelectorAll('.del');
41         for (var i = 0; i < dels.length; i++) {
42             dels[i].onclick = function () {
43                 comment.removeChild(this.parentNode);
44             }
45         }
46         ips.value = '';
47         textarea.value = '';
48     }
```

```
49 </script>
```

案例的 CSS 样式参见本书配套的源码资源。上述代码中，第 3 行的"<div id="comment">"标签是页面展示留言的区域；第 14~17 行代码分别获取留言展示区域、用户昵称、留言内容和发表留言按钮 4 个元素；第 18 行代码为"发表留言"按钮绑定了单击事件及其处理程序；第 19~22 行代码的功能是当用户昵称或者留言内容为空时弹出提示框；第 23~26 行代码创建了 div 元素，设置了它的样式和文本内容，将它作为子元素添加至页面展示留言区域，它代表了一条留言；第 27~39 行代码创建了一条留言所具有的用户昵称、发表时间、留言内容和删除按钮元素；第 40~45 行代码为所有的删除按钮绑定单击事件及其处理程序，其中 this 指向当前按钮，this.parentNode 指向当前留言；第 46、47 行代码清空昵称和留言区域。

6.7.2 折叠面板

折叠面板适合在有限空间里显示大量信息。页面加载后，设置所有列表项处于折叠状态，用户可以单击折叠项目标题栏，切换当前标题下的内容是否显示。

1. 案例呈现

留言板"帮助中心"页面有新用户必读、服务协议、留言基础操作、如何删除留言和留言如何迅速得到办理等模块。页面加载后，所有模块处于折叠状态，如图 6-28 所示。用户单击任意一个模块的标题栏，如果当前是折叠状态，则展开；如果当前是展开状态，则折叠。"留言基础操作"模块折叠时，单击"留言基础操作"模块的标题栏的效果如图 6-29 所示。

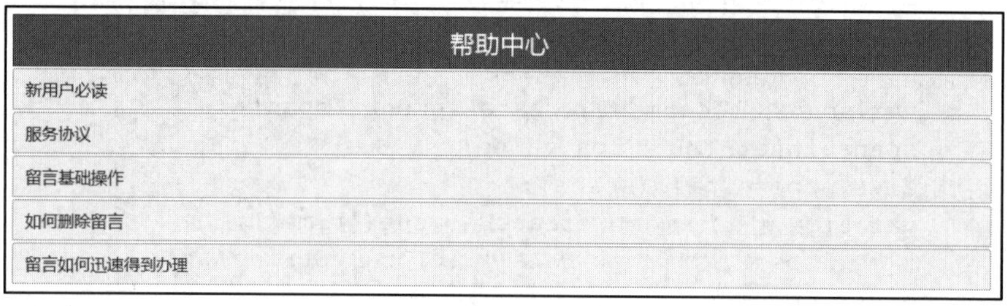

图 6-28　折叠效果

图 6-29　"留言基础操作"展开效果

2. 案例分析

页面 HTML 布局代码以"留言基础操作"模块为例，示例如下：

```
1 <h3> 留言基础操作</h3>
2 <div>
3     <p>1.发表新留言</p>
4     <p>2.对其他用户的留言发表评价</p>
5     <p>3.对官方给我的回复发表评价</p>
6     <p>4.编辑自己的留言</p>
7 </div>
```

页面加载后，通过设置 CSS 样式"display: none"将所有模块处于折叠状态。将每一个模块的标题栏绑定单击事件及其处理程序。用户单击任意一个模块的标题栏，如果当前是折叠状态，则将其下一个同级元素节点的 display 属性设置为"block"，样式设为 active，将其余模块的 display 属性设置为"none"；如果当前是展开状态，则将其 display 属性设置为"none"，样式设为空。

3. 案例实现

```
 1 <script>
 2     var collapse = document.getElementById('collapse');
 3     var title = collapse.getElementsByTagName('h3');
 4     var content = collapse.getElementsByTagName('div');
 5     for (var i = 0; i < title.length; i++) {
 6         title[i].onclick= function () {
 7             var current = this.nextElementSibling;
 8             if (current.style.display == 'block') {
 9                 current.style.display = 'none';
10                 this.className = '';
11             } else {
12                 // 重置所有折叠项内容为隐藏
13                 for (var i = 0; i < content.length; i++) {
14                     content[i].style.display = 'none';
15                     title[i].className = '';
16                 }
17                 current.style.display = 'block';
18                 this.className = 'active';
19             }
20         }
21     }
22 </script>
```

案例完整的 HTML、CSS 代码参见本书的配套源码。在上述代码中，第 2~4 行代码获取了所有模块标题栏和模块内容；第 5~6 行代码为所有的标题栏绑定单击事件及其处理程序；第 7 行代码获取了当前模块标题栏对应的模块内容；第 8~18 行代码实现了用户单击任意一个模块的标题栏，如果当前是折叠状态，则展开，如果当前是展开状态，则折叠。

6.8　本章小结

本章首先介绍了 DOM 概念、获取元素、事件基础、操作元素、this 关键字和节点操作，然后通过 DOM 实现了留言板和折叠面板案例。本章可使读者掌握 DOM 的概念和使用方法，为后续章节内容的学习奠定基础。

6.9　本章高频面试题

1. 如何获取非行间样式？

绝大多数浏览器可以使用 getComputedStyle 方法获取内联样式、嵌入样式和外部样式。IE 低版本浏览器不支持 getComputedStyle()方法，需要使用 currentStyle 属性。为了兼容低版本 IE 浏览器，可以封装函数。示例如下：

```
function getStyle(obj, attr) {
    if (obj.currentStyle) {
        return obj.currentStyle[attr];
    } else {
        getComputedStyle(obi, false)[attr] ;
    }
}
```

2. DOM 操作为什么会影响性能？

DOM 操作会导致浏览器重解析，引起重排和重绘，直接影响页面性能。在《高性能 JavaScript》一节中这么比喻："把 DOM 看成一个岛屿，把 JavaScript 看成另一个岛屿，两者之间以一座收费桥连接。"所以每次访问 DOM 都会交一个过桥费，而访问的次数越多，交的费用也就越多。因此，一般建议尽量减少过桥次数。

3. 请说出至少 3 种降低页面加载时间的方法。

（1）压缩 CSS、JavaScript 文件。
（2）合并 CSS、JavaScript 文件，减少 HTTP 请求。
（3）外部 CSS、JavaScript 文件放在 HTML 文件最下面。
（4）减少 DOM 操作，尽可能用变量替代不必要的 DOM 操作。

6.10　实践操作练习题

1. 改变文字大小，效果如图 6-30 所示。

（1）单击"A-"按钮，当文字大于 12px 时递减文字大小。
（2）单击"A+"按钮，当文字小于 32px 时递增文字大小。

A-　A+

"剩宴"不是中国传统，节约才是中华美德。

图 6-30　练习题 1 效果图

2. 图片切换。共有 5 幅图片，实现以下功能，效果如图 6-31 所示。

（1）单击"顺序播放"或"循环播放"按钮，设置切换效果是顺序模式或循环模式。

（2）单击"下一幅"按钮，显示下一幅图片，当前图片的索引加 1。如果是循环模式，则到最后一幅时，从第一幅开始显示。如果是顺序模式，则弹出提示框"已经到最后一幅"。

（3）单击"上一幅"按钮，显示上一幅图片，当前图片的索引减 1。如果是循环模式，则到第一幅时，从最后一幅开始显示。如果是顺序模式，则弹出提示框"已经到第一幅"。

图 6-31　练习题 2 效果图

3. 全选功能。页面中有 4 个复选框和 1 个按钮，按钮初始化是不可用状态（见图 6-32）。请实现以下功能：

（1）勾选"全选"复选框，同时勾选或取消勾选"运动""唱歌"和"写代码"复选框。

（2）"运动""唱歌"和"写代码"复选框都勾选时，"全选"复选框也同时被勾选。

（3）"运动""唱歌"和"写代码"复选框有至少一个未勾选时，"全选"复选框取消勾选。

（4）"运动""唱歌"和"写代码"复选框有至少一个被勾选时，"现在提交"按钮可用。

□运动 □唱歌 □写代码 □全选　现在提交

图 6-32　练习题 3 效果图

4. 实现网页右下角广告窗口的显示或隐藏。

（1）单击"×"，隐藏广告窗口。

（2）单击"√"，显示广告窗口。

5. 待办事项工具，效果如图 6-33 所示。

（1）单击"添加"按钮，将文本框中输入的内容显示在下方的列表中。如果文本框内容为空，则弹出提示框"请输入待办事项"。

（2）单击"删除"按钮，将当前列表项删除。

（3）单击"完成"按钮，将当前列表项的背景色设置为绿色。

6. 实现列表伸缩，效果如图 6-34 所示。

（1）单击同学、朋友和家人中的任意一项，如果当前列表状态是收缩，则展开，同时其余项收缩；如果当前列表状态是展开，则收缩。

（2）展开项的标题背景色设为红色，其余项的背景色为蓝色。

7. 实现二级菜单折叠，效果如图 6-35 所示。通过给定的 CSS 样式实现以下功能：

单击考勤管理、信息中心和协同办公中的任意一项，如果当前二级菜单是折叠状态，则展开，同时其余项折叠；如果当前二级菜单状态是展开，则折叠。

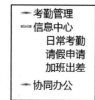

图 6-33　练习题 5 效果图　　　　图 6-34　练习题 6 效果图　　　图 6-35　练习题 7 效果图

8. 实现双色球效果。每次刷新页面，实现"随机一注"功能，效果如图 6-36 所示。

9. 选座。单击屏幕下方的座位，将其背景色设置为红色；右方座位区域添加座位信息；更新票数和总计的值。效果如图 6-37 所示。

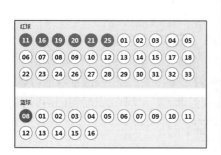
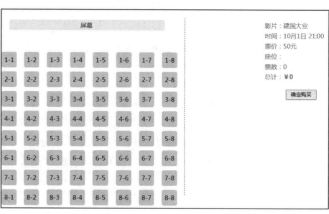

图 6-36　练习题 8 效果图　　　　　　　图 6-37　练习题 9 效果图

第7章

事件处理

在 6.3 节已经介绍了事件基础，本章将详细介绍绑定和删除事件处理程序、事件对象、取消默认行为、事件流、事件委托和事件类型等内容。

📖 **本章知识点思维导图**

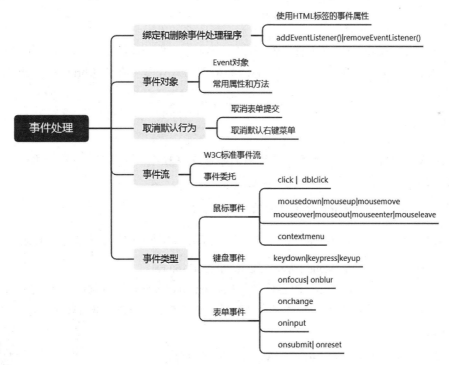

📖 **本章学习目标**

- 掌握绑定和删除事件的方法，能够实现事件的监听和移除。
- 熟悉 DOM 事件流，能够说出事件捕获和事件冒泡两种方式的区别。
- 掌握事件对象，能够利用事件对象进行事件操作。

- 理解事件委托的概念，能够使用事件委托优化代码。
- 掌握常见事件类型及用法，能够完成常见的网页交互效果。
- 掌握解决"网页禁止复制文本"等实际问题的方法。

7.1 绑定事件处理程序

事件发生时，浏览器自动调用事件源绑定的事件处理程序。绑定事件处理程序可以使用 HTML 标签的事件属性、事件源的事件属性和 addEventListener()方法 3 种方式。其中，6.3 节介绍了事件源的事件属性绑定事件处理程序，下面分别介绍其他两种方式。

1. 使用 HTML 标签的事件属性绑定事件处理程序

【例 7-1】使用 HTML 标签的事件属性绑定事件处理程序

```
1 <button onclick=" console.log('测试 1');">测试 1</button>
2 <button onclick="test()">测试 2</button>
3 <script>
4    function test(){
5        console.log('测试 2');
6    }
7 </script>
```

上面示例通过 button 标签的事件属性 onclick 绑定了事件处理程序。事件处理程序可以直接编写，也可以封装在函数中。单击"测试 1"和"测试 2"按钮，本示例在 Chrome 浏览器控制台中的输出结果如下：

```
测试 1
测试 2
```

提示：使用 HTML 标签的事件属性绑定事件处理程序，违反了 Web 标准的 JavaScript 和 HTML 相分离的原则，因此应尽量避免使用。

2. 使用 addEventListener 方法绑定事件处理程序

addEventListener 方法是标准事件模型中的一个方法，对所有的标准浏览器都有效。

语法：element.addEventListener(event, function, useCapture)

参数描述：event 是不带"on"的事件名；function 指定事件触发时执行的函数；useCapture 是一个布尔值，指定事件是否在捕获或冒泡阶段执行，如果省略，则在冒泡阶段执行，如果是 true，则在捕获阶段执行。

【例 7-2】使用 addEventListener 方法绑定事件处理程序

```
1 <button>addEventListener 方法绑定事件</button>
2 <script>
3  var btn = document.querySelector('button');
4  btn.addEventListener('click', function() {
5      console.log('处理程序 1');
```

```
 6    })
 7    btn.addEventListener('click', function() {
 8        console.log('处理程序 2');
 9    })
10</script>
```

例 7-2 通过 addEventListener 方法为 button 元素绑定了单击事件及其处理程序。其中"click"代表单击事件；"function() { alert('处理程序 1');}"和"function() { alert('处理程序 2');}"代表事件处理程序；省略了第三个参数。单击按钮，例 7-2 在 Chrome 浏览器控制台中的输出结果如下：

```
处理程序 1
处理程序 2
```

提示：

使用 addEventListener 方法绑定事件处理程序的特点如下：

（1）可以为一个事件源绑定多个处理程序。

（2）处理程序按顺序执行。

（3）IE9 之前不支持 addEventListener() 方法。由于 IE 浏览器在 2022 年退出市场，不再是主流浏览器，因此本书不再详细介绍兼容 IE 各版本的方法。

7.2　删除事件处理程序

绑定的事件处理程序在不需要时可以删除。不同的事件处理程序绑定方式，有相应的删除方式。

（1）使用 HTML 标签的事件属性、事件源的事件属性绑定事件处理程序时，将事件属性的值设置为 null，即可删除事件处理程序。示例如下：

```
<button onclick=" console.log('测试 1');">测试 1</button>
var btn = document.querySelector('button');
btn.onclick = null; // 删除事件处理程序
```

（2）使用 addEventListener 方法绑定事件处理程序时，可以使用 removeEventListener 方法删除事件处理程序。语法格式如下：

语法：element.removeEventListener(event, function, useCapture)

参数描述：event 是要删除的事件名称；function 指定要删除的函数；useCapture 是一个布尔值，指定事件是否在捕获或冒泡阶段删除，如果省略，则在冒泡阶段删除，如果是 true，则在捕获阶段删除。

【例 7-3】使用 removeEventListener 方法删除事件处理程序

```
1 <button>removeEventListener 方法删除事件处理程序</button>
2 <script>
3    function f() {
4        console.log('处理程序');
5    }
```

```
6      var btn = document.querySelector('button');
7      btn.addEventListener('click', f) ;
8      btn.removeEventListener('click', f) ;
9 </script>
```

在例 7-3 中，第 7 行代码通过 addEventListener 方法为 button 元素绑定了鼠标单击事件及其处理程序，此时单击按钮，将在 Chrome 浏览器控制台中输出"处理程序"；第 8 行代码通过 removeEventListener 方法删除了 button 元素的鼠标单击事件处理程序，此时再单击按钮，页面没有响应。

7.3　事件对象

事件发生后，跟事件相关的一系列信息数据的集合会被放在一个对象里面，这个对象就是事件对象。它提供了有关事件的详细信息，例如事件源的名称、键盘的按键值、鼠标的位置等信息。

事件对象使用事件处理程序的第 1 个参数表示，有关事件的所有信息都将传入这个参数。示例如下：

```
eventTarget.onclick = function(event){
}
eventTarget.addEventListener('click', function(event){
})
eventTarget.addEventListener('click', f)
function f(event) {
}
```

上述代码中，"event"是第一个形参，代表事件对象，还经常写作"e"或"evt"。事件对象包含的事件相关信息都是通过它的属性和方法来体现的，如表 7-1 所示。

表7-1　事件对象常用属性和方法

属性/方法	描　　述
target	返回触发此事件的元素
clientX	返回当事件触发时，鼠标指针的水平坐标
clientY	返回当事件触发时，鼠标指针的垂直坐标
keyCode	返回当键盘事件触发时按键的代码
preventDefault()	通知浏览器不要执行与事件关联的默认动作
stopPropagation()	不再派发事件

【例 7-4】事件对象

```
1 <button>在控制台输出事件对象</button>
2 <script>
3      var btn = document.querySelector('button');
4      btn.addEventListener('click', function(e) {
5          console.log(e);
6      })
7 </script>
```

例 7-4 通过 addEventListener 方法为 button 元素绑定了单击事件及其处理程序。事件处理程序的第一个参数 "e" 代表事件对象。单击按钮，例 7-4 在 Chrome 浏览器控制台中的运行结果如图 7-1 所示。其中属性 clientX 和 clientY 的值分别是 67 和 25，代表单击时鼠标指针的水平和垂直坐标。属性 target 的值是 "button"，代表触发此事件的元素。

```
▼ PointerEvent  ℹ️
    isTrusted: true
    altKey: false
    altitudeAngle: 1.5707963267948966
    azimuthAngle: 0
    bubbles: true
    button: 0
    buttons: 0
    cancelBubble: false
    cancelable: true
    clientX: 67
    clientY: 25
```

图 7-1　例 7-4 的运行结果

7.4　取消默认行为

当一个事件发生时，浏览器有默认的处理方式，例如，单击超链接会跳转到目标位置，单击表单的 "提交" 按钮会提交表单等。在某些情况下，默认行为不是开发者所希望的，此时可以取消默认行为。事件默认行为的取消方法和事件的绑定方式有关。

（1）使用事件源的事件属性绑定时，在事件处理程序中返回 false 即可取消默认行为。

（2）使用 addEventListener 方法绑定事件处理程序时，在事件处理程序中使用事件对象的 preventDefault 方法即可取消默认行为。

7.4.1　取消表单提交

单击表单的 "提交" 按钮，默认会提交表单。当用户填写的信息不符合要求时，例如用户名为空，或者手机号格式输入有误等，需要取消提交表单的默认行为。

【例 7-5】取消表单提交

```
1  <form action="1.html">
2  用户名:<input type="text" id="userName">
3  <input type="submit" value="提交" id="sub">
4  </form>
5  <script>
6  var btn = document.querySelector('#sub');
7  btn.onclick = function (e) {
8      var userName = document.querySelector('#userName');
9      if (userName.value.length == 0) {
10         alert("请输入用户名!");
```

```
11          return false;
12      }
13   }
14 </script>
```

例 7-5 在 Chrome 浏览器中运行后，单击"提交"按钮，首先会判断用户名是否为空值，如果是空值，则弹出警告对话框，并通过"return false"语句阻止默认行为；如果用户名有内容，则执行默认行为，将表单提交给"1.html"处理。

7.4.2 取消默认右键菜单

鼠标在页面元素上悬停并右击，将触发元素的 oncontextmenu 事件，从而打开默认的上下文右键菜单。如果不希望打开默认的上下文右键菜单，例如，某些网站希望用户右击时不出现右键菜单，此时只需要取消 oncontextmenu 事件的默认行为即可。

【例 7-6】自定义右键菜单

```
1 <div id="box">
2   <ul id="ul">
3       <li><span class="s1"></span>下载</li>
4       <li><span class="s2"></span>删除</li>、
5       <li><span class="s3"></span>移动到...</li>
6       <li><span class="s4"></span>重命名</li>
7   </ul>
8 </div>
9 <script>
10    var box = document.querySelector('#box');
11    document.addEventListener('contextmenu',function(ev){
12        box.style.left = ev.clientX+'px';
13        box.style.top = ev.clientY+'px';
14        box.style.display = 'block';
15        ev.preventDefault();
16    })
17    document.onclick = function(){
18        box.style.display = 'none';
19    }
20 </script>
```

在例 7-6 中，第 1~8 行代码自定义了右键菜单的内容；第 11 行代码使用 addEventListener 方法绑定 contextmenu 事件及其处理程序；第 15 行代码使用"ev.preventDefault()"取消 contextmenu 事件默认行为，即不再弹出默认右键菜单，例 7-6 在 Chrome 浏览器中运行后，在页面任何地方右击，会阻止默认右键菜单，并弹出自定义菜单；第 17~19 行代码的功能是单击鼠标左键，隐藏自定义右键菜单。例 7-6 弹出右键菜单的效果如图 7-2 所示。

图 7-2　自定义右键菜单

7.5　事　件　流

事件发生时，会在元素节点之间按照特定的顺序传播，这个传播过程即事件流。事件流描述的是从页面中接收事件的顺序。例如，当用户单击了页面中的一个 div 元素时，也就单击了 body 元素和 html 元素。

W3C 标准事件流包含 3 个阶段：捕获阶段、目标阶段和冒泡阶段。在捕获阶段，事件对象通过目标的祖先从 document 传播到目标的父级。在目标阶段，事件对象到达事件对象的事件目标。在冒泡阶段，事件对象以相反的顺序，从目标的父级开始，到 document 结束。例如，当用户单击了页面中的一个 div 元素时，首先进行事件捕获，此时事件按 document→html→body 的顺序进行传播。当事件对象传到 div 时进入目标阶段，接着事件对象又从目标对象传到 body，进入冒泡阶段，此时事件对象按 body→html→document 的顺序传播。各阶段的事件流如图 7-3 所示。

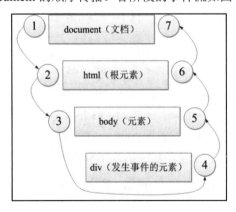

图 7-3　标准事件流传播顺序

【例 7-7】标准事件流处理

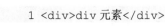
```
1 <div>div 元素</div>
```

```
 2 <script>
 3     var div = document.querySelector('div');
 4     document.body.addEventListener('click', function() {
 5        console.log('捕获阶段 body');
 6     }, true);
 7     document.addEventListener('click', function() {
 8        console.log('捕获阶段 document');
 9     }, true)
10     div.addEventListener('click', function() {
11        console.log('目标阶段 div');
12     }, false);
13     document.body.addEventListener('click', function() {
14        console.log('冒泡阶段 body');
15     }, false);
16     document.addEventListener('click', function() {
17        console.log('冒泡阶段 document');
18     })
19 </script>
```

在例 7-7 中，第 4~9 行代码使用 addEventListener 方法绑定 document 和 body 的单击事件及其处理程序，由于将第三个参数设置为 true，因此是在捕获阶段执行；第 10 行代码为 div 元素绑定单击事件及其处理程序，即目标阶段；第 13~18 行代码使用 addEventListener 方法绑定 document 和 body 的单击事件及其处理程序，由于将第三个参数设置为 false，因此是在冒泡阶段执行。例 7-7 在 Chrome 浏览器中运行后，单击 div 元素，在控制台中的输出结果如图 7-4 所示。

图 7-4　例 7-7 的输出结果

提示：

事件冒泡注意事项：

（1）使用 addEventListener 方法绑定事件处理程序，当第三个参数取值为 true 时，将执行事件捕获，除此之外的其他事件绑定方式都是执行事件冒泡。

（2）有些事件是没有冒泡的，例如 onblur、onfocus、onmouseenter 和 onmouseleave 等。

（3）在一个事件中，冒泡阶段和捕获阶段不能同时触发。

事件冒泡在需要时，可以通过事件对象的 stopPropagation 方法阻止。

【例 7-8】阻止事件冒泡

```
1 <div>div 元素</div>
2 <script>
```

```
3     var div = document.querySelector('div');
4     div.addEventListener('click', function () {
5         console.log('目标阶段 div');
6     });
7     document.body.addEventListener('click', function (e) {
8         console.log('冒泡阶段 body');
9         e.stopPropagation();
10    });
11    document.addEventListener('click', function () {
12        console.log('冒泡阶段 document');
13    })
14</script>
```

在例 7-8 中，第 4~13 行代码使用 addEventListener()方法绑定 div、body 和 document 在冒泡阶段的单击事件处理程序。根据事件冒泡，当用户单击 div 元素时，会依次触发 div、body 和 document 的单击事件。由于第 9 行代码阻止了冒泡，因此 document 的单击事件不会触发。例 7-8 在 Chrome 浏览器中运行后，单击 div 元素，在控制台中的输出结果如图 7-5 所示。

目标阶段div
冒泡阶段body

图 7-5 例 7-8 的输出结果

7.6 事件委托

事件委托也叫事件代理，是把原本需要绑定在子元素的事件委托给父元素，让父元素承担事件监听的任务。事件代理的原理是事件冒泡，即给父元素注册事件，利用事件冒泡，当子元素的事件触发时，会冒泡到父元素，然后去控制相应的子元素。

【例 7-9】列表项 DOM 操作

```
1 <ul>
2     <li>以热爱祖国为荣，以危害祖国为耻；以服务人民为荣，以背离人民为耻</li>
3     <li>以崇尚科学为荣，以愚昧无知为耻；以辛勤劳动为荣，以好逸恶劳为耻</li>
4     <li>以团结互助为荣，以损人利己为耻；以诚实守信为荣，以见利忘义为耻</li>
5     <li>以遵纪守法为荣，以违法乱纪为耻；以艰苦奋斗为荣，以骄奢淫逸为耻</li>
6 </ul>
7 <script>
8     var lis = document.querySelectorAll('li');
9     for(var i=0;i<lis.length;i++){
10        lis[i].onclick = function(){
11            this.style.backgroundColor = 'red';
12        }
13    }
14 </script>
```

例 7-9 使用 for 循环给每一个 li 元素绑定单击事件，当用户单击某个 li 元素时，它的背景色设置为红色。例 7-9 在 Chrome 浏览器中的运行效果，如图 7-6 所示。

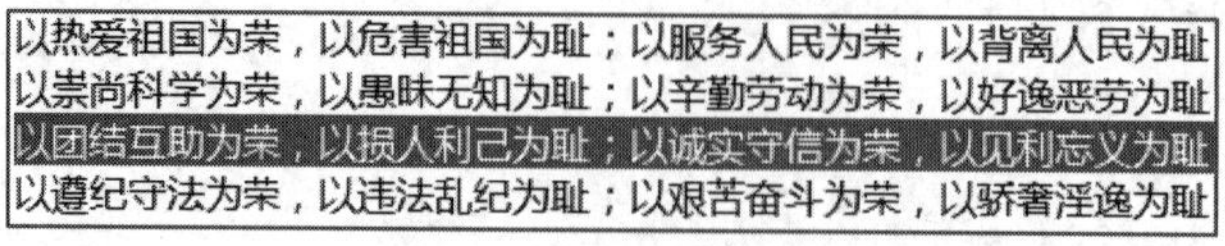

以热爱祖国为荣，以危害祖国为耻；以服务人民为荣，以背离人民为耻
以崇尚科学为荣，以愚昧无知为耻；以辛勤劳动为荣，以好逸恶劳为耻
以团结互助为荣，以损人利己为耻；以诚实守信为荣，以见利忘义为耻
以遵纪守法为荣，以违法乱纪为耻；以艰苦奋斗为荣，以骄奢淫逸为耻

图 7-6　例 7-9 运行效果

由图 7-6 可知，例 7-9 可以实现单击页面中的 li 元素，当前 li 的背景色变为红色。但是当列表项较多时，需要循环遍历的 li 元素增多，对 DOM 的操作次数增多，这样内存消耗较大，性能降低。开发者可以通过事件委托减少 DOM 的操作次数，以提高性能。

【例 7-10】列表项事件委托

```
1 <script>
2   var ul = document.querySelector('ul');
3   ul.onclick = function(e) {
4     e.target.style.backgroundColor = 'red';
5   }
6 </script>
```

例 7-10 和例 7-9 的 HTML 相同。在例 7-10 中，第 3 行代码为 li 的父元素 ul 绑定单击事件及其处理程序。根据事件冒泡，用户单击页面中任意的 li 元素时，都会触发 ul 的单击事件。第 4 行代码通过事件对象的 target 属性获取事件源，即被单击的 li 元素。例 7-10 只对 DOM 操作了一次，当新增 li 元素时，单击新增加的 li 元素也会触发父元素 ul 的单击事件。例 7-10 在 Chrome 浏览器中的运行效果和例 7-9 一致。

提示：

事件委托的优点：

（1）解决事件处理程序过多的问题，提高性能。在 DOM 树中，尽量在最高的层次上添加一个事件处理程序，管理某一类型的所有事件。

（2）当新增子元素时，无须再对它进行事件绑定，这对于动态内容部分尤为合适。

7.7　事件类型

本节将介绍常用的鼠标事件、键盘事件和表单事件。

7.7.1　鼠标事件

鼠标事件是 Web 开发中最常用的一类事件。常用鼠标事件如表 7-2 所示。

表 7-2　常用鼠标事件

事　　件	描　　述
click	单击鼠标时触发此事件
dblclick	双击鼠标时触发
mousedown	按下鼠标按键时触发
mouseup	释放鼠标按键时触发
mousemove	移动鼠标时触发
mouseover	鼠标进入元素时触发
mouseout	鼠标离开元素时触发
mouseenter	类似 mouseover，但不冒泡
mouseleave	类似 mouseout，但不冒泡
contextmenu	当上下文菜单即将出现时触发

下面通过案例演示 mousedown、mouseup、mousemove 和 mouseover 事件的用法。

【例 7-11】产品信息展示

```
1 <div id="box">
2   <ul>
3     <li><img src="images/01.jpg" alt="" /></li>
4     <li><img src="images/02.jpg" alt="" /></li>
5     <li><img src="images/03.jpg" alt="" /></li>
6     <li><img src="images/04.jpg" alt="" /></li>
7     <li><img src="images/05.jpg" alt="" /></li>
8   </ul>
9 </div>
10 <script>
11     var box = document.getElementById("box");
12     box.onmouseover = function (e) {
13         if(e.target.nodeName == 'img'){
14             var imgSrc = e.target.getAttribute('src');
15             box.style.backgroundImage = "url(images/" + imgSrc.substring(7,
                9) + "big.jpg)";
16         }
17     }
18 </script>
```

在例 7-11 中，第 12 行代码为 img 的祖先元素 ul 绑定鼠标进入事件及其处理程序。当鼠标进入页面中任意的 img 元素时，都会触发 ul 的 mouseover 事件；第 13 行代码通过 nodeName 属性判断事件源是不是图片，若是，则将当前 img 元素对应的大图显示在页面中。例 7-11 在 Chrome 浏览器中的运行效果如图 7-7 所示。

图 7-7　例 7-11 的运行效果

【例 7-12】鼠标跟随

```
1 <img src="fendou.jpg" alt="">
2 <script>
3    var pic = document.querySelector('img');
4    document.addEventListener('mousemove', function(e) {
5        var x = e.clientX;
6        var y = e.clientY;
7        pic.style.left = x + 'px';
8        pic.style.top = y + 'px';
9    });
10 </script>
```

在例 7-12 中，第 4 行代码为 document 文档绑定鼠标移动事件及其处理程序。当鼠标在页面移动时，将鼠标对象的 clientX 和 clientY 属性值赋值给图片元素的 left 和 top 属性。因此鼠标移动时，图片和鼠标的坐标保持一致。例 7-12 在 Chrome 浏览器中的运行效果如图 7-8 所示。

图 7-8　例 7-12 的运行效果

【例 7-13】鼠标拖曳

```
1 <div id='div1'></div>
2 <script>
3    var oDiv = document.getElementById('div1');
```

```
 4        oDiv.onmousedown = function(ev){
 5           var disX = ev.clientX - this.offsetLeft;
 6           var disY = ev.clientY - this.offsetTop;
 7           document.onmousemove = function(ev){
 8              oDiv.style.left = ev.clientX - disX + 'px';
 9              oDiv.style.top = ev.clientY - disY + 'px';
10           };
11           document.onmouseup = function(){
12              document.onmousemove = null;
13           };
14           return false;
15        }
16 </script>
```

在例 7-13 中，第 4 行代码为 div 元素绑定鼠标按下事件及其处理程序；第 5、6 行代码获取鼠标按下位置距离 div 元素的水平和垂直距离；第 7~10 行代码在鼠标按下事件中，为 document 绑定鼠标移动事件及其处理程序，当鼠标在页面移动时，设置 div 元素的 left 和 top 值，使它跟随鼠标移动；第 11~13 行代码在鼠标按下事件中为 document 绑定鼠标释放事件及其处理程序，当鼠标释放时，取消 document 绑定的鼠标移动事件，此时 div 不再跟随鼠标移动。

提示：在例 7-13 中，mousemove 和 mouseup 事件需要在 mousedown 事件触发后才能触发。

7.7.2　键盘事件

键盘事件用来描述键盘行为，主要有 keydown、keypress 和 keyup 3 个键盘事件。键盘事件发生时，只有能够接收焦点的元素才能接收键盘事件，例如 document、文本框等。3 个键盘事件执行的顺序为 keydown→keypress→keyup。键盘事件描述如表 7-3 所示。

表7-3　键盘事件描述

事　　件	描　　述
keydown	按下键盘上的任意键时触发，如果按住不放则会重复触发该事件
keypress	按下键盘上的字符键时触发，按下功能键时不触发。如果按住不放则会重复触发该事件
keyup	释放键盘上的任意键时触发

下面通过案例演示 keydown、keypress 和 keyup 事件的用法。

【例 7-14】键盘事件顺序

```
 1 <script>
 2 document.addEventListener('keyup', function() {
 3     console.log('我弹起了');
 4 })
 5 document.addEventListener('keypress', function() {
 6     console.log('我按下了 press');
 7 })
 8 document.addEventListener('keydown', function() {
 9     console.log('我按下了 down');
10 })
11 </script>
```

在例 7-14 中，document 分别绑定了 keyup、keypress 和 keydown 事件及其处理程序。当按下键盘上的任意按键时，例 7-14 在 Chrome 浏览器控制台中的运行结果如图 7-9 所示。

我按下了down
我按下了press
我弹起了

图 7-9　例 7-14 的运行效果

由图 7-9 可知，3 个键盘事件执行的顺序是 keydown→keypress→keyup。

【例 7-15】快递单号查询

```
1  <div class="search">
2      <div class="con"></div>
3      <input type="text" placeholder="请输入您的快递单号" class="jd">
4  </div>
5  <script>
6      var con = document.querySelector('.con');
7      var jd_input = document.querySelector('.jd');
8      jd_input.addEventListener('keyup', function() {
9          if (this.value == '') {
10             con.style.display = 'none';
11         } else {
12             con.style.display = 'block';
13             con.innerText = this.value;
14         }
15     })
16 </script>
```

在例 7-15 中，第 8 行代码为文本框绑定了键盘释放事件及其处理程序。当文本框获取焦点且用户按键释放后，若文本框有快递单号，则显示单号放大效果；若文本框为空值，则不显示快递单号放大效果。例 7-15 在 Chrome 浏览器中的运行效果如图 7-10 所示。

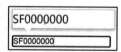

图 7-10　例 7-15 的运行效果

【例 7-16】keyCode 应用

```
1  <div id='div1'></div>
2  <script>
3      var oDiv = document.getElementById('div1');
4      document.onkeydown = function (ev) {
5          switch (ev.keyCode) {//判断按键的代码值
6              case 37: //←
7                  oDiv.style.left = oDiv.offsetLeft - 10 + 'px';
8                  break;
9              case 38: //↑
10                 oDiv.style.top = oDiv.offsetTop - 10 + 'px';
11                 break;
12             case 39: //→
```

```
13              oDiv.style.left = oDiv.offsetLeft + 10 + 'px';
14              break;
15          case 40://↓
16              oDiv.style.top = oDiv.offsetTop + 10 + 'px';
17              break;
18      }
19   };
20 </script>
```

在例 7-16 中，第 4 行代码为 document 绑定了键盘按下事件及其处理程序；第 5 行代码通过事件对象的 keyCode 属性获取按键的代码值，其中 37、38、39 和 40 分别代表左键（←）、上键（↑）、右键（→）和下键（↓）。用户每按一次方向键，div 元素向指定方向移动 10px。

提示：判断是否按下了 Ctrl、Shift 和 Alt 等功能键，需要使用事件对象的 CtrlKey、shiftKey 和 altKey 属性。当按下了功能键时，对应的属性值为 true，否则为 false。

7.7.3　表单事件

表单事件指的是操作表单及表单元素时发生的事件。常用表单事件如表 7-4 所示。

表7-4　常用表单事件

事　　件	描　　述
focus	元素获得焦点时触发
blur	元素失去焦点时触发
change	用户改变域的内容时触发
input	用户输入时触发
submit	表单提交时触发（绑定在 form 上）
reset	表单重置时触发（绑定在 form 上）

下面通过案例演示表单事件。

【例 7-17】显示和隐藏文本框内容

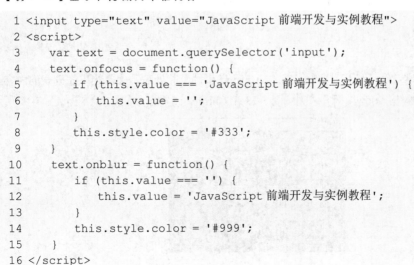

```
1 <input type="text" value="JavaScript 前端开发与实例教程">
2 <script>
3    var text = document.querySelector('input');
4    text.onfocus = function() {
5        if (this.value === 'JavaScript 前端开发与实例教程') {
6            this.value = '';
7        }
8        this.style.color = '#333';
9    }
10   text.onblur = function() {
11       if (this.value === '') {
12           this.value = 'JavaScript 前端开发与实例教程';
13       }
14       this.style.color = '#999';
15   }
16 </script>
```

　　在例 7-17 中，第 4 行代码为文本框绑定了元素获得焦点事件及其处理程序，当文本框获得焦点时，如果文本框的内容没有改变，则清空文本框的内容，将文本颜色设置为灰色；第 10 行代码为文本框绑定了元素失去焦点事件及其处理程序，当文本框失去焦点时，如果文本框的内容为空值，则将文本框的内容设置为初始值，将文本颜色设置为黑色。

　　提示：

　　（1）并不是所有的 HTML 元素都有焦点事件，具有"获得焦点"和"失去焦点"事件的元素只有表单元素（单选框、复选框、单行文本框、多行文本框、下拉列表）和超链接。

　　（2）调用元素的 focus 方法可以使元素获得焦点，调用元素的 blur 方法可以使元素失去焦点。

【例 7-18】更改皮肤

```
1  <select name="" id="sel">
2      <option value="1">"祝融"探火</option>
3      <option value="2">"羲和"逐日</option>
4      <option value="3">"天和"遨游星辰</option>
5  </select>
6  <script>
7      var sel = document.getElementById("sel");
8      var bd = document.body;
9      sel.onchange = function () {
10         switch (sel.value){
11             case "1":
12                 bd.style.backgroundImage = "url(images/1.jpg)";
13                 break;
14             case "2":
15                 bd.style.backgroundImage = "url(images/2.jpg)";
16                 break;
17             case "3":
18                 bd.style.backgroundImage = "url(images/3.jpg)";
19                 break;
20         }
21     }
22 </script>
```

　　在例 7-18 中，第 9 行代码为下拉列表绑定 onchange 事件及其处理程序。当下拉列表的内容改变时，根据用户选中的项设置 body 的背景图片。例 7-18 在 Chrome 浏览器中的运行结果如图 7-11 所示。

图 7-11　例 7-18 的运行结果

【例 7-19】文本框剩余字数

```
1  <textarea></textarea><br />
2  <small>文字最大长度：200 字符，还剩：<span id="chLeft">200</span>字符。</small>
3  <script>
4      var txt = document.querySelector('textarea');
5      txt.oninput = function () {
6          var maxChars = 200;
7          if (this.value.length > maxChars)
8              this.value = this.value.substring(0, maxChars);
9          var curr = maxChars - this.value.length;
10         document.getElementById("chLeft").innerHTML = curr.toString();
11     }
12 </script>
```

在例 7-19 中，第 5 行代码为多行文本框绑定了 oninput 事件及其处理程序。当在多行文本框中输入字符时，如果字符数没有超过限定值 200，则显示剩余的字符数；如果字符数超过限定值，则截取字符串的前 200 个字符显示。例 7-19 在 Chrome 浏览器中的运行结果如图 7-12 所示。

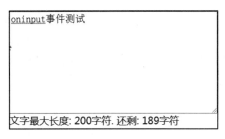

图 7-12　例 7-19 的运行结果

【例 7-20】表单提交和重置

```
1  <form action=""  id="test">
2    姓名：<input type="text"  id="username"> <br>
3    <input type="submit">
4    <input type="reset">
5  </form>
6  <script>
7    var test = document.getElementById('test');
8    test.onsubmit = function(){
9        console.log('提交了');
10   }
11   test.onreset = function(){
12       console.log('重置了');
13   }
14 </script>
```

在例 7-20 中，为表单绑定了 onsubmit 和 onreset 事件及其处理程序。用户单击"提交"按钮时触发表单的 onsubmit 事件；用户单击"重置"按钮时触发表单的 onreset 事件；分别单击"提交"和"重置"按钮，例 7-20 在 Chrome 浏览器控制台中的运行结果为：

提交了

重置了

　　提示：onsubmit 事件的实现通常要绑定到<form>标签上，在用户单击"提交"按钮提交表单时触发。

7.8 案　　例

本节使用事件及其处理程序实现两个案例。

7.8.1 浮现社会主义核心价值观内容

　　媒体是网民获取资讯的主要平台，因此在社会主义核心价值观引导的网络文化构建过程中，如何将社会主义核心价值观融入其中，如何将 24 字社会主义核心价值内容植入网页中，使之完美契合该网页的设计风格，达到浸润无声的环境育人的目的，是值得认真思考和探究的问题。

1. 案例呈现

　　用户在页面单击鼠标，页面浮现"富强""民主""文明""和谐""自由""平等""公正""法治""爱国""敬业""诚信""友善"等社会主义核心价值观内容。本案例在 Chrome 浏览器中的运行效果如图 7-13 所示。

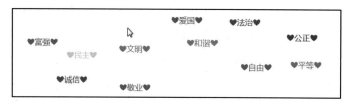

图 7-13　案例效果

2. 案例分析

　　用户在页面任意位置单击鼠标时，将触发 document 的单击事件。在事件处理程序中，首先创建一个节点，然后将节点内容设置为社会主义核心价值观内容中随机的一个，节点颜色设置为随机值，节点坐标设置为鼠标坐标，最后将新建节点添加至页面中。

3. 案例实现

```
1 <style>
2     span {
3         position: absolute;
4     }
5 </style>
6 <script>
7   var a = ["❤富强❤", "❤民主❤", "❤文明❤", "❤和谐❤", "❤自由❤", "❤平等❤",
"❤公正❤", "❤法治❤", "❤爱国❤", "❤敬业❤", "❤诚信❤", "❤友善❤"];
8   var i = 0;
9   document.onclick = function(e) {
```

```
10        var s = document.createElement("span");
11        s.innerHTML = a[i++ % a.length];
12        s.style.color = "rgb(" + 255 * Math.random() + "," + 255 * Math.rando
m() + "," + 255 * Math.random() + ")";
13        s.style.left = e.clientX + "px";
14        s.style.top = e.clientY + "px";
15        document.body.appendChild(s);
16    }
17 </script>
```

上述代码中,第 7 行代码将社会主义核心价值观内容保存在一个数组中;第 9 行代码为document
绑定了单击事件及其处理程序;第 10~15 行代码创建了 span 元素节点,并将它的内容设置为数组的
一个元素,颜色设置为随机值,坐标设置为鼠标坐标,最后将 span 元素节点添加至页面中。

7.8.2　查看网页事件监听器

用户浏览网页时,有时会遇到右键被禁止使用或不能选中页面文本进行复制等
情况。此时,用户可通过浏览器的开发人员工具查看网页中元素绑定的事件监听器,
在需要的时候,可以删除元素的事件监听以解除功能限制。

1. 案例呈现

以例 7-6 自定义右键菜单为例,用户右击页面时,取消默认的右键菜单,显示自定义右键菜单。
例 7-6 在 Chrome 浏览器中的运行效果如图 7-14 所示。

图 7-14　案例效果

2. 案例分析

打开 Chrome 浏览器的开发人员工具,在"Elements"面板中的"Event Listeners"窗格中显示
了附加到页面上的所有事件,如图 7-15 所示。

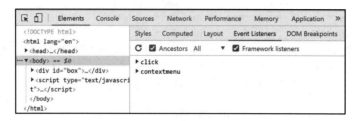

图 7-15　Chrome 浏览器开发人员工具

由图 7-15 可知，页面绑定了两个事件，分别是 click 和 contextmenu 事件。单击事件类型左边的箭头，可以看到已注册的事件处理程序列表，如图 7-16 所示。每个处理程序由类似 CSS 选择器的元素标识符标识，例如 document。如果同一个元素注册了多个处理程序，则元素会被重复列出。

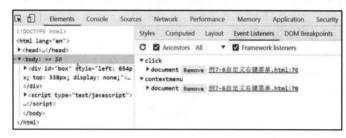

图 7-16　事件处理程序列表

3. 案例实现

由图 7-16 可知，document 绑定了 contextmenu 事件和 click 事件。其中，contextmenu 事件处理程序的功能是当用户右击页面时，取消默认的右键菜单，显示自定义右键菜单。为了解除此功能，用户在开发人员工具中单击"Remove"，将会删除绑定的 contextmenu 事件。此时，用户右击页面时，显示默认的右键菜单。

7.9　本章小结

本章首先介绍了绑定和删除事件处理程序、事件对象、取消默认行为、事件流、事件委托和事件类型，然后通过两个案例介绍了事件在 Web 前端的应用。本章可使读者掌握事件的概念和使用方法，为后续章节内容的学习奠定基础。

7.10　本章高频面试题

1. 事件委托的优点和缺点是什么？

优点：

（1）可以节省内存，减少事件注册。

（2）可以实现当新增子对象时，无须再对它进行事件绑定，对于动态内容部分尤为合适。

缺点：

如果把所有事件都用事件代理，可能会出现事件误判，即本来不该被触发的事件被绑定了事件。

2. 什么是防抖和节流？

在网页运行的某些场景下，有些事件会不间断地被触发，如 scroll 事件。频繁的 DOM 操作和资源加载会严重影响网页性能，甚至会造成浏览器崩溃。此时，可以采用防抖和节流的方式来减少调用频率，同时又不影响实际效果。

防抖是指当持续触发事件时，一定时间段内没有再触发事件，事件处理函数才会执行一次，如果设定的时间到来之前又一次触发了事件，就会重新开始延时。

节流是指在规定时间内，保证执行一次该函数。

3. 事件流模型都有什么？

（1）IE 的事件流是事件冒泡。

（2）Netscape 的事件流是事件捕获。

（3）W3C 标准事件流包含 3 个阶段：捕获阶段、目标阶段、冒泡阶段。

7.11　实践操作练习题

1. 鼠标进入某行时，当前行背景色设置为蓝色，其余行设置为白色，效果如图 7-17 所示。

序号	文件名	上传者	创建日期
1	第一章	管理员	9-1
2	第二章	管理员	9-2
3	第三章	管理员	9-3
4	第四章	管理员	9-4
5	第五章	管理员	9-5
6	第六章	管理员	9-6

图 7-17　练习题 1 效果图

2. 光标离开文本框时，判断输入的数据是否符合规则，如果不符合，则在右侧进行提示。规则是输入数据的长度应大于或等于 6，小于或等于 16，效果如图 7-18 所示。

图 7-18　练习题 2 效果图

3. 改变下拉列表框的内容，分别改变星座的图标、今日运势和星座内容 3 个页面元素。当内容为"白羊座"时，效果如图 7-19 所示。

图 7-19　练习题 3 效果图

4. 鼠标进入"分享到"区域，展开具体的分享功能区域；离开"分享到"区域，隐藏具体的分享功能区域，效果如图 7-20 所示。

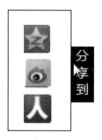

图 7-20　练习题 4 效果图

5. 使用鼠标滚轮事件实现对指定图片的缩放。

6. 连续按键"↑↑↓↓"，实现图片旋转一周的效果。

7. 使用 copy 事件，实现复制网页文字时，在文字末尾追加版权信息。

8. 滑块验证码。拖曳验证图片至指定位置完成验证，效果如图 7-21 所示。

图 7-21　练习题 8 效果图

9. 许愿墙。单击"点击发布"按钮，创建愿望便签，它的位置和颜色随机，可拖曳可关闭。

10. 拖曳和碰撞检测。拖曳滑块至图片上，更改图片，反之亦然。

第8章

BOM

浏览器中的 JavaScript 由 ECMAScript、DOM 和 BOM 三个不同的部分组成。BOM（Browser Object Model，浏览器对象模型）提供了独立于内容的、可以与浏览器窗口进行互动的对象结构，包括 window、document、navigator、location、history 和 screen 等对象。其中 document 对象在第 6 章已经介绍，本章将介绍除 document 对象之外的其他 BOM 对象。

📖 本章知识点思维导图

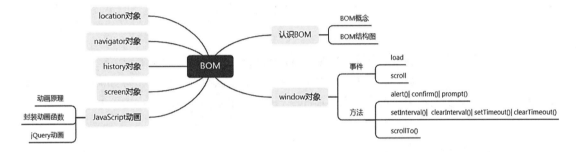

📖 本章学习目标

- 理解 BOM 的概念，能够说出 BOM 和 DOM 的区别。
- 掌握 BOM 对象的使用，能够通过 BOM 对象实现浏览器操作。
- 了解同步和异步的概念，能够说出同步和异步的区别。
- 掌握 JavaScript 动画原理，能够使用 JavaScript 实现网页动画特效。

8.1 BOM 概述

BOM 由一系列相关的对象构成，它们提供了独立于内容而与浏览器窗口进行交互的方法，其核心对象是 window。BOM 结构图如图 8-1 所示。

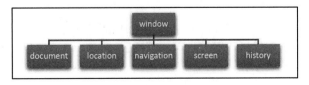

图 8-1　BOM 结构图

JavaScript 的标准化组织是 ECMA，DOM 的标准化组织是 W3C，BOM 最初是 Netscape 浏览器标准的一部分，至今缺乏统一的标准。BOM 虽然没有明确的官方标准化组织来专门对其进行标准化，但 BOM 相关的一系列 API 实际上是由各大浏览器厂商根据 Web 应用的需求自行实现并在其浏览器产品中实现标准化的。这些接口在很大程度上是基于事实上的行业实践和互操作性要求，在 W3C 和其他标准化组织的相关规范（比如 Web API 规范）中逐渐形成的共识。

提示：

BOM 和 DOM 的区别：

（1）BOM 的核心对象是 window，DOM 的核心对象是 document。

（2）BOM 主要关注浏览器本身的功能和特性，DOM 主要关注网页内容的结构和访问方式。

（3）BOM 是浏览器厂商在各自浏览器上定义的；DOM 是 W3C 标准规范。

（4）BOM 包含 DOM。

8.2 window 对象

window 对象代表浏览器打开的窗口，它是 JavaScript 访问浏览器窗口的一个接口。

window 对象是全局对象，定义在全局作用域中的变量、函数都会自动成为 window 对象的属性和方法。window 对象在调用时可以省略，前面学习的对话框都属于 window 对象方法，例如 alert、prompt 等。

1. window 对象的常用属性

window 对象的常用属性如表 8-1 所示。

表8-1　window对象的常用属性

属　　性	描　　述
document	引用 document 对象
history	引用 history 对象
location	引用 location 对象
navigator	引用 navigator 对象
screen	引用 screen 对象

2. window 对象的常用事件

window 对象的常用事件如表 8-2 所示。

表8-2　window对象的常用事件

事　　件	描　　述
onload	页面或图像加载完成后立即触发
scroll	在浏览器窗口内移动文档的位置时触发

（1）onload 事件在整个页面及所有依赖资源（如样式表和图片）都已完成加载时触发。

【例 8-1】onload 事件

```
 1 <script>
 2   window.onload = function() {
 3       var btn = document.querySelector('button');
 4       btn.addEventListener('click', function() {
 5           alert('点击我');
 6       })
 7   }
 8 </script>
 9 </head>
10 <body>
11     <button>点击</button>
12 </body>
```

例 8-1 中，第 2 行代码为 window 对象绑定了 onload 事件及其处理程序。功能是当页面加载完毕后，获取页面中的 button 元素，并给 button 绑定单击事件及其处理程序。使用 onload 事件可以把 JavaScript 代码写在页面元素上方，否则会出现获取不到元素的情况。

提示：在页面生命周期内，有两个非常重要的事件：第一个是 DOMContentLoaded，第二个是 onload。DOMContentLoaded 表示 DOM 已经加载完成，此时可以为 DOM 元素绑定事件等。因此，DOMContentLoaded 事件比 onload 事件先被触发。

（2）scroll 事件用于在浏览器窗口内移动文档的位置时触发。

```
window.onscroll = function () {
console.log(document.body.scrollTop|| document.documentElement.scrollTop);
}
```

上面代码可以跟踪文档位置变化，输出页面滚动条在垂直方向上的偏移量。

3. window 对象的常用方法

window 对象的常用方法如表 8-3 所示。

表8-3　window对象的常用方法

方　　法	描　　述
alert	显示带有一段消息和一个"确定"按钮的警告框
confirm	显示带有一段消息以及"确定"按钮和"取消"按钮的对话框
prompt	显示可提示用户输入的对话框
setInterval	按照指定的周期（以毫秒计）来调用函数或计算表达式（定时器）
clearInterval	取消由 setInterval()设置的定时操作
setTimeout	在指定的毫秒数后调用函数或计算表达式（延时器）
clearTimeout	取消由 setTimeout()方法设置的定时操作
scrollTo	将文档滚动到指定坐标。常用于页面返回顶部、滚动加载等场景

（1）confirm 方法用于显示一个带有指定消息、"确定"按钮和"取消"按钮的对话框。

语法：confirm(message)

参数描述：弹出的对话框中显示的纯文本。

返回值：单击"确定"按钮，返回 true；单击"取消"按钮，返回 false。

【例 8-2】confirm()方法

```
1  <script>
2      window.onload = function() {
3          var btn = document.querySelector('button');
4          btn.addEventListener('click', function() {
5              if( window.confirm("确认删除吗？")){
6                  console.log('执行删除操作');
7              }
8              else{
9                  console.log('取消了删除操作');
10             }
11         })
12     }
13 </script>
14 <body>
15  <button>删除</button>
16 </body>
```

例 8-2 中，第 5 行代码调用 window 对象的 confirm 方法，window 可以省略。此时，页面弹出一个对话框，询问用户是否确认删除，如果用户单击"确定"按钮，则在控制台中输出"执行删除操作"；如果单击"取消"按钮，则在控制台中输出"取消了删除操作"。单击"删除"按钮，例 8-2 在 Chrome 浏览器中的运行结果如图 8-2 所示。

图 8-2　例 8-2 的运行结果

（2）setInterval 方法按照指定的周期（以毫秒计）来调用函数或计算表达式。

语法：setInterval(code, millisec)

参数描述：code 代表要调用的函数或要执行的代码；millisec 代表周期性执行或调用 code 之间的时间间隔（以毫秒计）。

返回值：一个可以传递给 window.clearInterval()从而取消对 code 的周期性执行的 ID 值。

（3）clearInterval 方法取消由 setInterval 方法设定的定时执行操作。

语法：clearInterval(id_of_setinterval)

参数描述：由 setInterval()返回的 ID 值。

返回值：undefined。

【例 8-3】验证码发送倒计时

```
1 手机号： <input type="number" value="159****8521"><br> 验证码： <input type="number">
2 <button>获取验证码</button>
3 <script>
4     var btn = document.querySelector('button');
5     var time = 60;
6     btn.addEventListener('click', function() {
7         btn.disabled = true;
8         var timer = setInterval(function() {
9             if (time == 0) {
10                // 清除定时器和复原按钮
11                clearInterval(timer);
12                btn.disabled = false;
13                btn.innerHTML = '获取验证码';
14                time =60;
15            } else {
16                btn.innerHTML = '还剩下' + time + '秒';
17                time--;
18            }
19        }, 1000);
20    })
21 </script>
```

例 8-3 的功能是单击"获取验证码"按钮后，该按钮禁用，同时按钮里面的内容会变化，每隔 1 秒显示一个内容，如"还剩 50 秒"。当还剩 0 秒时，按钮内容设置为"获取验证码"，解除按钮禁用，用户可以继续单击按钮重复上述过程。

例 8-3 中，第 8 行代码通过调用 setInterval 方法设置了定时器，每隔 1 秒改变一次按钮显示内容；第 11 代码设置当 time 等于 0 时，停止定时器。单击"获取验证码"按钮，例 8-3 在 Chrome 浏览器中的运行结果如图 8-3 所示。

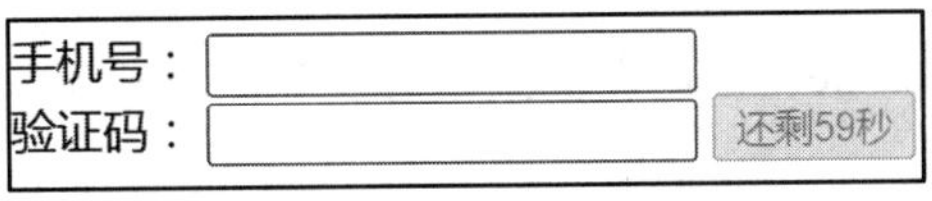

图 8-3　例 8-3 的运行结果

（4）setTimeout 方法用于在指定的毫秒数后调用函数或计算表达式。

语法：setTimeout(code, millisec)
参数描述：code 代表要调用的函数或要执行的代码；millisec 代表需要等待的时间（以毫秒计）。
返回值：一个可以传递给 window.clearTimeout 从而取消对 code 执行的 ID 值。

（5）clearTimeout 方法取消由 setTimeout()方法设置的定时操作。

语法：clearTimeout (id_of_setTimeout)
参数描述：setTimeout()返回的 ID 值。

返回值：undefined。

【例 8-4】定时隐藏广告

```
1  <img src="ad.jpg" width="25%"><br>
2  <button>取消定时隐藏</button>
3  <script>
4    var ad = document.querySelector('.ad');
5    var btn = document.querySelector('button');
6    var t = setTimeout(function () {
7      ad.style.display = 'none';
8    }, 5000);
9    btn.onclick = function () {
10     clearTimeout(t);
11   }
12 </script>
```

例 8-4 的功能是页面中的图片在 5 秒后自动隐藏，单击 "取消定时隐藏" 按钮可取消定时隐藏。其中，第 6 行代码通过调用 setTimeout 方法设置了定时器，等待 5 秒后设置图片的 display 属性为 none，将之隐藏；第 9 行代码为 "取消定时隐藏" 按钮绑定单击事件及其处理程序，用户单击该按钮时取消定时器。例 8-4 在 Chrome 浏览器中的运行结果如图 8-4 所示。

图 8-4 例 8-4 的运行结果

提示：setTimeout 和 setInterval 是异步执行的。示例代码如下：

```
console.log(1);
setTimeout(function(){console.log(2),0};//延迟时间为 0，表示立即执行
console.log(3);
```

上面代码的输出依次是 1、3、2。因为 JavaScript 中的同步任务都是放在主线程中优先执行，而异步任务则放在任务队列中等待所有同步任务执行完毕再开始执行。

8.3 location 对象

location 对象是 window 对象的一部分，可以通过 window.location 属性来访问。它包含有关当前 URL（Uniform Resource Locator，统一资源定位系统）的信息。

1. location 对象的常用属性

location 对象的常用属性如表 8-4 所示。

表8-4　location对象的常用属性

属　　性	描　　述
href	设置或返回完整的 URL

href 属性是一个可读、可写的字符串，可设置或返回当前文档的完整 URL。因此，可以通过为该属性设置新的 URL，使浏览器跳转。

【例 8-5】自动跳转页面

```
1  <button>点击直接跳转</button>
2  <div>您将在 5 秒后跳转到清华大学出版社官网</div>
3  <script>
4      var btn = document.querySelector('button');
5      var div = document.querySelector('div');
6      btn.addEventListener('click', function() {
7          location.href = 'http://www.tup.tsinghua.edu.cn/';
8      })
9      var timer = 4;
10     setInterval(function() {
11         if (timer == 0) {
12             location.href = 'http://www.tup.tsinghua.edu.cn/';
13         } else {
14             div.innerHTML = '您将在' + timer + '秒后跳转到清华大学出版社官网';
15             timer--;
16         }
17     }, 1000);
18 </script>
```

例 8-5 的功能是单击"点击直接跳转"按钮，页面立刻跳转至 location 对象的 href 属性设置的 URL。如果不单击按钮，则会在 5 秒后自动跳转。

在例 8-5 中，第 7 行和第 12 行代码通过 location 对象的 href 属性设置 URL，使浏览器跳转。例 8-5 在 Chrome 浏览器中的运行结果如图 8-5 所示。

图 8-5　例 8-5 的运行结果

2. location 对象的常用方法

location 对象的常用方法如表 8-5 所示。

表8-5　location对象的常用方法

方　　法	描　　述
assign	加载一个新的文档
reload	重新加载当前文档
replace	用新的文档替换当前文档

（1）assign 方法可加载一个新的文档。

语法：location.assign(URL)
参数描述：网络地址。

示例代码如下：

```
location.assign("http://www.tup.tsinghua.edu.cn/")
```

示例代码的功能是加载清华大学出版社官网的首页。

（2）reload 方法用于重新加载当前文档。

语法：location.reload(force)
参数描述：如果该方法没有规定参数，或者参数是 false，它就会用 HTTP 头来检测服务器上的文档是否已改变。如果文档已改变，reload 会再次下载该文档；如果文档未改变，则该方法将从缓存中装载文档。如果把该方法的参数设置为 true，那么无论文档的最后修改日期是什么，它都会绕过缓存，从服务器上重新下载该文档。

示例代码如下：

```
location.reload()
```

示例代码的功能是重新加载当前文档，相当于"刷新"功能。

（3）replace 方法用一个新文档取代当前文档。

语法：location.replace(newURL)
参数描述：网络地址。

示例代码如下：

```
location. replace ("http://www.tup.tsinghua.edu.cn/")
```

示例代码的功能是加载清华大学出版社官网首页。replace()方法不会在 history 对象中生成一个新的记录，因此不可以后退。

8.4 navigator 对象

navigator 对象是 window 对象的一部分，可通过 window. navigator 属性来访问。它包含有关浏览器的信息，描述了用户正在使用的浏览器。

navigator 对象的常用属性如表 8-6 所示。

表8-6 navigator对象的常用属性

属　　性	描　　述
userAgent	返回由客户机发送至服务器的 user-agent 头部的值
cookieEnabled	返回指明浏览器中是否启用 cookie 的布尔值
geolocation	返回可用于定位用户位置的 geolocation 对象

【例 8-6】检测浏览器类型和是否启用 cookie

```
1 <script>
2    console.log(navigator.userAgent);
3    var str = navigator.cookieEnabled ? '启用了' : '没有启用';
4    if (navigator.userAgent.toLowerCase().indexOf("trident") > -1) {
5        console.log('你使用的是 IE' + ', 浏览器的 cookie' + str);
6    } else if (navigator.userAgent.indexOf('Firefox') >= 0) {
7        console.log('你使用的是 Firefox' + ', 浏览器的 cookie' + str);
8    } else if (navigator.userAgent.indexOf('Opera') >= 0) {
9        console.log('你使用的是 Opera' + ', 浏览器的 cookie' + str);
10   } else if (navigator.userAgent.indexOf("Safari") > 0) {
11       console.log('你使用的是 Safari' + ', 浏览器的 cookie' + str);
12   } else {
13       console.log('你使用的是其他的浏览器浏览网页！');
14   }
15 </script>
```

例 8-6 中，第 2 行代码通过 navigator 对象的属性 userAgent 输出当前浏览器的信息；第 3 行代码通过 navigator 对象的属性 cookieEnabled 获取浏览器是否开启了 cookie；第 4~14 行代码根据 userAgent 属性的值判断浏览器的类型。例 8-6 在 Chrome 浏览器控制台中的运行结果如图 8-6 所示。

```
Mozilla/5.0 (Windows NT 6.1; Win64; x64) AppleWebKit/537.36 (KHTML, like
Gecko) Chrome/98.0.4758.102 Safari/537.36
你使用的是Safari, 浏览器的cookie启用了
```

图 8-6 例 8-6 的运行结果

提示：

navigator 对象的信息具有误导性，不能用于检测浏览器版本，这是因为：

（1）navigator 数据可被浏览器使用者更改。

（2）一些浏览器对测试站点会识别错误。

（3）无法检测晚于浏览器发布的新操作系统的情况。

（4）由于 navigator 可误导浏览器检测，开发人员可以使用属性检测来嗅探不同的浏览器。例如，由于只有 Opera 支持属性 window.opera，可以据此识别出 Opera。

8.5 history 对象

history 对象是 window 对象的一部分，可通过 window. history 属性访问。它包含用户在浏览器窗口中访问过的 URL。history 对象的常用属性和方法如表 8-7 所示。

表8-7 history对象的常用属性和方法

属性/方法	描　　述
length	返回浏览器历史列表中的 URL 数量
back()	加载 history 列表中的前一个 URL
forward()	加载 history 列表中的下一个 URL
go()	加载 history 列表中的某个具体页面

（1）back()方法可加载浏览器历史列表中的前一个 URL，等价于单击"后退"按钮或调用 history.go(-1)。语法格式如下：

```
history.back()
```

（2）forward()方法可加载浏览器历史列表中的下一个 URL，等价于单击"前进"按钮或调用 history.go(1)。语法格式如下：

```
history.forward()
```

（3）go()方法可加载历史列表中的某个具体的页面。

语法：history.go(number|URL)

参数描述：URL 参数使用的是要访问的 URL 或 URL 的子串。number 参数使用的是要访问的 URL 在 history 的 URL 列表中的相对位置。

示例代码如下：

```
history.back();         //后退，相当于 history.go(-1)
history.forward();      //前进，相当于 history.go(1)
history.go(-2);         //后退 2 个页面
history.go(2);          //前进 2 个页面
```

8.6　screen 对象

screen 对象是 window 对象的一部分，可通过 window.screen 属性来访问，它包含有关显示浏览器屏幕的信息。JavaScript 程序利用这些信息来优化输出，以达到用户的显示要求。例如，一个程序可以根据显示器的尺寸选择使用大图像还是小图像，它还可以根据显示器的颜色深度选择使用 16 位色还是 8 位色的图形。另外，JavaScript 程序还能根据有关屏幕尺寸的信息将新的浏览器窗口定位在屏幕中间。

screen 对象的常用属性如表 8-8 所示。

表8-8　screen对象的常用属性

属　　性	描　　述
availHeight	返回屏幕可用高度（除去操作系统任务栏、顶部菜单栏或其他固定占用屏幕空间元素后的实际可用垂直像素数）
availWidth	返回屏幕可用宽度（除去操作系统任务栏、窗口边框或其他系统界面元素后，用户可以用来显示网页或应用程序的实际宽度）
height	返回整个屏幕的高度
width	返回整个屏幕的宽度

示例代码如下：

```
screen.availHeight;
screen.availWidth;
screen.height;
```

```
screen.width;
```

8.7　JavaScript 动画

JavaScript 动画是 Web 前端常见的网页特效，例如轮播图、进度条、缓冲显示等，它可以传达状态，提高用户体验，应用非常广泛。

8.7.1　动画原理

JavaScript 动画主要利用定时器来实现。通过循环改变元素的某个 CSS 样式属性，从而达到动态效果，如移动位置、缩放大小、渐隐渐现等。动画执行过程中，有匀速动画、缓动动画等表现形式。

【例 8-7】改变元素位置，实现匀速动画效果

```
 1 div {
 2     position: absolute;
 3     left: 0;
 4     width: 100px; height: 100px;background-color: red;
 5 }
 6 <div></div>
 7 <script>
 8     var div = document.querySelector('div');
 9     var timer = setInterval(function() {
10         if (div.offsetLeft >= 400) {
11             clearInterval(timer);
12         }
13         div.style.left = div.offsetLeft + 1 + 'px';
14     }, 30);
15</script>
```

匀速动画是指每次移动的步长相等。例 8-7 的功能是，页面中的 div 元素每隔 30 毫秒向右移动 1 个像素，当它左边距离 body 大于或等于 400px 时停止运动。由于每次向右移动 1 个像素，因此是匀速运动。

例 8-7 中，第 2 行代码设置 div 元素的定位属性是绝对定位，只有绝对定位的元素才可实现移动效果；第 9 行代码开启定时器，使 div 元素每隔 30 毫秒向右移动 1 个像素，当它左边距离 body 大于或等于 400px 时关闭定时器，停止运动。例 8-7 在 Chrome 浏览器中的运行结果如图 8-7 所示。

图 8-7　例 8-7 的运行结果

【例 8-8】改变元素位置，实现缓动动画效果

```
1 <div></div>
2 <script>
3    var div = document.querySelector('div');
4    var timer = setInterval(function() {
5       if (div.offsetLeft == 400) {
6          clearInterval(timer);
7       }
8       var step = (400 - div.offsetLeft) / 10;
9       step = step > 0 ? Math.ceil(step) : Math.floor(step);
10      div.style.left = div.offsetLeft + step + 'px';
11   }, 30);
12 </script>
```

缓动动画是指带有一定缓冲的动画，元素在一定时间内渐进加速或者减速，从而使动画更加的真实和自然。例 8-8 的功能是，页面中的 div 元素每隔 30 毫秒向右执行缓动动画。当它左边距离 body 等于 400px 时停止运动。例 8-8 中第 8、9 行代码通过缓动算法实现每次移动步长先快后慢。

8.7.2　封装动画函数

动画函数可以将执行动画时重复的代码模块化，减少代码量，增强代码的重用性，提高程序的可读性和效率，便于后期维护。

1. 根据动画原理，采用缓动动画算法封装简单的动画函数

【例 8-9】简单的动画函数

```
1 <div></div>
2 <script>
3    function animate(obj, target) {
4       var timer = setInterval(function () {
5          if (obj.offsetLeft == target) {
6             clearInterval(timer);
7          }
8          var step = (target - obj.offsetLeft) / 10;
9          step = step > 0 ? Math.ceil(step) : Math.floor(step);
10         obj.style.left = obj.offsetLeft + step + 'px';
11      }, 30);
12   }
13   var div = document.querySelector('div');
14   animate(div,400);
15   div.onclick = function(){
16      animate(div,200);
17   }
18 </script>
```

例 8-9 中，第 3~12 行代码定义了缓动动画函数 animate，它的功能是执行动画的元素从当前位置水平移动到目标值，速度先快后慢。其中，obj 代表执行动画的元素，target 代表水平方向移动的目标值。第 14 行代码调用 animate 函数使 div 元素移动到 400px 位置。第 15 行代码为 div 元素绑定了单击事件及其处理程序。单击 div 元素，通过调用 animate 函数使 div 元素移动到 200px 位置。

2. 动画函数优化

（1）每次调用函数都需要声明一个局部变量 timer，比较浪费内存。可以利用自定义属性，将 timer 设置为元素的自定义属性，即将例 8-9 第 4 行代码"var timer"修改为 obj.timer。

（2）防止动画效果累积，先清除上次的动画效果。在例 8-9 第 3 行代码前添加代码 clearInterval(obj.timer)。

（3）动画函数执行结束之后，可以允许用户做一些后续处理，因此为动画函数添加回调参数。优化后的动画函数如例 8-10 所示。

【例 8-10】优化后的动画函数

```
 1 function animate(obj, target, callback) {
 2     clearInterval(obj.timer);
 3     obj.timer = setInterval(function () {
 4         var step = (target - obj.offsetLeft) / 10;
 5         step = step > 0 ? Math.ceil(step) : Math.floor(step);
 6         if (obj.offsetLeft == target) {
 7             clearInterval(obj.timer);
 8             callback && callback();
 9         }
10         obj.style.left = obj.offsetLeft + step + 'px';
11     }, 30);
12 }
```

例 8-10 定义了缓动动画函数 animate，它的功能是使执行动画的元素从当前位置水平移动到目标值，速度先快后慢。其中，obj 代表执行动画的元素，target 代表水平方向移动的目标值，callback 代表可选的回调函数，在动画结束后被执行。缓动动画函数 animate 修改的是元素的 left 属性值，因此只能实现水平移动的动画效果。

【例 8-11】动画函数回调参数应用

```
 1 <div></div>
 2 <script>
 3 function animate(obj, target, callback) {
 4     clearInterval(obj.timer);
 5     obj.timer = setInterval(function () {
 6         var step = (target - obj.offsetLeft) / 10;
 7         step = step > 0 ? Math.ceil(step) : Math.floor(step);
 8         if (obj.offsetLeft == target) {
 9             clearInterval(obj.timer);
10             callback && callback();
11         }
12         obj.style.left = obj.offsetLeft + step + 'px';
13     }, 30);
14 }
15 var div = document.querySelector('div');
16 animate(div,400,function(){
17     console.log('动画结束了');
18 });
19 </script>
```

例 8-11 的功能是，页面中的 div 元素向右移动至 400px 位置停止动画，然后向控制台输出"动

画结束了"。第 16 行代码调用动画函数 animate，向其传递了第三个参数——回调函数，使得动画
结束后可以向控制台输出信息。例 8-11 在 Chrome 浏览器中的运行结果如图 8-8 所示。

图 8-8　例 8-11 的运行结果

提示：前端动画场景需求众多，开发人员在项目中可以选择第三方 JavaScript 动画库，
它们可以帮助创建非常出色的 Web 动画。每个动画库都不同，可以根据项目的需要选择使用。
例如 Anime.js、Tween.js 以及 jQuery、VUE 等框架中的动画特效。

8.7.3　jQuery 动画

jQuery 是一个 JavaScript 库，极大地简化了 JavaScript 编程。它封装了 JavaScript 常用的功
能代码，包含 HTML 元素的选取和操作、CSS 操作、HTML 事件函数、JavaScript 特效和动画、HTML
DOM 的遍历和修改、Ajax 等。

使用 jQuery，需要下载 jQuery 库，jQuery 库是一个 JavaScript 文件，可以使用 HTML 的<script>
标签引用它，示例代码如下：

```
<script src=" jquery.min.js "></script>
```

jQuery 中封装了 animate 方法，允许创建自定义的动画。

语法：$(selector).animate({params},speed,callback)

参数描述：params 参数定义形成动画的 CSS 属性；可选的 speed 参数规定效果的时长，它可
以取值为"slow"、"fast" 或毫秒；可选的 callback 参数是动画完成后所执行的函数名称。

【例 8-12】jQuery 动画效果

```
1  div {
2    position: absolute;
3    left: 0;
4    width: 100px; height: 100px;background-color: red;
5  }
6  <div></div>
7   <script src="jquery.min.js"></script>
8  <script>
9    var div = document.querySelector('div');
10   $("div").animate({left:'400px'},1000);
11 </script>
```

例 8-12 中，第 7 行代码引入了 jQuery 库；第 10 行代码调用 jQuery 库的 animate 方法实现了动

画效果。例 8-12 在 Chrome 浏览器中的运行结果如图 8-7 所示。

8.8 案 例

本节实现两个案例——浮现社会主义核心价值观内容的动画效果和限时秒杀。

8.8.1 浮现社会主义核心价值观内容的动画效果

本书第 7.8.1 节实现了页面浮现社会主义核心价值观内容，本例将实现社会主义核心价值观内容浮现并向上运动至消失的动画效果。

1. 案例呈现

在页面上单击，页面上浮现"富强""民主""文明""和谐""自由""平等""公正""法治""爱国""敬业""诚信""友善"等社会主义核心价值观内容，并匀速向上移动 100px，然后消失。案例在 Chrome 浏览器中的运行效果如图 8-9 所示。

图 8-9 案例效果

2. 案例分析

在页面任意位置单击，将触发 document 的单击事件。在事件处理程序中，首先创建一个节点，将节点内容设置为社会主义核心价值观内容中的一个，节点颜色设置为随机值，节点坐标设置为鼠标指针坐标，然后将新建节点添加至页面中。最后开启定时器，每隔 100 毫秒改变新创建节点的 top 属性，当上移距离大于 100px 时，停止定时器并删除新增节点。

3. 案例实现

```
1  <script>
2      var a = ["❤富强❤", "❤民主❤", "❤文明❤", "❤和谐❤", "❤自由❤", "❤平等❤", "❤公正❤", "❤法治❤", "❤爱国❤", "❤敬业❤", "❤诚信❤", "❤友善❤"];
3      var index = 0;
4      document.onclick = function(e) {
5          var s = document.createElement('span');
6          s.innerHTML = a[index++ % a.length];
7          s.style.top = e.clientY + 'px';
8          s.style.left = e.clientX + 'px';
```

```
 9          console.log(e.clientX, e.clientY);
10          s.style.color = 'rgb(' + 255 * Math.random() + ',' + 255 * Math.ran
dom() + ',' + 255 * Math.random() + ')';
11          document.body.appendChild(s);
12          var t = s.offsetTop;
13          var tim = setInterval(function() {
14             s.style.top = s.offsetTop - 10 + 'px';
15             if (Math.abs(t - s.offsetTop) > 100) {
16                clearInterval(tim);
17                document.body.removeChild(s);
18             }
19          }, 100)
20       }
21</script>
```

在上述代码中，第 13 行代码开启定时器，每隔 100ms 使新建节点向上移动 10px。当上移距离大于 100px 时，停止定时器并删除新增节点。

8.8.2 限时秒杀

限时秒杀是网络商家在某一预定的时间段里，大幅度降低活动商品的价格，买家只要在这个时间段里成功拍得此商品，便可以用超低的价格买到原本很昂贵的物品的一种营销活动。限时秒杀短时效的限定会给予用户更强烈的紧迫感，产生一种"机不可失，时不再来"的氛围，同时数量上的限定更能勾起用户的购买欲望。

作为消费者，购物时要保持冷静，避免冲动消费行为，不要被"限时秒杀"等字眼冲昏了头脑。

1. 案例呈现

页面显示秒杀的产品图和秒杀结束的剩余时间，每隔 1 秒，递减剩余时间，当剩余时间为 0 时，秒杀活动结束。案例在 Chrome 浏览器中的运行效果如图 8-10 所示。

图 8-10 案例运行效果

2. 案例分析

案例中，秒杀活动持续时间是 1 分钟。页面加载后，首先根据系统当前时间计算出秒杀的结束时间；然后开启定时器，将结束时间和当前时间相减，并转换成秒杀剩余的秒数；接着判断秒杀时间是否过期，若未过期，则计算剩余的秒数，若已过期，则停止秒杀的倒计时；最后以两位数字的格式将剩余的时间显示在相应的位置。

3. 案例实现

```
1  <div class="box">
2      <div id="s"></div>
3  </div>
4  <script>
5      var endtime = new Date(), endseconds = endtime.getTime() + 60 * 1000;
6      var s = 0;
7      var id = setInterval(function () {
8          var nowtime = new Date();
9          var remaining = parseInt((endseconds - nowtime.getTime())/1000);
10         if (remaining > 0) {
11             s = parseInt(remaining % 60);
12             s = s < 10 ? '0' + s : s;
13         } else {
14             clearInterval(id);
15             s = '00';
16         }
17         document.getElementById('s').innerHTML='距离本场秒杀结束还剩：'+s+'秒';
18     }, 1000);
19 </script>
```

上述代码中，第 5 行根据系统当前时间计算出秒杀的结束时间；第 7 行开启定时器；第 8、9 行将结束时间和当前时间相减，并转换成秒杀剩余的秒数；第 11、12 行获取剩余的秒数并转换成两位数；第 14、15 行实现当秒杀活动结束时，停止定时器并将剩余秒数设置为"00"；第 17 行将剩余秒数显示在相应的位置。

8.9　本章小结

本章介绍了 BOM 的概念、window、location、navigator、history、screen 对象和 JavaScript 动画，实现了浮现社会主义核心价值观内容的动画效果和"限时秒杀"两个案例。本章可使读者掌握 BOM 的概念和使用方法，为后续章节内容的学习奠定基础。

8.10　本章高频面试题

1. 以下代码输出的结果是什么？

```
console.log(1)
setTimeout(function(){
    console.log(2)
},0)
console.log(3)
```

setTimeout 是异步执行函数，JavaScript 主线程运行到此函数时，不会等待 setTimeout 中的回调函数，回调函数会被压进消息队列，然后直接向下执行，当执行完当前事件循环的时候，回调函数会在下次事件循环中被执行。因此输出结果是"1 3 2"。

2. 如何检测浏览器类型？

（1）使用 navigator 对象的 userAgent 属性的值。

（2）由于不同的浏览器支持不同的对象，因此项目开发中常用对象来检测。

3. JavaScript 动画和 CSS 3 动画有何区别？

（1）CSS 3 动画大多数是补间动画，JavaScript 动画是逐帧动画。

（2）JavaScript 动画的控制能力比 CSS 3 动画强。

（3）JavaScript 动画的效果比 CSS 3 动画丰富。

（4）JavaScript 动画大多数情况下没有兼容性问题，而 CSS 3 动画有兼容性问题。

（5）JavaScript 动画的复杂度高于 CSS 3 动画。

在前端项目开发中，当有动画的需求时，首要考虑的是能不能实现的问题。如果 CSS 3 动画和 JavaScript 动画都能实现，则需要权衡哪个性能更好。因此，使用 JavaScript 动画还是 CSS 3 动画，得看具体的需求和业务场景。

8.11　实践操作练习题

1. 随机点名。如图 8-11 所示，页面中有若干个名字和一个按钮，需要实现以下功能：

（1）单击"点名"按钮，按钮的文本设置为"停止"，不停地随机改变一个名字的背景色为红色，其余名字的背景色为初始值。

（2）单击"停止"按钮，按钮的文本设置为"点名"，随机改变一个名字的背景色为红色，其余名字的背景色为初始值。

图 8-11　练习题 1 效果图

2. 新年倒计时。计算当前系统时间距离下一个农历新年还剩多长时间，在页面相应位置显示剩余的天、小时、分钟和秒。每隔 1 秒显示最新的剩余时间，效果如图 8-12 所示。

图 8-12　练习题 2 效果图

3. 折页特效。效果如图 8-13 和图 8-14 所示。

（1）鼠标光标触碰页面右上角收缩的折页图片，徐徐平滑地展开全部折页图片。

（2）鼠标光标离开页面右上角展开的折页图片，徐徐平滑地收缩折页图片。

图 8-13　折页收缩状态　　　　图 8-14　折页展开状态

4. 漂浮广告。效果如图 8-15 所示。

（1）"证书领取流程"图片从页面左顶点同时向右和向下移动，每次移动 1 个像素，遇到 body 的边界则反向运动（不考虑滚动条）。

（2）鼠标光标触碰"证书领取流程"图片，图片停止运动；鼠标光标离开图片，图片继续运动。

（3）单击"×"，隐藏"证书领取流程"图片并停止运动。

图 8-15　练习题 4 效果图

5. 红绿灯切换。页面中首先显示绿灯，倒计时 35 秒后显示黄灯，倒计时 5 秒后显示红灯，倒计时 30 秒后显示绿灯。上述过程重复执行。效果如图 8-16 所示。

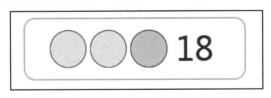

图 8-16　练习题 5 效果图

6. 火箭升空。页面倒计时结束后，实现火箭升空特效，当火箭上升至一定高度时，火箭升空结束，出现"恭喜发射成功"祝福图片并闪烁。

7. 图片滚动。页面中的 4 幅图片自右向左循环滚动。鼠标光标触碰图片，图片停止滚动；鼠标光标离开图片，图片继续滚动。

8. 在页面任意位置单击，出现五彩烟花特效。

9. 碰撞检测。模拟谷歌浏览器自带的恐龙跑酷小游戏，利用空格键跳过障碍，效果如图 8-17 所示。

图 8-17　练习题 9 效果图

第9章

JavaScript 特效综合实例

本章将综合运用 ECMAScript、DOM 和 BOM 知识，设计开发电影购票、在线网盘、"2048"游戏、轮播图、购物车和放大镜等常见的 JavaScript 特效，提升对 JavaScript 的理解和运用能力。

📖 **本章知识点思维导图**

📖 **本章学习目标**

- 能够独立设计和开发电影购票系统，实现用户登录、选座购票、订单管理等功能。
- 能够构建在线网盘，实现文件的上传、下载、删除以及分享等基本操作。
- 能够开发"2048"游戏，实现游戏逻辑、界面渲染及分数统计等功能。
- 能够设计并实现轮播图效果，包括图片的自动播放、切换动画及用户交互等。
- 能够构建购物车功能，实现商品的添加、删除、数量修改以及总价计算等。
- 能够开发放大镜效果，用于图片展示，提升用户体验。
- 能够在完成基本功能的基础上，对 JavaScript 特效进行创新和优化，提升用户体验。

9.1　电影购票

因节约时间、优惠力度大、便捷等优点，在线电影购票平台受到了消费者的喜爱。随着人们消费水平的提高，以及互联网行业的快速发展，未来将有更多的网民涌入在线电影购票平台，也会有更多的企业入局在线电影购票服务市场。

本节将实现在线电影购票平台的以下功能：

（1）在页面左侧区域，单击"可选座位"，将座位设置为"已选座位"，一次最多选 5 个座位。右侧座位号汇总区域显示已选中的座位号，并显示电影票总价。

（2）在页面左侧区域，单击"已选座位"，将座位设置为"可选座位"。右侧选座信息汇总区域取消相应的座位号，并显示电影票总价。

（3）单击页面右侧选座信息汇总区域座位号右上角的"×"，将座位设置为"可选座位"。选座信息汇总区域取消相应的座位号，并显示电影票总价。

（4）"已选座位"数量不为 0 时，"确认选座"按钮设置为可用状态，选座信息汇总区域显示。"已选座位"数量为 0 时，"确认选座"按钮设置为不可用状态，选座信息汇总区域隐藏。

本案例在 Chrome 浏览器中的运行效果如图 9-1 所示。

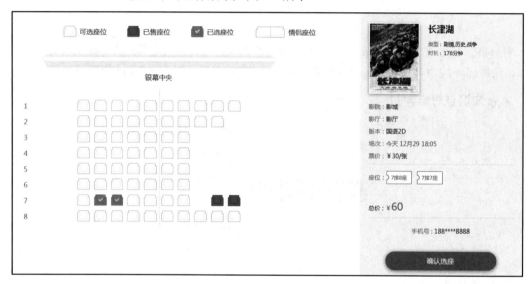

图 9-1　电影购票效果图

9.1.1　页面布局

1. 页面左侧选座区域布局

由图 9-1 可知，左侧选座区域是 8 排 10 列。下面以第 7 排为例，介绍左侧选座区域布局，示例代码如下（CSS 代码参见配套源码）：

```
<div class="seats-wrapper">
  <div class="row">
  <span class="seat selectable" data-column-id="9" data-row-id="7"></span>
  <span class="seat selected" data-column-id="8" data-row-id="7"></span>
  <span class="seat selected" data-column-id="7" data-row-id="7"></span>
  <span class="seat selectable" data-column-id="6" data-row-id="7"></span>
  <span class="seat selectable" data-column-id="5" data-row-id="7"></span>
```

```
    <span class="seat selectable" data-column-id="4" data-row-id="7"></span>
    <span class="seat selectable" data-column-id="3" data-row-id="7"></span>
    <span class="seat empty" data-column-id="" data-row-id="7" data-st="E">
</span>
    <span class="seat sold" data-column-id="2" data-row-id="7" data-st="LK">
</span>
    <span class="seat sold" data-column-id="1" data-row-id="7" data-st="LK">
</span>
      </div>
  </div>
```

在上述代码中，"<div class="seats-wrapper">" 是选座区域的容器，1 个 "<div class="row">" 元素代表一排，1 个 span 元素代表 1 个座位。座位的 class 属性值中，seat 代表公共样式、selectable 代表可选座位、selected 代表已选座位、empty 代表不显示座位、sold 代表座位已经售出；座位的 data-column-id 属性代表座位号；data-row-id 属性代表座位在第几排；data-st 属性代表座位状态，若值等于 "E"，则代表座位不显示，若值等于 "LK"，则代表座位被锁定。

2. 页面右侧选座信息汇总区域和票价区域布局

由图 9-1 可知，右侧选座信息汇总区域已选两个座位，分别是 "7 排 8 座" 和 "7 排 7 座"，总价 60 元，"确认选座" 按钮处于可用状态。HTML 示例代码如下（CSS 代码参见配套源码）：

```
 1 <div class="ticket-info">
 2   <div class="no-ticket" style="display:none">
 3     <p class="buy-limit">座位：一次最多选 5 个座位</p>
 4     <p class="no-selected">请<span>点击左侧</span>座位图选择座位</p>
 5   </div>
 6   <div class="has-ticket" style="display:block">
 7     <span class="text">座位：</span>
 8     <div class="ticket-container" data-limit="5">
 9     <span data-row-id="7" data-column-id="8" data-index="7-8" class="t
icket">7 排 8 座</span>
10        <span data-row-id="7" data-column-id="7" data-index="7-7" class="t
icket">7 排 7 座</span>
11    </div>
12    <div class="total-price">
13      <span>总价 :</span>
14      <span class="price">60</span>
15    </div>
16 </div>
```

在上述代码中，第 1 行代码 "<div class="ticket-info">" 是本区域的容器；第 2 行代码 "<div class="no-ticket" style="display:none">" 是没有选中座位的容器，"已选座位" 数量不为 0 时，它的状态是隐藏；第 6 行代码 "<div class=" has-ticket" style="display:block">" 是有选中座位的容器，"已选座位" 数量不为 0 时，它的状态是显示；第 8 行代码 "<div class="ticket-container" data-limit="5">" 是座位号信息的容器；第 9、10 行代码中的 1 个 span 元素代表一个座位号信息，它的 class 属性值是 "ticket"；第 12 行代码 "<div class="total-price">" 是电影票总价的容器；第 14 行代码 "<span class="price">60</span>" 显示电影票总价。

9.1.2　工具函数

由本节开头的功能说明（1）、（2）、（3）可知，选中或取消选中座位时都需要重新计算电影票总价，因此将计算电影票总价功能封装成函数 showTotalbill，以便在选中或取消选中座位时调用。示例代码如下：

```
var total_bill = 0 ;//总价
var pricePerTicked = 30;//单价
function showTotalbill(){
    total_bill = document.querySelectorAll(".ticket").length*pricePerTicked;
    document.querySelector('.price').innerHTML = total_bill;
}
```

上述代码声明了函数 showTotalbill，它的功能是计算电影票总价并显示在相应的位置。其中，变量 total_bill 代表电影票总价；变量 pricePerTicked 代表电影票单价；电影票总价的值是电影票单价乘以电影票数量。

由功能（4）可知，"已选座位"数量不为 0 时，"确认选座"按钮设置为可用状态，选座信息汇总区域显示；"已选座位"数量为 0 时，"确认选座"按钮设置为不可用状态，选座信息汇总区域隐藏。每次选中或取消座位时，都将执行上述过程，因此将此功能封装成函数 setTicketsinfoState。示例代码如下：

```
 1 function setTicketsinfoState (){
 2     if(document.querySelectorAll(".ticket").length>0){
 3         document.querySelector('.confirm-btn').classList.remove('disable');
 4         document.querySelector('.no-ticket').style.display = 'none';
 5         document.querySelector('.has-ticket').style.display = 'block';
 6     }
 7     else{
 8         document.querySelector('.confirm-btn').classList.add('disable');
 9         document.querySelector('.no-ticket').style.display = 'block';
10         document.querySelector('.has-ticket').style.display = 'none';
11     }
12 }
```

在上述代码中，第 1 行代码声明了函数 setTicketsinfoState；第 2~11 行代码判断选中座位的集合长度，如果大于 0，则将"确认选座"按钮设置为可用状态，并显示选座信息汇总区域；否则，执行相反的操作。

9.1.3　选座

在页面左侧区域，单击"可选座位"，将座位设置为"已选座位"；单击"已选座位"，将座位设置为"可选座位"；一次最多选 5 个座位，同时右侧座位汇总区域显示或取消已选中的座位号，并显示电影票总价。选座程序流程图如图 9-2 所示。

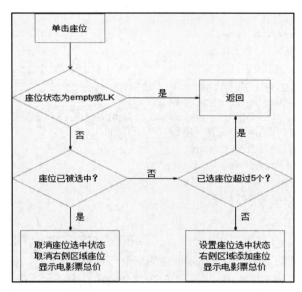

图 9-2 选座程序流程图

由于左侧选座区域是 8 排 10 列，如果为每一个座位绑定单击事件，比较消耗资源，因此可以通过事件委托为座位的父元素 "<div class="seats-wrapper">" 绑定单击事件。示例代码如下：

```
 1 document.querySelector('.seats-wrapper').onclick = function (e) {
 2    if (e.target.nodeName!="SPAN"||e.target.getAttribute('data-st') == 'E'
|| e.target.getAttribute('data-st') == 'LK')  {
 3        return;
 4    }
 5    else if (e.target.classList.contains('selected')) {
 6        e.target.classList.remove('selected');
 7        e.target.classList.add('selectable');
 8        var tickets = document.querySelectorAll(".ticket");
 9        var selectd = e.target.getAttribute('data-row-id') + '-' + e.target.
getAttribute('data-column-id');
10        for (var i = 0; i < tickets.length; i++) {
11            if (tickets[i].getAttribute('data-index') == selectd) {
12                document.querySelector(".ticket-container").removeChild(tick
ets[i]);
13                break;
14            }
15        }
16        showTotalbill();
17    } else if (document.querySelectorAll(".ticket").length >= 5) {
18        alert('一次最多选 5 个');
19    }
20    else{
21        e.target.classList.remove('selectable');
22        e.target.classList.add('selected');
23        var newUL = document.querySelector(".ticket-container");
24        var s = document.createElement('span');
25        s.setAttribute('data-row-id', e.target.getAttribute('data-row-id
```

```
'));
26        s.setAttribute('data-column-id', e.target.getAttribute('data-column
-id'));
27        s.setAttribute('data-index',e.target.getAttribute('data-row-id')+'
-'+e.target.getAttribute('data-column-id'));
28        s.className = 'ticket';
29        s.innerText = e.target.getAttribute('data-row-id') + '排' + e.target.
getAttribute('data-column-id') + '座';
30        newUL.appendChild(s);
31        showTotalbill();
32      }
33    setTicketsinfoState();
34 }
```

在上述代码中，第 1 行代码利用事件委托，为所有座位的父元素绑定单击事件及其处理程序；第 2 行代码判断如果单击的不是座位，或者单击的座位已锁定或 empty，则程序返回；第 5~16 行代码判断如果单击的座位已经处于选中状态，则取消它的选中状态，在右侧选座信息汇总区域删除对应座位号，并计算和显示电影票总价；第 17~19 行代码判断如果单击的座位处于未选中状态且已选中座位大于 5 个，则弹出提示框；第 21~32 行代码实现将选中的座位设置为选中状态，在右侧选座信息汇总区域添加座位信息，并计算和显示电影票总价；第 33 行代码调用封装的函数 setTicketsinfoState 设置右侧选座信息汇总区域的状态。

9.1.4 取消选座

单击页面右侧选座信息汇总区域座位号右上角的"×"，将座位设置为"可选座位"，同时选座信息汇总区域取消相应的座位号，并显示电影票总价。由于座位号可能有 5 个，如果为每 1 个座位号绑定单击事件，比较消耗资源，因此可以通过事件委托给座位号的父元素"<div class="ticket-container"></div>"绑定单击事件及其处理程序。示例代码如下：

```
1 document.querySelector('.ticket-container').onclick = function (e) {
2    if (document.querySelectorAll(".ticket").length <= 0) {
3      return;
4    }
5    var selected = document.querySelectorAll(".selected");
6    var ticket = e.target.getAttribute('data-index');
7    for (var i = 0; i < selected.length; i++) {
8      if (selected[i].getAttribute('data-row-id') + '-' + selected[i].get
Attribute('data-column-id') == ticket)
9      {
10        selected[i].classList.remove('selected');
11        selected[i].classList.add('selectable');
12        break;
13      }
14    }
15    e.target.parentNode.removeChild(e.target);
16    showTotalbill();
17    setTicketsinfoState();
18 }
```

在上述代码中,第 1 行代码利用事件委托,为所有座位号的父元素绑定单击事件及其处理程序;第 2 行代码判断如果座位号的集合长度小于 0,则程序返回;第 5~15 行代码将删除的座位号对应的座位设置成可选的状态;第 16、17 行代码设置右侧选座信息汇总区域的显示或隐藏,并计算和显示电影票总价。

9.2　在线网盘

在线网盘又称网络 U 盘、网络硬盘,是由互联网公司推出的在线存储服务。服务器为用户划分一定的磁盘空间,为用户免费或收费提供文件的存储、访问、备份、共享等文件管理功能。用户无论是在家中、单位或其他任何地方,只要连接到互联网,就可以管理、编辑网盘里的文件,不需要随身携带 U 盘。

本节将实现在线网盘的新建文件夹、文件操作和全选功能。案例在 Chrome 浏览器中的运行效果如图 9-3 所示。

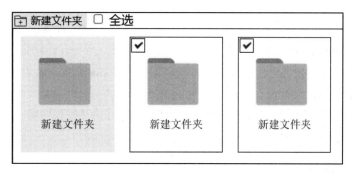

图 9-3　在线网盘效果图

9.2.1　页面布局

页面包括"新建文件夹"按钮、"全选"复选框,新建文件夹的容器和新建文件夹。HTML 代码示例如下(CSS 代码参见配套源码):

```
1 <button  id="createBtn">新建文件夹</button>
2 <input type="checkbox"  id="checkedAll"> 全选
3 <div id="box">
4   <!-- <div class="file fileActive">
5         <img src="img/folder-b.png">
6         <span>新建文件夹</span>
7         <i class="checked"></i>
8     </div> -->
9 </div>
```

在上述代码中,第 1 行代码代表"新建文件夹"按钮;第 2 行代码代表"全选"复选框;第 3 行代码代表"新建文件夹"的容器;第 4~8 行代码代表新建文件夹的 HTML 代码结构。由于新建文件夹是动态创建的,因此将第 4~8 行代码注释掉。其中,第 5 行代码代表新建文件夹的图片;第 6

行代码代表新建文件夹的名称；第 7 行代码代表新建文件夹左上角的复选框。

9.2.2 新建文件夹

由页面布局可知，单击"新建文件夹"按钮可以创建文件夹，因此为"新建文件夹"按钮绑定单击事件及其处理程序，示例代码如下：

```
1 var createBtn = document.querySelector('#createBtn');
2 var checkedAll = document.querySelector('#checkedAll');
3 var box = document.querySelector('#box');
4 createBtn.onclick = function(){
5     var file = document.createElement("div");
6     file.className = "file";
7     file.innerHTML='<img src="img/folder.png"><span>新建文件夹</span><i></i>';
8     box.appendChild(file);
9     checkedAll.checked = false;
10 };
```

在上述代码中，第 1 行代码获取页面中的"新建文件夹"按钮；第 2 行代码获取页面中的"全选"复选框；第 3 行代码获取新创建的文件夹的容器；第 4 行代码为按钮绑定单击事件及其处理程序；根据文件夹的 HTML 代码结构，第 5~8 行代码创建 1 个 div 元素，将它的 class 属性值设置为"file"，innerHTML 属性设置为"<img src="img/folder.png"><span>新建文件夹</span><i></i>"，然后添加至容器 box 中；由于新建文件夹默认没有选中，因此第 9 行代码将"全选"复选框设置为不选中状态。

9.2.3 文件夹操作

文件夹操作包括鼠标光标进入文件夹和离开文件夹。当鼠标光标进入文件夹时，改变当前文件夹的背景色和边框颜色，并显示文件夹左上角的复选框；当鼠标光标离开文件夹时，如果左上角的复选框没有选中，则还原当前文件夹的背景色和边框颜色，并隐藏文件夹左上角的复选框。

改变当前文件夹的背景色和边框颜色，并让文件夹左上角的复选框显示或隐藏，可以使用 CSS 中定义的"fileActive"类。CSS 示例代码如下：

```
.fileActive {
    border-color: #000;  //边框颜色
    background: #fff;     //背景色
}
.fileActive i {
    display: block;       //文件夹左上角的复选框显示
}
```

鼠标光标进入文件夹和离开文件夹会触发当前文件夹的 mouseover 和 mouseout 事件，由于文件夹比较多，如果为每一个文件夹绑定事件，比较消耗资源，因此可以通过事件委托为所有文件夹的父元素"<div id="box">"绑定 mouseover 和 mouseout 事件及其处理程序。示例代码如下：

```
1 box.addEventListener('mouseover', function(e) {
```

```
2    var file = null;
3    if(e.target.classList.contains("file")){
4        file = e.target;
5    } else if(e.target.parentNode.classList.contains("file")){
6        file = e.target.parentNode;
7    }
8    if(file){
9        file.classList.add("fileActive");
10   }
11 });
12 box.addEventListener('mouseout', function(e) {
13   var file = null;
14   if(e.target.classList.contains("file")){
15       file =e.target;
16   } else if(e.target.parentNode.classList.contains("file")){
17       file =e.target.parentNode;
18   }
19   if(file){
20       var checked = file.querySelector('i');
21       if(!checked.classList.contains("checked")){
22           file.classList.remove("fileActive")
23       }
24   }
25 });
```

在上述代码中，第 1 行为 box 绑定了 mouseover 事件及其处理程序；第 3~7 行代码判断触发 mouseover 事件的事件源是不是文件夹或文件夹的子元素，若是，则将代表文件夹的对象赋值给变量 file，否则 file 的值设置为 null；第 8~10 行代码判断 file 的值，如果为真，则将 file 代表的文件夹对象添加"fileActive"类的样式；第 12 行代码为 box 绑定 mouseout 事件及其处理程序；第 13~19 行代码和 mouseover 事件中的一样；第 20~23 行代码判断文件夹左上角的复选框状态，如果没有选中，则删除"fileActive"类的样式。

9.2.4　全选功能

（1）勾选"全选"复选框，使所有文件夹的选中状态和"全选"复选框的选中状态保持一致。示例代码如下：

```
1 var checkedAll = document.querySelector('#checkedAll');
2 checkedAll.onchange = function(){
3    var files = document.querySelectorAll('.file');
4    files.forEach(function(item){
5        var checked = item.querySelector('i');
6        if(checkedAll.checked){
7            item.classList.add("fileActive");
8            checked.classList.add("checked");
9        } else {
10           item.classList.remove("fileActive");
11           checked.classList.remove("checked");
12       }
```

```
13    });
14 };
```

在上述代码中，第 2 行代码为"全选"复选框绑定状态改变事件及其处理程序。第 4~13 行代码遍历所有文件夹，如果勾选"全选"复选框，则为所有文件夹的样式添加"fileActive"类，并勾选所有文件夹左上角的复选框；否则，所有文件夹的样式删除"fileActive"类，并取消勾选所有文件夹左上角的复选框。

（2）勾选文件夹左上角的复选框，如果所有文件夹左上角的复选框都处于选中状态，则"全选"复选框设置为"选中"状态，否则设置为"未选中"状态。由于文件夹左上角的复选框比较多，如果为每一个文件夹左上角的复选框绑定单击事件，会比较消耗资源，因此可以通过事件委托为所有文件夹左上角的复选框的父元素"<div id="box">"绑定单击事件。示例代码如下：

```
1 box.addEventListener('click', function(e) {
2     if(e.target.tagName == "i"){
3         e.target.classList.toggle("checked");
4         setCheckedAll();// 设置"全选"复选框状态
5     }
6 });
7 function setCheckedAll(){
8     var filesChecked = document.querySelectorAll('.file>i');
9     for(var i = 0; i < filesChecked.length; i++){
10        if(!filesChecked[i].classList.contains("checked")){
11            checkedAll.checked = false;
12            return ;
13        }
14    }
15    checkedAll.checked = true;
16 }
```

在上述代码中，第 1 行代码为所有文件夹左上角的复选框的父元素绑定单击事件及其处理程序；第 3 行代码添加或删除当前复选框样式的"checked"类；第 4 行代码调用函数 setCheckedAll 设置"全选"复选框状态；第 7~16 行代码定义函数 setCheckedAll，它用于设置"全选"复选框的状态。

9.3 "2048"游戏

在 3.5 节介绍了使用数组实现"2048"游戏关键算法的案例。本节将介绍如何实现"2048"游戏的页面布局、工具函数和键盘事件处理方法。

9.3.1 页面布局

"2048"游戏由 4 行 4 列共 16 个单元格组成。案例在 Chrome 浏览器中的运行效果如图 9-4 所示。

图 9-4　"2048"游戏效果图

HTML 示例代码如下（CSS 代码参见配套源码）：

```
<div id="con">
    <div><img value="0" src="img/0.png" /></div>
    <div><img value="0" src="img/0.png" /></div>
    <div><img value="0" src="img/0.png" /></div>
    <div><img value="0" src="img/0.png" /></div>
    <div><img value="0" src="img/0.png" /></div>
    <div><img value="0" src="img/0.png" /></div>
    <div><img value="0" src="img/0.png" /></div>
    <div><img value="0" src="img/0.png" /></div>
    <div><img value="0" src="img/0.png" /></div>
    <div><img value="0" src="img/0.png" /></div>
    <div><img value="0" src="img/0.png" /></div>
    <div><img value="0" src="img/0.png" /></div>
    <div><img value="0" src="img/0.png" /></div>
    <div><img value="0" src="img/0.png" /></div>
    <div><img value="0" src="img/0.png" /></div>
    <div><img value="0" src="img/0.png" /></div>
</div>
```

在上述代码中，"<div id="con">"代表游戏区域，1 个"<div><img value="0" src="img/0.png" /></div>"元素代表一个单元格，共有 16 个。在每个单元格内嵌入了一幅图片代表游戏数字，value 属性值是图片代表的数字。游戏初始化，单元格均显示"0.png"，代表数字 0。数字图片素材效果图如图 9-5 所示。

图 9-5　数字图片素材效果图

9.3.2 工具函数

案例用到的工具函数共有 3 个：生成随机数字函数 create、单元格移动函数 run、数据转换函数 dataTransfer。其中数据转换函数算法已在 3.5 节介绍过，本小节介绍生成随机数字函数和单元格移动函数的封装。

1. 生成随机数字函数

页面加载后在 16 个单元格内随机生成一个数字 2；用户按键移动单元格后，需要在 16 个单元格内重新随机生成一个数字 2。因此，将生成随机数字的功能封装成函数。示例代码如下：

```
 1 var imgs = document.querySelectorAll('img');
 2 function create() {
 3    var random = Math.floor(Math.random() * imgs.length);
 4    if (imgs[random].getAttribute('value') == 0) {
 5        imgs[random].setAttribute('value', 2);
 6        imgs[random].src = 'img/2.png';
 7    } else {
 8        create();
 9    }
10 }
```

上述代码封装了函数 create。该函数中，首先生成随机数，随机数的范围是 0~15。然后随机获取 16 个格子中的 1 个，如果格子的数字图片是"0.png"，则将数字图片设置为"2.png"；如果格子的数字图片不是"0.png"，说明此格子已有数据，重新执行函数 create。

2. 单元格移动函数

用户通过按键"↑""→""↓""←"移动单元格，这四个按键的区别只是方向不同，单元格移动的方法是相同的。因此，将单元格移动的功能封装成函数。示例代码如下：

```
 1 function run(arr) {
 2    var  newValue = dataTransfer([
 3    Number(imgs[arr[0]].getAttribute('value')),
 4    Number(imgs[arr[1]].getAttribute('value')),
 5    Number(imgs[arr[2]].getAttribute('value')),
 6    Number(imgs[arr[3]].getAttribute('value'))
 7    ]);
 8    for (var i=0; i<arr.length; i++) {
 9        imgs[arr[i]].setAttribute('value', newValue[i]);
10        imgs[arr[i]].src = 'img/'+ newValue[i] +'.png';
11    }
12 }
```

上述代码封装了函数 run。该函数中，第 2~7 行代码调用 dataTransfer 函数，将形参数组 arr 对应的单元格数据按规则转换为新的数组；第 8~11 行代码将对应单元格的 value 属性值设置为新的数据；src 属性设置为新的数字图片。例如，调用函数 run([0,1,2,3])，[0,1,2,3]代表页面中第一行的 4 个单元格，imgs[arr[0]]代表第一个单元格，imgs[arr[0]].getAttribute('value')代表第一个单元格的数字图片的值。

9.3.3　键盘事件处理

　　游戏的规则是用户通过按键"↑""→""↓""←"控制所有方块向同一个
方向运动,因此需要监听页面的键盘事件。"↑""→""↓""←"按键的键值
分别是 38、39、40、37。示例代码如下:

```
1  document.onkeydown = function (e) {
2  switch (e.keyCode) {
3    case 38: // ↑
4       run([0,4,8,12]);
5      run([1,5,9,13]);
6       run([2,6,10,14]);
7       run([3,7,11,15]);
8       break;
9    case 39: // →
10       run([3,2,1,0]);
11       run([7,6,5,4]);
12       run([11,10,9,8]);
13       run([15,14,13,12]);
14       break;
15    case 40: // ↓
16       run([12,8,4,0]);
17       run([13,9,5,1]);
18       run([14,10,6,2]);
19       run([15,11,7,3]);
20       break;
21    case 37:  // ←
22       run([0,1,2,3]);
23       run([4,5,6,7]);
24       run([8,9,10,11]);
25       run([12,13,14,15]);
26       break;
27  }
28  create();
29 }
```

　　上述代码为 document 绑定了键盘 keydown 事件及其处理程序。用户单击方向按键,控制所有
方块向同一个方向运动。以用户按"←"键为例,run([0,1,2,3])代表向左移动第 1 行的 4 个单元格;
run([4,5,6,7])代表向左移动第 2 行的 4 个单元格;run([8,9,10,11])代表向左移动第 3 行的 4 个单元格;
run([12,13,14,15])代表向左移动第 4 行的 4 个单元格。最后调用函数 create 创建随机数字 2。

9.4　轮播图

　　轮播图是指在一个模块或者窗口,通过鼠标单击或手指滑动,可以看到多幅图片。这些图片统
称为轮播图。轮播图常见于电商类应用、资讯类应用、功能首页、功能模块主页面,几乎成了所有
网站的标配,也是网站的一大看点和亮点。轮播图默认情况下是循环轮播,如果单击某个指示块,

会直接跳转到所单击的那幅轮播图，并且图片标题及轮播指示器会同步跳转。

本节将介绍轮播图的页面布局、轮播动画和防止暴力单击功能，案例在 Chrome 浏览器中的运行效果如图 9-6 所示。

图 9-6　轮播图效果

9.4.1　页面布局

轮播图图片移动的原理是：利用浮动将所有图片依次排成一行，给这一长串图片添加一个遮罩层，每次只显示一幅图，其余的全部隐藏起来。对图片的父级元素添加绝对定位，通过控制图片的 left 属性，实现照片的整体移动。HTML 示例代码如下（CSS 代码参见配套源码）：

```
 1 <div class="w">
 2   <div class="main">
 3     <div class="focus fl">
 4        <a href="javascript:;" class="arrow-l"> &lt; </a>
 5        <a href="javascript:;" class="arrow-r"> &gt;</a>
 6        <ul>
 7            <li><a href="#"><img src="upload/1.jpg" alt=""></a> </li>
 8            <li><a href="#"><img src="upload/2.jpg" alt=""></a> </li>
 9            <li><a href="#"><img src="upload/3.jpg" alt=""></a> </li>
10          <li><a href="#"><img src="upload/4.jpeg" alt=""></a></li>
11          <li><a href="#"><img src="upload/1.jpeg" alt=""></a></li>
12        </ul>
13     </div>
14   </div>
15 </div>
```

在上述代码中，第 3 行"<div class="focus fl">"是图片区域的遮罩层，它的宽度和一幅图片的宽度保持一致，overflow 属性设置为 hidden，每次只显示一幅图片；position 属性设置为 relative，使子元素 ul 相对它进行移动。第 4~5 行代码设置图片区域左右的两个指示按钮；第 6~12 行代码是要移动的 ul 元素，以及轮播图中的所有图片。

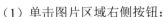

9.4.2　轮播动画

轮播动画的原理是：鼠标光标进入轮播图，每单击图片区域左侧按钮一次，ul 向右移动 1 次，移动距离是一幅图片的宽度；每单击图片区域右侧按钮一次，ul 向左移动 1 次，移动距离是一幅图片的宽度。鼠标光标离开轮播图，自动轮播。ul 移动过程中，采用缓动动画效果，即先快后慢地到达目标点。本案例调用本书 8.7 节封装的动画函数 animate() 实现轮播动画效果。

（1）单击图片区域右侧按钮：

```
1 var arrow_r = document.querySelector('.arrow-r');
2 var focus = document.querySelector('.focus');
3 var ul = focus.querySelector('ul');
4 var num = 0;
5 focus.addEventListener('mouseenter', function() {
6     arrow_l.style.display = 'block';
7     arrow_r.style.display = 'block';
8     clearInterval(timer);
9     timer = null; // 清除定时器变量
10 });
11 arrow_r.addEventListener('click', function() {
12     if (num == ul.children.length - 1) {
13         ul.style.left = 0;
14         num = 0;
15     }
16     num++;
17     animate(ul, -num * 721);
18 });
```

上述代码中，第 1~3 行代码分别获取右侧按钮、遮罩层和要移动的 ul 元素；第 5 行代码为遮罩层绑定鼠标光标进入事件及其处理程序，当鼠标光标进入时，左右按钮设置为显示状态，关闭自动轮播动画效果；第 11 行代码为右侧按钮绑定单击事件及其处理程序；在事件处理程序中，第 17 行代码调用缓动动画函数 animate 向左移动 ul，每次移动距离是 num×721，721 代表一幅图片的宽度；第 12~15 行代码判断图片是否轮播到最后一幅时，如果是，则将 ul 的 left 属性和变量 num 还原，再从第一幅图片开始继续轮播。

（2）单击图片区域左侧按钮：

和单击图片区域右侧按钮的原理一样，只是方向不同。示例代码不再赘述。

（3）自动轮播：

```
var timer = setInterval(function() {
    arrow_r.click();
}, 2000);
```

上述代码中，开启定时器，每隔 2 秒触发右侧按钮单击事件，实现自动轮播效果。

（4）鼠标离开遮罩层，自动轮播。

示例代码如下：

```
1 focus.addEventListener('mouseleave', function() {
2   arrow_l.style.display = 'none';
3   arrow_r.style.display = 'none';
4   timer = setInterval(function() {
5       //手动调用单击事件
6       arrow_r.click();
7   }, 2000);
8 });
```

上述代码为遮罩层绑定鼠标光标离开事件及其处理程序。当鼠标光标离开时，左右按钮的状态设置为隐藏；开启定时器，每隔2秒触发右侧按钮单击事件，实现自动轮播效果。

9.4.3　防止暴力单击

如果快速单击按钮触发单击事件，则会在短时间内多次调用动画函数，导致轮播图出现抖动。为了限制用户快速单击，始终保证轮播图的动画只有一个执行，需要优化单击事件处理程序。示例代码如下：

```
1 var flag = true;
2 arrow_r.addEventListener('click', function() {
3   if (flag) {
4       flag = false;
5       if (num == ul.children.length - 1) {
6           ul.style.left = 0;
7           num = 0;
8       }
9       num++;
10      animate(ul, -num * focusWidth, function() {
11          flag = true;
12      });
13  }
14 });
```

上述代码中，第1行声明变量flag，它代表当前动画是否执行完毕，初始值为true；单击右侧按钮时，第3行代码首先判断flag的值，如果是true，则调用动画函数，并将true的值设为false，否则不执行；当本次动画结束后，第11行代码将flag设置为true，此时可以执行下一次动画。

提示： 前端轮播图种类很多，比如横向循环焦点图片、环形旋转木马视图切换、动态进入的切换图、缩放的banner图切换和分离缓动切换等。实际开发中可以采用免费开源的第三方轮播图插件来实现不同的效果，比如Swiper等。

9.5　网络购物车

在顾客网购时，网络购物车用来临时存储用户选择的商品，协助顾客从网上商场中选取商品、携带商品，并到虚拟的收银台结账。它作为平台交易转化最重要的环节之一，是电商类产品设计的标配功能。本节将实现网上购物车的页面布局、勾选商品、增减和删除商品、小计和合计等功能。

9.5.1　页面布局

购物车由一个 table 标签和一个 div 标签构成,其在 Chrome 浏览器中的运行效果如图9-7所示。

图 9-7　购物车效果

table 标签共有 5 行 6 列,第 1 行是表头,第 2~5 行的每一行都代表一个商品,依次用 td 标签存放商品的勾选框、商品缩略图及名称、商品单价、商品增减操作按钮以及小计、"删除"按钮等。div 标签存放已选商品数量、合计金额和提交订单按钮。以只有 1 个商品为例,HTML 示例代码如下(CSS 代码参见本书配套源码):

```
1  <table id="cartTable">
2  <tr>
3    <th><label><input class="check-all check" type="checkbox">全选</label>
</th>
4    <th>商品</th>
5    <th>单价</th>
6    <th>数量</th>
7    <th>小计</th>
8    <th>操作</th>
9  </tr>
10 <tr class="on">
11   <td class="checkbox"><input class="check-one check" type="checkbox"></
td>
12   <td class="goods"><img src="images/1.jpg"><span>数据结构-清华大学出版社</s
pan></td>
13   <td class="price">28</td>
14   <td class="count">
15     <span class="reduce"></span>
16     <input class="count-input" type="text" value="1">
17     <span class="add">+</span>
```

```
18      </td>
19      <td class="subtotal">28</td>
20      <td class="operation"><span class="delete">删除</span></td>
21   </tr>
22 </table>
23 <div class="foot" id="foot">
24    <div class="fr closing">提交订单</div>
25    <div class="fr total">合计：¥<span id="priceTotal">0</span></div>
26    <div class="fr selected" id="selected">   已选商品<span id="selectedTota
l">0</span>件</div>
27 </div>
```

在上述代码中，第 1~22 行代码定义了表格标签，其中第 2~9 行代码定义了表头，表格第 1 行的第 1 个单元格是全选框；第 10~21 行代码定义了表格的第 2 行，共有 5 个单元格，依次存放商品的勾选框、商品缩略图及名称、商品单价、商品增减操作按钮以及小计、"删除"按钮等；第 23~27 行代码定义了 div 标签，依次存放已选商品数量、合计金额和"提交订单"按钮。

9.5.2　工具函数

（1）用户单击表格任意一行内的商品增减操作按钮，同一行的小计金额都会根据数量的变化而变化，因此应封装函数实现金额小计功能。示例代码如下：

```
1 function getSubtotal(tr) {
2   var cells = tr.cells;
3   var price = cells[2];
4   var countInput = tr.getElementsByTagName('input')[1];
5   var subtotal = (parseInt(countInput.value) * parseFloat(price.innerHTM
L)).toFixed(2);
6   cells[4].innerHTML = subtotal;
7   var span = tr.getElementsByTagName('span')[1];
8   if (countInput.value == 1) {
9     span.innerHTML = '';
10  }else{
11      span.innerHTML = '-';
12  }
13 }
```

上述代码中定义了函数 getSubtotal，它根据单价和数量计算小计金额，并显示在页面相应的单元格中。如果数量不为 1，则将显示商品减少操作符"-"。形式参数 tr 代表进行小计的行对象。

（2）用户选中某个商品或全选商品时，已选商品数量和合计都会根据选中商品及其数量的变化而变化，因此应封装函数实现合计功能。示例代码如下：

```
1 function getTotal() {
2   var selected = 0;
3   var price = 0;
4   for (var i = 0, len = tr.length; i < len; i++) {
5     if (tr[i].getElementsByTagName('input')[0].checked) {
6         selected += parseInt(tr[i].getElementsByTagName('input')[1].valu
e);
```

```
7              price += parseFloat(tr[i].cells[4].innerHTML);
8          }
9      }
10     selectedTotal.innerHTML = seleted;
11     priceTotal.innerHTML = price.toFixed(2);
12 }
```

上述代码定义了函数 getTotal，它遍历累加每行商品的数量和小计金额，计算出已选商品数量和合计金额，并显示在页面相应的位置。

9.5.3　勾选商品

单击某行的勾选框时，如果勾选框状态是未选中，则取消全选，然后调用
getTotal 函数计算并显示已选商品数量和合计金额；单击全选框时，所有行内勾选框状态和全选框状态保持一致，然后调用 getTotal 函数计算并显示已选商品数量和合计金额。示例代码如下：

```
1 for(var i = 0; i < checkInputs.length; i++ ){
2   checkInputs[i].onclick = function () {
3       if (this.className.indexOf('check-all') >= 0) {
4           for (var j = 0; j < checkInputs.length; j++) {
5               checkInputs[j].checked = this.checked;
6           }
7       }
8       if (!this.checked) {
9           checkAllInput.checked = false;
10      }
11      getTotal();
12  }
13 }
```

上述代码中，第 1、2 行代码循环遍历所有的 checkbox，为每一个 checkbox 绑定单击事件及其处理程序；第 3~7 行代码设置所有行内勾选框状态和全选框状态保持一致；第 8~10 行代码判断当前勾选框的状态，如果是未选中，则取消全选；第 11 行代码调用 getTotal 函数计算并显示已选商品数量和合计金额。

9.5.4　增减和删除商品

表格的每一行内都有减少商品、增加商品和"删除"按钮等，可以通过事件委托为它们的父元素 tr 对象绑定单击事件及其处理程序。单击某行内的商品增减操作按钮，同一行的小计金额也会根据数量的变化而变化；单击"删除"按钮将当前行（当前商品）删除。示例代码如下：

```
1 for (var i = 0; i < tr.length; i++) {
2   tr[i].onclick = function (e) {
3       var el = e.target
4       var cls = el.className;
5       var countInput = this.getElementsByTagName('input')[1];
6       var value = parseInt(countInput.value);
7       switch (cls) {
```

```
8          case 'add':
9              countInput.value = value + 1;
10             getSubtotal(this);
11             break;
12         case 'reduce':
13             if (value > 1) {
14                 countInput.value = value - 1;
15                 getSubtotal(this);
16             }
17             break;
18         case 'delete':
19             var conf = confirm('确定删除此商品吗？');
20             if (conf) {
21                 this.parentNode.removeChild(this);
22             }
23             break;
24         }
25      getTotal();
26   }
27 }
```

在上述代码中，第 1、2 行代码循环遍历所有的 tr，为每一个 tr 绑定单击事件及其处理程序。第 3~6 行代码通过事件对象的 target 属性获取事件源，并获取事件源的 class 属性和当前行的已购商品数量。第 7~24 行代码通过 switch 语句进行判断，如果事件源是增加商品按钮，则将已购商品数量加 1，并调用 getSubtotal(this)进行小计；如果事件源是减少商品按钮，并且已购商品数量大于 1，则将已购商品数量减 1，并调用 getSubtotal(this)进行小计；如果事件源是删除商品按钮，则询问用户是否将当前行从购物车删除。第 25 行代码调用 getTotal 函数，计算并显示已选商品数量和合计金额。

9.6 放 大 镜

电商网站的商品详情页面通常提供放大镜功能，可以让用户通过小图查看大图，方便用户更清晰地查看商品细节。本节将实现放大镜的页面布局、遮罩层移动和图片放大等功能，放大镜在 Chrome 浏览器中的运行效果如图 9-8 所示。

图 9-8　放大镜效果

9.6.1　页面布局

放大镜的原理是：准备两幅相同的图片，一幅是小图，显示在商品的展示区域，另一幅是大图，用于鼠标光标在小图上移动时，按比例显示大图中的对应区域。放大镜的 HTML 示例代码如下（CSS 代码参见配套源码）：

```
1 <div class="box">
2    <img src="images/small.jpg" >
3    <div class="mask"></div>
4    <div class="big">
5        <img src="images/big.jpg"  class="bigImg">
6    </div>
7 </div>
```

在上述代码中，第 1 行代码的 div 标签是整个放大镜区域的容器；第 2 行代码的 img 标签是小图，显示在商品的展示区域；第 3 行代码的 div 标签是鼠标光标移动过程中跟随鼠标光标的遮罩层；第 4 行代码的 div 标签是大图显示的容器。遮罩层和大图默认是隐藏状态。

9.6.2　功能实现

（1）获取元素：

```
1 var box = document.querySelector('.box');
2 var mask = document.querySelector('.mask');
3 var big = document.querySelector('.big');
4 var bigIMg = document.querySelector('.bigImg');
```

上述代码中，分别获取放大镜盒子、遮罩层、显示大图的区域和大图。

（2）显示与隐藏遮罩层和大图区域：

```
1 box.addEventListener('mouseover', function () {
2    mask.style.display = 'block';
3    big.style.display = 'block';
4 })
5 box.addEventListener('mouseout', function () {
6    mask.style.display = 'none';
7    big.style.display = 'none';
8 })
```

上述代码为放大镜盒子添加 mouseover 和 mouseout 事件及其处理程序，当鼠标光标进入放大镜盒子时，遮罩层和大图区域显示；当鼠标光标离开放大镜盒子时，遮罩层和大图区域隐藏。

（3）移动遮罩层。当鼠标光标在放大镜盒子内移动时，遮罩层跟着鼠标光标移动，示例代码如下：

```
1 box.addEventListener('mousemove', function (e) {
2    var x = e.pageX - this.offsetLeft;
3    var y = e.pageY - this.offsetTop;
4    var maskX = x - mask.offsetWidth / 2;
5    var maskY = y - mask.offsetHeight / 2;
```

```
6    var maskMax = box.offsetWidth - mask.offsetWidth;
7    if (maskX <= 0) {
8        maskX = 0;
9    } else if (maskX >= maskMax) {
10       maskX = maskMax;
11   }
12   if (maskY <= 0) {
13       maskY = 0;
14   } else if (maskY >= maskMax) {
15       maskY = maskMax;
16   }
17   mask.style.left = maskX + 'px';
18   mask.style.top = maskY + 'px';
```

在上述代码中，第 1 行代码为放大镜盒子绑定鼠标光标移动事件及其处理程序；第 2~3 行代码获取鼠标光标在盒子内的坐标；第 4~5 行代码获取遮罩层的坐标；第 6~16 行代码限制遮罩层的横、纵坐标最小值为 0，最大值为盒子的宽度减去遮罩层的宽度；第 17~18 行代码设置遮罩层的横、纵坐标。

（4）按照比例移动大图。根据遮罩层在小图中的位置，按比例在大图中完成相应区域的展示，在（3）移动遮罩层的第 18 行代码后面添加以下代码：

```
// 大图能移动的总距离=大图的宽度-大图区域的宽度
19  var bigMax = bigIMg.offsetWidth - big.offsetWidth;
// 大图的横纵坐标 = 遮罩层横纵坐标*大图能移动的总距离/遮罩层能移动的总距离
20  var bigX = maskX * bigMax / maskMax;
21  var bigY = maskY * bigMax / maskMax;
// 遮罩层与大图的移动方向相反
22  bigIMg.style.left = -bigX + 'px';
23  bigIMg.style.top = -bigY + 'px';
```

第 19 行代码计算大图移动的最大距离；第 20、21 行代码计算大图的横、纵坐标；第 22~23 行代码设置大图的横、纵坐标。

9.7　本章小结

本章通过 JavaScript 的 BOM 操作、DOM 操作、表格操作、事件处理等知识，实现了电影购票、在线网盘、"2048" 游戏、轮播图、网络购物车和放大镜等常见特效。通过本章的综合实例，读者能够全面理解 ECMAScript、DOM 和 BOM 的基本原理及其在 Web 开发中的应用。

9.8　实践操作练习题

1. 轮播图功能扩展。单击图片区域左侧按钮实现轮播图轮播。
2. 购物车功能扩展。表格每一行的已购数量，允许用户输入。如果用户输入的数据不是数字，或者小于或等于 0，则将数量设置为 1，并同时更改小计和合计数值。

3. 照片墙。拖曳图片，实现照片互换位置。在 Chrome 浏览器中的运行效果如图 9-9 所示。

4. 消除小游戏。游戏区域随机落下星星图片，单击图片，图片在水平方向震动并消失，下一幅图片以更快的速度下落。如果超过 9 幅图片下落到底部，则游戏结束。在 Chrome 浏览器中的运行效果如图 9-10 所示。

图 9-9　照片墙效果

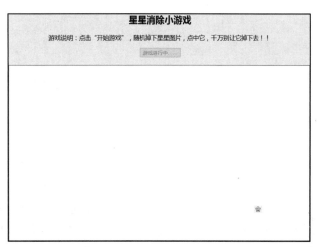

图 9-10　星星消除小游戏效果

第10章

Ajax

　　Web 开发中许多功能是由前后端数据交互实现的，例如，用户注册和登录、发表评论、查询数据等。没有前后端数据交互，就不能实现对内容进行动态和交互式的管理。本章将介绍如何通过 Ajax 技术完成前后端数据交互，以及使用 JSON 数据格式传输数据。

📖 本章知识点思维导图

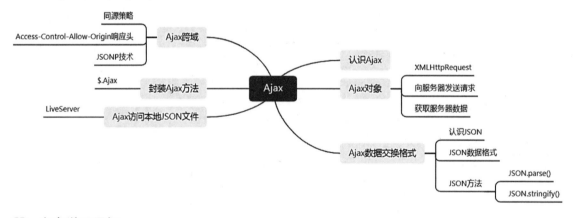

📖 本章学习目标

- 理解什么是 Ajax，能够说出 Ajax 的概念和优缺点。
- 掌握创建 Ajax 对象的方法，能够创建 Ajax 对象。
- 掌握 GET 和 POST 方式的 Ajax 请求，能够向服务器发送 Ajax 请求。
- 掌握数据交换格式，能够实现 JSON 数据格式的处理。
- 理解什么是 Ajax 跨域请求，能够利用 JSONP 实现跨域请求。
- 能够使用 Ajax 和 JSON 实现前后端数据交互。

10.1　Ajax 简介

Ajax（Asynchronous JavaScript And XML，异步 JavaScript 和 XML），是一种利用异步 JavaScript 和 XML 实现前后端数据交互的技术。Ajax 不是一门新的语言或技术，而是由 JavaScript、XML、DOM、CSS 等多种已有技术组合而成的一种浏览器端技术。Ajax 允许只更新一个 HTML 页面的部分 DOM，而无须重新加载整个页面。Ajax 还允许异步工作，因此使用 Ajax 技术可以减轻服务器的负担、节省带宽、给用户更好的体验。Ajax 早期使用 XML 来传输数据，但现在更多地通过 JSON 传输数据。

10.2　Ajax 对象

在本节中，将介绍 Ajax 核心对象 XMLHttpRequest，并通过 XMLHttpRequest 对象提供的方法和属性，向服务器发送请求和获取服务器数据。

10.2.1　创建 XMLHttpRequest 对象

在使用 Ajax 技术发送请求和处理服务器返回的数据之前，必须创建一个 Ajax 对象 XMLHttpRequest，用于与服务器交互。创建 XMLHttpRequest 对象的示例代码如下：

```
var xhr = new XMLHttpRequest();
```

10.2.2　向服务器发送请求

XMLHttpRequest 对象创建成功之后，可以调用它的 open 和 send 方法来发送请求和数据。open 和 send 方法的语法说明如表 10-1 所示。

表10-1　open和send方法的语法说明

方　　法	描　　述
open(method, url, async)	规定请求的类型： method：请求的类型（GET 或 POST） url：服务器（文件）位置 async：true（异步）或 false（同步）
send()	向服务器发送请求（用于 GET）
send("name1=value1&name2=value2…")	向服务器发送请求（用于 POST）

前后端数据交互必须在服务器环境下进行，开发人员可以自己搭建服务器，也可以使用第三方数据接口。本书通过开发人员工具的 Network 模块来获取服务器数据接口地址、需要发送给服务器的数据和服务器返回的数据，如图 10-1 所示。图 10-1 中标号 1 代表 Network 模块；标号 2 代表服务器数据接口地址和需要发送给服务器的数据；标号 3 代表服务器返回的数据。

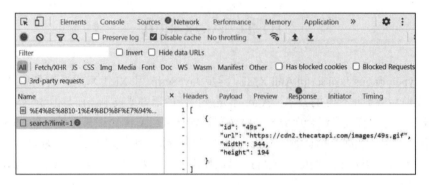

图 10-1　开发人员工具 Network 模块

- 异步方式（默认）：XMLHttpRequest 对象向服务器发送请求后，不用等待服务器响应，可以继续执行后面的代码。服务器响应后，再来处理 XMLHttpRequest 对象获取到的响应结果。
- 同步方式：XMLHttpRequest 对象向服务器发送请求后，会等待服务器响应的数据接收完成，再继续执行后面的代码。由于同步方式的 Ajax 会导致程序阻塞，对用户体验造成不利影响，因此通常情况下不推荐使用同步方式。

GET 方式适合从服务器获取数据。如果使用 GET 方式发送数据，则必须在 URL 末尾添加要发送的数据。发送的数据格式如下：

?参数名 1=参数值 1&参数名 2=参数值 2&…

示例代码如下：

```
xhttp.open("GET"," 服务器地址?key=OB4BZ-D4W3U-B7VVO", true);
xhttp.send();
```

POST 方式适合向服务器发送数据。发送数据时，前端需要设置内容的编码格式，告知服务器用什么样的格式来解析数据。使用 POST 方式发送数据，必须将数据作为 send 方法的参数。示例代码如下：

```
//设置异步请求类型和服务器地址
xhttp.open("POST", "服务器地址", true);
//设置内容的编码格式
xhr.setRequestHeader('Content-type', 'application/x-www-form-urlencoded');
//向服务器发送数据
xhttp.send("modules=ChinaVaccineTrendData ");
```

10.2.3　获取服务器数据

获取服务器数据时，需要用到 XMLHttpRequest 对象的 4 个属性，如表 10-2 所示。

表10-2　XMLHttpRequest对象的属性

属　　性	描　　述
onreadystatechange	监听 Ajax 状态的改变，每当 readyState 属性改变时，就会触发 onreadystatechange 事件

（续表）

属　　性	描　　述
readyState	XMLHttpRequest 的状态： 0：请求未初始化 1：服务器连接已建立 2：请求已接收 3：请求处理中 4：请求已完成，且响应已就绪
status	状态码： 200（成功）：服务器已成功处理了请求 400（错误请求）：400~417 表示请求可能出错
responseText	将响应信息作为字符串返回

通过事件属性 onreadystatechange 来监听 Ajax 状态的变化，示例代码如下：

```
xhr.onreadystatechange = function () {//事件监听
    if (xhr.readyState == 4 && xhr.status == 200) {//请求已完成并且状态码代表成功
        console.log(xhr.responseText)//控制台输出返回数据
    }
}
```

下面通过例 10-1 演示使用 GET 方式向服务器请求数据。

首先打开目标页面，然后打开开发人员工具的 Network 模块，其中"Fetch/XHR"选项卡列出了当前页面的 Ajax 请求，"JS"选项卡列出了当前页面的 JSONP 请求。由此可以获取接口地址、需要发送给服务器的数据和服务器返回的数据，如图 10-2 所示。图中标号 1 代表 Network 模块，标号 2 代表服务器数据接口地址和需要发送给服务器的数据，标号 3 代表服务器返回的数据。

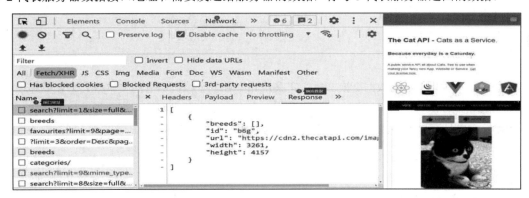

图 10-2　GET 方式向服务器请求数据

【例 10-1】使用 GET 方式获取数据

```
1  <script>
2      //创建 XMLHttpRequest 对象
3      var xhr = new XMLHttpRequest();
4      //设置异步请求类型和服务器地址
5      xhr.open("GET", "服务器地址", true);
6      //监听 Ajax 状态的变化
```

```
7   xhr.onreadystatechange = function () {
8       //请求已完成并且状态码代表成功
9       if (xhr.readyState == 4 && xhr.status == 200) {
10          //控制台输出返回数据
11          console.log(xhr.responseText)
12      }
13  }
14  //向服务器发送数据
15  xhr.send();
16 </script>
```

在例 10-1 中，第 3 行代码创建 XMLHttpRequest 对象；第 5 行代码设置异步请求类型和服务器地址，使用 GET 方式；第 7~13 行代码监听 Ajax 状态的变化，当请求已完成并且状态码代表成功时向控制台输出返回数据；第 15 行代码向服务器发送数据。例 10-1 在 Chrome 浏览器控制台中的输出结果如图 10-3 所示。

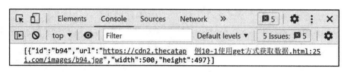

图 10-3 控制台输出返回数据

10.3 Ajax 数据交换格式

本节将介绍 Ajax 数据交换格式——JSON（JavaScript Object Notation），并通过 JSON 格式将获取的服务器数据显示在前端。

10.3.1 JSON 简介

JSON 是一种轻量级的数据交换格式。它采用完全独立于编程语言的文本格式来存储和表示数据，能够轻松地在服务器和浏览器之间传输数据，目前已成为各大网站交换数据的标准格式。

JSON 主要具有以下特性，这些特性使它成为理想的数据交换格式。

（1）JSON 是轻量级的文本数据交换格式。

（2）JSON 具有自我描述性，更易理解。

（3）JSON 采用完全独立于语言的文本格式。

10.3.2 JSON 数据格式

JSON 数据的语法格式如下：

```
{
    "名称1": 值1,
    "名称2": 值2,
    ...
```

```
    "名称 n": 值 n
}
```

JSON 使用一对花括号将键值对括起来，键名必须用双引号引起来，每个键值对之间用逗号分隔，最后一个键值对的后面不需要逗号。
值必须是以下数据类型之一。

（1）字符串。字符串必须用双引号包围，示例如下：

```
{"fullname": "东城区"}
```

（2）数字。数字必须是整数或浮点数，示例如下：

```
{ "age":30 }
```

（3）JSON 对象。值可以是一个 JSON 对象，示例如下：

```
{
    "location": {
        "lat": 28.523919,  //纬度
        "lng": 100.23114  //经度
    }
}
```

（4）数组。值可以是一个数组，示例如下：

```
{
    "pinyin": [ "dong","cheng"]
}
```

（5）布尔值。示例如下：

```
{ "sale":true }
```

（6）null。示例如下：

```
{ " fullname ":null }
```

常见的行政区划 JSON 数据格式示例如下：

```
{
    "id": "110000",            // 行政区划唯一标识，值为字符串类型
    "name": "北京",            // 简称，值为字符串类型
    "fullname": "北京市",      // 全称，值为字符串类型
    "pinyin": ["bei","jing"],  // 行政区划拼音，值为数组类型
    "location": {              // 经纬度，值为对象类型
        "lat": 39.90469,       // 纬度，值为数字类型
        "lng": 116.40717       // 经度，值为数字类型
    },
    "cidx": [0,15]// 子级行政区划在下级数组中的下标位置，值为数组类型
}
```

10.3.3 JSON 方法

JSON 本质是一个字符串，前端获取到 JSON 数据后，需要将 JSON 数据解析为 JavaScript 对象，然后通过该对象引用键名来获取对应的属性值。

JSON 包含以下两个方法实现与 JavaScript 对象的相互转换。

（1）JSON.parse 方法将 JSON 数据格式的字符串转换为 JavaScript 对象，示例如下：

```
var data = '{"name": "北京"}';        // 声明一个 JSON 数据格式的字符串
var obj = JSON.parse(data);          // 将 JSON 解析为 JavaScript 对象
console.log(obj);                    // 输出{"name": "北京"}
console.log(obj.name);               // 输出对象的 name 属性值：北京
```

（2）JSON.stringify 方法将 JavaScript 对象转换为字符串，示例如下：

```
var obj = {"name": "北京"};           // 声明一个 JavaScript 对象
var data = JSON.stringify(obj);      // 将 JavaScript 对象转换为字符串
console.log(data);                   // 输出{"name": "北京"}
console.log(typeof data);            // 输出 string
```

由例 10-1 可知，获取的 JSON 数据格式如下：

```
[{"id":"bqn","url":"https://cdn2.thecatapi.com/images/bqn.jpg","width":1024,
"height":768}]
```

例 10-2 使用 JSON.parse 方法将获取的 JSON 数据转换为 JavaScript 对象，然后通过该对象引用键名来获取对应的值，并显示在页面中。

【例 10-2】JSON 数据解析

```
1  <script>
2    var img = document.getElementById('test'); //获取页面中的图片标签
3    var xhr = new XMLHttpRequest();
4    xhr.open("GET", "服务器地址", true);
5    xhr.onreadystatechange = function () {
6      if (xhr.readyState == 4 && xhr.status == 200) {
7        //将获取的 JSON 数据解析成 JavaScript 对象
8        var resData = JSON.parse(xhr.responseText);
9        img.src = resData [0].url;
10     }
11   }
12   xhr.send();//向服务器发送请求
13 </script>
```

在例 10-2 中，第 8 行代码将获取的 JSON 数据解析成 JavaScript 对象 resData；第 9 行代码通过对象 resData 的属性获取图片地址数据，并显示在页面中。例 10-2 在 Chrome 浏览器中的输出效果如图 10-4 所示。

图 10-4　数据展示

10.4　Ajax 跨域

为了保证用户信息的安全，防止恶意的网站窃取数据，Netscape 提出了同源策略，保护本地数据不被 JavaScript 代码获取回来的数据污染。如果非同源，在请求数据时，浏览器会在控制台中显示一个异常信息，提示拒绝访问。

同源策略是指当两个页面有相同的源时，浏览器允许第一个页面的脚本访问第二个页面里的数据。同源是指域名、协议、端口都相同。例 10-1 和例 10-2 在向服务器发送 Ajax 请求时，由于域名不同，因此属于跨域请求。

跨域请求解决办法之一：为使受信任的网站之间能够跨域访问，HTML5 提供了一个新的策略，就是设置 Access-Control-Allow-Origin 响应头。服务器通过该响应头可以指定允许来自特定 URL 的跨域请求，其值可以设置为任意 URL 或特定 URL 等。运行例 10-1 程序，打开开发人员工具的 Network 模块可以看到，服务器的 Access-Control-Allow-Origin 响应头设置为*，即任意 URL，因此可以正常接收数据，如图 10-5 所示。

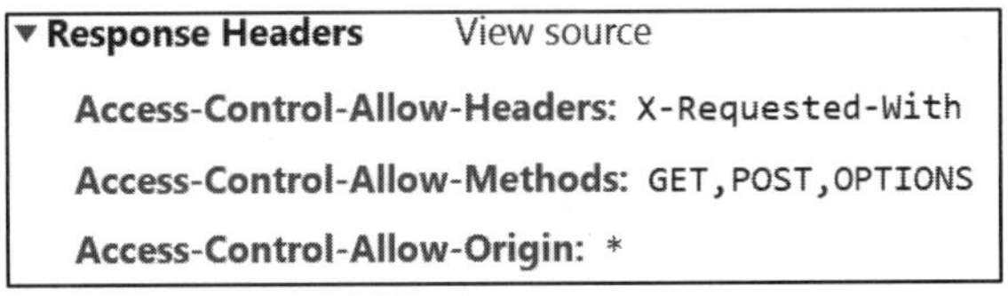

▼ Response Headers　　View source

Access-Control-Allow-Headers: X-Requested-With

Access-Control-Allow-Methods: GET,POST,OPTIONS

Access-Control-Allow-Origin: *

图 10-5　服务器允许跨域访问的响应头设置

跨域请求解决办法之二：JSONP（JSON with Padding）。JSONP 是 JSON 的一种"使用模式"，可用于解决主流浏览器的跨域数据访问的问题。

JSONP 实现跨域请求的原理：动态创建<script>标签，然后利用<script>标签的 src 属性不受同源策略约束这一特点来跨域获取数据。

JSONP 实现跨域请求的步骤说明如下：

步骤01 定义回调函数，用于接收返回的数据。

步骤02 创建< script >标签，设置其 src 属性为一个跨域的 URL，URL 中应包含上一步骤中创建的回调函数名。

步骤03 服务器收到这个请求以后，会将 JSON 数据放在回调函数的参数位置返回。

步骤 **04** 作为参数的 JSON 数据被视为 JavaScript 对象，而不是字符串，因此避免了使用 JSON.parse() 的步骤。

下面通过例 10-3 演示如何使用 JSONP 获取百度服务器搜索数据。

【例 10-3】使用 JSONP 获取百度服务器搜索数据

```
1  <script>
2      var name = 'jsonp' + Math.random().toString().replace('.', '');//定义回
调函数名
3      window[name] = function(data){//定义回调函数，将它挂载在全局对象下
4          console.log(typeof data); //输出返回数据的数据类型
5          console.log(data);//输出获取的数据
6      };
7      var script = document.createElement('script'); //创建<script>标签
8      var attr = document.createAttribute('src');// 创建<src>属性
9      //设置其 src 属性为一个跨域的 URL，包含参数 callback，其值为定义的回调函数名
10     attr.value = '服务器地址' + '?callback=' + name;
11     script.setAttributeNode(attr); //将 src 属性添加至<script>标签
12     document.body.appendChild(script); //将<script>标签添加至页面
13 </script>
```

在例 10-3 中，第 2 行代码声明随机的回调函数名称；第 3~6 行代码定义回调函数的功能，其中参数 data 用于接收服务器数据；第 7~11 行代码创建<script>标签并初始化其属性值；第 12 行代码将新创建的<script>标签添加至 body 中，浏览器会从设置的服务器地址获取 JSON 数据。例 10-3 中输入搜索词"ajax"的页面效果如图 10-6 所示。

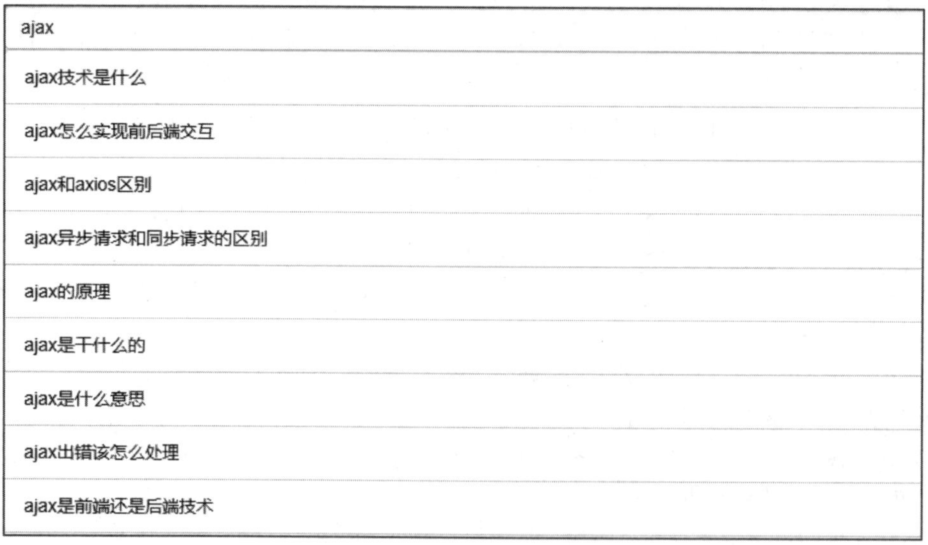

ajax
ajax技术是什么
ajax怎么实现前后端交互
ajax和axios区别
ajax异步请求和同步请求的区别
ajax的原理
ajax是干什么的
ajax是什么意思
ajax出错该怎么处理
ajax是前端还是后端技术

图 10-6 例 10-3 的页面效果

10.5　封装 Ajax 方法

由例 10-1 和例 10-2 可知，使用 Ajax 向服务器发送请求时有很多代码是重复的，比如每次都需要创建一个 XMLHttpRequest 对象；由例 10-3 可知使用 JSONP 每次都需要创建一个\<script\>标签。因此，为了解决大量重复代码的问题，在实际工作中将使用封装的 Ajax 方法。本节将介绍 jQuery 中封装的\$.Ajax 方法。它封装了 Ajax 请求，使用它可以大大简化代码。\$.Ajax 方法语法格式如下：

```
$.Ajax({
    //请求地址
    url : " ",
    //可选参数，请求方式(POST 或者 GET)，默认是 GET
    type : "",
    //可选参数，发送到服务器的数据，要求是 Object 或 string 类型的参数
    data : { }   ,
    //可选参数，请求成功
    success : function(result) {
        console.log(result);
    },
    //预期服务器返回的数据类型
    //json: 返回 JSON 数据
    //jsonp: JSONP 格式
    dataType: ' '
});
```

下面通过例 10-4 演示\$.Ajax 方法的用法。

【例 10-4】使用\$.Ajax()改写例 10-3

```
1  <!--引入 jQuery 库-->
2  <script src="js/jquery.min.js"></script>
3  <script >
4  $.Ajax({
       //请求地址
5     url:'服务器地址',
       //预期服务器返回的数据类型
6     dataType:'jsonp',
       //请求成功
7     success:function(data){
           //输出获取的数据类型，jQuery 会自动将 JSON 数据格式转换为 object 类型
8         console.log(typeof  data);
           //输出获取的数据
9         console.log(data);
10        }
11 });
12 </script>
```

在例 10-4 中，第 2 行代码引入了 jQuery 库；第 4~9 行代码调用 jQuery 库的$.Ajax 方法完成与服务器的数据交互。

10.6　案例：获取腾讯天气预报数据

天气与人们的生活息息相关，能够提前准确地预知天气是中华民族自古以来的追求。我国气象学家叶笃正不畏艰苦，为国家崛起而奋斗，在国际上为中国气象增添了亮丽的一笔。20 世纪五六十年代，他致力于大气长波理论、大气运动的适应理论和大气环流的突变理论，为中国赢得了国际学术声誉；20 世纪六七十年代，他开创了青藏高原气象学，为中国的天气预报和气象预报奠定了基础。这些都是当时国际气象研究的前沿方向。正是凭着这些原创的科学成果，叶笃正和他的同事们结束了中国千百年来"天有不测风云"的时代。

中国科学院院士、气候学专家李崇银一直保持着百分百的激情和干劲，夜以继日地学习钻研，在热带气象学、大气低频振荡及其动力学和 ENSO 循环动力学等大气科学前沿领域内取得了系统的创新性成果，为推动热带气象学及气候动力学的发展作出了贡献。他被特招入伍后，继续用自己的毕生所学为军队服务，为国家奋斗。

1. 案例呈现

本节使用$.Ajax 方法实现如图 10-7 所示的腾讯天气预报数据展示功能，数据来源是腾讯服务器。

逐小时预报 数据来源于中国天气网											
11:00	12:00	13:00	14:00	15:00	16:00	17:00	18:00	19:00	20:00	21:00	22:00
36°	37°	38°	40°	39°	39°	38°	37°	35°	34°	32°	31°

图 10-7　腾讯天气预报数据展示

2. 案例分析

首先，访问腾讯天气页面，如图 10-8 所示。然后，打开开发人员工具的 Network 模块，获取天气数据的接口地址、发送给服务器的数据和服务器返回的数据，如图 10-9 所示。其中标号 2 代表服务器数据接口地址和发送给服务器的数据，标号 3 代表服务器返回的响应数据。

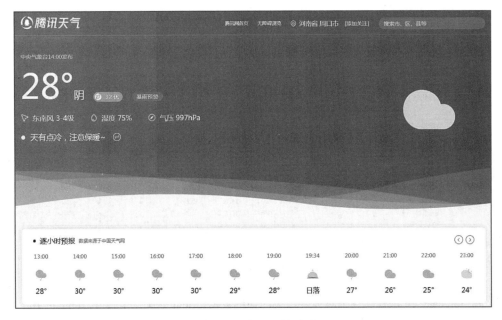

图 10-8　腾讯天气页面

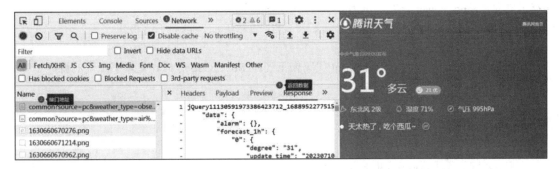

图 10-9　腾讯天气数据的接口地址及数据

$.Ajax 方法的调用示例如下：

```
 1 $.Ajax({
 2   url: '服务器地址',
 3   dataType: 'jsonp',
 4   data: {
 5     source: 'pc',
 6     weather_type: 'forecast_1h|forecast_24h',
 7     province: '北京',
 8     city: '北京'
 9   },
10   success:function(res){
11     console.log(res);//输出获取的数据
12   }
13 });
```

获取的北京天气预报数据如图 10-10 所示。

```
jQuery111301543644167228091_1688952937926({
    "data": {
        "forecast_1h": {
            "0": {
                "degree": "31",
                "update_time": "20230710080000",
                "weather": "多云",
                "weather_code": "01",
                "weather_short": "多云",
                "wind_direction": "微风",
                "wind_power": "3"
            },
            "1": {
                "degree": "32",
                "update_time": "20230710090000",
                "weather": "多云",
                "weather_code": "01",
                "weather_short": "多云",
                "wind_direction": "东北风",
                "wind_power": "3"
            },
```

图 10-10　北京天气预报数据

其中，forecast_1h 保存了逐小时天气预报的详细数据，degree 保存了温度，update_time 保存了更新时间，weather 保存了天气状况，weather_code 保存了天气图片的文件名序号，wind_direction 保存了风向，wind_power 保存了风力。

3. 案例实现

经过以上分析，本案例的 JavaScript 代码如下（HTML、CSS 代码详见本书配套的源码）：

```
1 <!--引入 jQuery 框架-->
2 <script src="js/jquery.min.js"></script>
3 <script>
4     var lsWeatherHour = document.getElementById('ls-weather-hour');
5     $.Ajax({
6         url: ' 服务器地址 ',
7         data: { source: 'pc',
             weather_type: 'forecast_1h|forecast_24h',
             province: '北京',
             city: '北京' },
8         dataType: 'jsonp',
9         success: function (data) {
10            for (var key in data.data.forecast_1h) {
11                var li = document.createElement('li');
12                li.className = 'item';
13                var p2 = document.createElement('p');
14                p2.innerHTML = data.data.forecast_1h[key].update_time.substring(8, 10) + ":" + data.data.forecast_1h[key].update_time.substring(10, 12)
15                p2.className = 'txt-time';
16                li.appendChild(p2)
17                var i = document.createElement('img');
18                i.src = "./腾讯天气_files/" + data.data.forecast_1h[key].weather_code + ".png"
19                tds[4].innerHTML = res.data.diseaseh5Shelf.chinaTotal.importedCase;
```

```
20              i.alt = data.data.forecast_1h[key].weather_short;
21              i.title = data.data.forecast_1h[key].weather_short;
22              i.className = 'icon';
23              li.appendChild(i);
24              var p1 = document.createElement('p') ;
25              p1.innerHTML = data.data.forecast_1h[key].degree + '°';
26              p1.className = 'txt-degree';
27              li.appendChild(p1) ;
28              lsWeatherHour.appendChild(li)
29          }
30      }
31   });
32 </script>
```

在上述代码中，第 1 行代码引入了 jQuery 库；第 4 行代码调用 jQuery 库的$.Ajax 方法，完成与服务器的数据交互；第 9~27 行代码将获取的数据显示在页面中。

10.7　Ajax 访问本地 JSON 文件

Ajax 可以从本地文件中获取数据，例如获取本地的 JSON 文件。

【例 10-5】使用 Ajax 访问本地 JSON 文件

```
1 <!--引入 jQuery 库-->
2 <script src="js/jquery.min.js"></script>
3 <script >
4 $.Ajax({
   //请求地址
5  url:'1.json',
   //预期服务器返回的数据类型
6  dataType:'json',
   //请求成功
7  success:function(data){
     //输出获取的数据
8    console.log(data);
9  }
10 });
11 </script>
```

在上面示例中，第 5 行代码的 url 属性的值是本地 JSON 文件的路径。这个示例在谷歌浏览器中打开时，会因为跨域而报错，这时我们需要在服务器环境中打开。

Live Server 是一个具有实时加载功能的小型服务器，可以在项目中用 Live Server 作为一个实时服务器查看开发的网页或项目效果，但是不能用于部署生产环境下的站点。

使用 Live Server 的步骤如下：

步骤01 在 VS Code 扩展中搜索 Live Server 插件并安装，如图 10-11 所示。

图 10-11 Live Server 插件

步骤 02 将数据保存在本地 JSON 文件中。

步骤 03 将发送请求的 URL 地址设置为本地 JSON 文件的路径，请求类型 dataType 设置为 "json"。

步骤 04 在 VS Code 中右击，在弹出的快捷菜单中选择 "open with Live Server" 选项，打开网页。

10.8 本章小结

本章介绍了 Ajax 概念、XMLHttpRequest 对象、向服务器发送请求、获取服务器数据、JSON 对象、Ajax 跨域、jQuery 的 $.ajax 方法和 Live Server 服务器，实现了 "获取腾讯天气预报数据" 案例。本章可使读者掌握 Ajax 技术的概念和使用方法，为后续章节内容的学习奠定基础。ECMAScript 6 中引入的 Promise、async 和 await，请查看第 12 章。

10.9 本章高频面试题

1. Ajax 请求中 POST 方式和 GET 方式的区别是什么？

（1） GET 方式请求的数据在 URL 中，POST 方式则是作为 HTTP 消息的实体内容发送给服务器。

（2）GET 方式提交的数据最多只能是 1024 字节，POST 方式则没有限制。

（3）GET 方式请求的数据会被浏览器缓存起来，因此可以从浏览器的历史记录中读取到这些数据，例如账号和密码等。在某种情况下，GET 方式会带来严重的安全问题。而 POST 方式相对来说就可以避免安全问题。

2. JSONP 的优缺点是什么？

优点：

（1）它不像 XMLHttpRequest 对象实现的 Ajax 请求那样受到同源策略的限制。

（2）它的兼容性更好，在更加古老的浏览器中也可以运行。

缺点：

使用 JSONP 的时候必须保证使用的 JSONP 服务是安全可信的。

3. Ajax 技术的优缺点是什么？

优点：

（1）页面无刷新，用户体验非常好。

（2）使用异步方式与服务器通信，具有更加迅速的响应能力。

（3）减轻服务器和带宽的负担，节约空间和带宽租用成本，并且减轻服务器的负担。

（4）基于标准化的并被广泛支持的技术，不需要下载插件和小程序。

缺点：

（1）不支持浏览器返回按钮。

（2）安全问题，例如 Ajax 暴露了与服务器交互的细节。

（3）对搜索引擎的支持比较弱。

（4）破坏了程序的异常机制。

（5）不易调试。

10.10 实践操作练习题

1. 将 JavaScript 对象{"confirm": 137655, "dead": 5700}转换为 JSON 数据格式，并在控制台中输出转换后对应的类型和值，效果如图 10-12 所示。

```
string
{"confirm":137655,"dead":5700}
```

图 10-12 练习题 1 的输出效果

2. 将 JSON 数据{"confirm": 137655, "dead": 5700}转换为 JavaScript 对象，并在控制台中输出转换后对应的类型和值，效果如图 10-13 所示。

```
object
▼ {confirm: 137655, dead: 5700} 🛈
    confirm: 137655
    dead: 5700
  ▶ [[Prototype]]: Object
```

图 10-13 练习题 2 的输出效果

第11章

基于 Ajax+ECharts 的天气预报系统

本章将综合运用 ECMAScript、BOM、DOM、Ajax 和数据可视化等知识，讲解基于 ECharts 的天气预报系统的设计与开发。本系统实现了当前天气、七日天气预报折线图、逐小时预报折线图、七日最高温最低温柱状图、湿度水球图、气压仪表盘、空气质量指数雷达图和极端天气预警等功能，实现了天气预报数据可视化，可直观地展现天气数据，传达预警信息。

📖 **本章知识点思维导图**

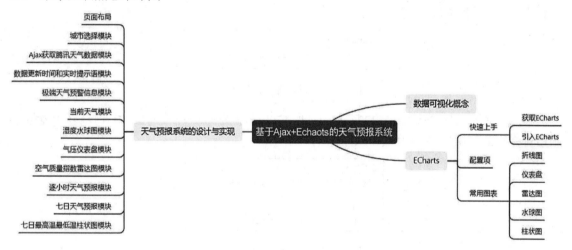

📖 **本章学习目标**

- 了解 JavaScript 常用数据可视化框架。
- 掌握 ECharts 的用法。
- 掌握基于 ECharts 的天气预报系统的设计与开发。

11.1 数据可视化简介

数据可视化是将数据转换为易于人们辨识和理解的视觉表现形式。目前人们在各个领域面对海量数据，都需要借助数据可视化技术把海量数据转换为动态图像或图形，并利用交互手段帮助人们理解数据，以便完成进一步的数据分析。

Web 页面是用户获取信息的一个入口，它也是数据可视化内容呈现和交互的主要载体。开发者利用可视化框架进行数据可视化设计，不仅能提高开发效率，也能给用户提供更好的体验。常见的数据可视化框架包括 ECharts、D3（Data-Driven Document）、Highcharts 等。

D3 是一个 JavaScript 图形库，支持高度可定制和交互式的基于 Web 的数据可视化，提供了各种简单易用的函数，大大简化了 JavaScript 操作数据的难度。

Highcharts 是一个用 JavaScript 编写的图表库，能够简单便捷地在 Web 网站或 Web 应用程序中添加有交互性的图表。Highcharts 支持的图表类型有直线图、曲线图、区域图、柱状图、饼状图、散状点图、仪表图、气泡图、瀑布流图等多达 20 种图表，其中很多图表可以集成在同一个图形中形成混合图。

实现数据可视化有多种框架选择，合理选一种适合项目的框架，充分了解它的优势和劣势，可以提高开发效率，给用户提供更好的体验。

11.2　ECharts

11.2.1　ECharts 简介

ECharts 是一款开源的基于 JavaScript 的数据可视化图表库，可以流畅地运行在个人计算机（PC）和移动设备上，兼容当前绝大多数浏览器。它底层依赖矢量图形库 ZRender，支持超过 12 类图表，同时提供 7 个功能灵活且高效的可交互组件，支持多图表、组件的联动和混搭展现，创新的拖曳重计算、数据视图、值域漫游等特性大大增强了用户体验，赋予了用户对数据进行挖掘、整合的能力，可以呈现出直观、生动、交互丰富、可高度个性化定制的数据可视化图表。ECharts 因其优良的特性而被广泛应用，成为热门的前端数据可视化图表库。

提示：在软件开发领域，团结合作的最佳途径就是开源。人人为我，我为人人。软件开源运动的发展，极大地提高了人类的工作效率，促进了全社会文明的进步。作为软件工作者，应该具备宽广的胸怀，乐于奉献，团结和服务于人民，绝不能闭门造车。

11.2.2　ECharts 快速上手

1. 获取 ECharts

ECharts 提供了多种安装方式，可以从 GitHub、npm 或 CDN 获取或者在线定制。本书介绍从镜像网站下载源码的安装方式。

打开 ECharts 官网，单击下载页面中的 Source 压缩包，解压后 dist 目录下的"echarts.js"为完整的 ECharts 功能的文件，echarts.min.js 是压缩后的版本，项目中推荐使用压缩版本以节省资源。下载页面如图 11-1 所示。

图 11-1 ECharts 官网下载页面

2. 引入 ECharts

```
<!-- 引入下载的 ECharts 压缩版 -->
<script src="echarts.min.js"></script>
```

11.2.3 配置项

在引入 ECharts 后，就可以开始绘制图表了。在绘图前，首先需要为 ECharts 准备一个定义了宽和高的 DOM 容器。示例如下：

```
<body>
  <!-- 为 ECharts 准备一个定义了宽和高的 DOM -->
  <div id="main" style="width: 600px;height:400px;"></div>
</body>
```

然后通过 ECharts.init 方法初始化一个 ECharts 实例，并通过 setOption 方法生成一个图表。其中 setOption 方法需要一个配置项作为参数。配置项使用 JSON 数据格式绘制图表，包括标题、提示信息、图例组件、X 轴、Y 轴、系列列表等选项。

【例 11-1】ECharts 快速入门

```
1  <!-- 引入 ECharts 文件 -->
2  <script src="echarts.min.js"></script>
3  <body>
4   <!-- 为 ECharts 准备一个定义了宽和高的 DOM -->
5   <div id="main" style="width: 600px;height:400px;"></div>
6   <script type="text/javascript">
7    // 基于准备好的 DOM，初始化 ECharts 实例
8    var myChart = echarts.init(document.getElementById('main'));
9    // 指定图表的配置项和数据
10   var option = {
11     //图表标题
12     title: {
13       text: 'ECharts 入门示例'
14     },
15     //图例
16     legend: {
17       data: ['销量']
18     },
19     //X 轴
20     xAxis: {
21       data: ['衬衫', '羊毛衫', '雪纺衫', '裤子', '高跟鞋', '袜子']
```

```
22      },
23    //系列列表
24    series: [
25      {
26        name: '销量',// legend 对应的名称
27        type: 'bar',// 图表类型是柱状图
28        data: [5, 20, 36, 10, 10, 20]// 数值
29      }
30    ]
31  };
32    // 使用刚指定的配置项和数据显示图表
33  myChart.setOption(option);
34  </script>
35  </body>
36  </html>
```

在例 11-1 中,第 2 行代码引入 ECharts 文件;第 5 行代码为 ECharts 准备一个定义了宽和高的 DOM;第 8 行代码调用 ECharts.init 方法初始化一个 ECharts 实例;第 27 行代码指定图表类型是柱状图;第 21 行的 data 属性是 X 轴数据;第 28 行的 data 属性是实际显示的数据,填充不同的数据可以实现不同的折线图数据效果;第 33 行代码调用 setOption 方法使用刚指定的配置项和数据显示图表。例 11-1 在 Chrome 浏览器中的运行效果如图 11-2 所示。

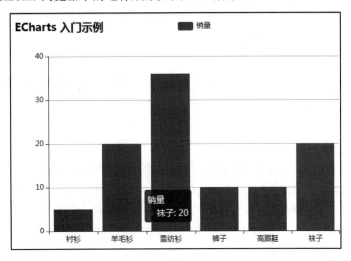

图 11-2　例 11-1 的运行效果

11.2.4　常用图表配置项

ECharts 提供了常规的折线图、柱状图、散点图、饼图、K 线图、盒形图、地图、热力图、线图、关系图、旭日图,漏斗图、仪表盘等,并且支持图与图之间的混搭。图表之间主要的区别是配置项不同。本节将介绍折线图、仪表盘、雷达图、水球图等常用图表的配置项。

1. 折线图

折线图常用配置项示例如下:

【例 11-2】ECharts 折线图常用配置项

```
1 var option = {
2   //提示信息
3   tooltip: {
4     trigger: 'axis',//触发类型：坐标轴触发
5     //指示器
6     axisPointer: {
7       type: 'line',//直线指示器
8       lineStyle: {
9         color: '#7171C6'//指示器颜色
10       }
11     },
12   },
13   //X 轴
14   xAxis: {
15     type: 'category',//类目轴, 适用于离散的类目数据, 为该类型时必须通过 data 设置
类目数据
16     data: ['Mon', 'Tue', 'Wed', 'Thu', 'Fri', 'Sat', 'Sun']//X 轴数据
17   },
18   //Y 轴
19   yAxis: {
20     type: 'value'//数值轴, 适用于连续数据
21   },
22   //系列列表
23   series: [
24     {
25       data: [150, 230, 224, 218, 135, 147, 260],//系列数据
26       type: 'line'// 图形类型是折线图
27     }
28   ]
29 };
```

在例 11-2 中，第 26 行代码指定图表类型是折线图；第 16 行的 data 属性是 X 轴数据；第 25 行的 data 属性是实际显示的数据，填充不同的数据可以实现不同的折线图数据效果。例 11-2 在 Chrome 浏览器中的运行效果如图 11-3 所示。完整代码详见配套资源中的例 11-2。

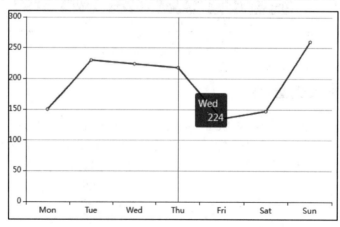

图 11-3　例 11-2 的运行效果

2. 仪表盘

仪表盘常用配置项示例如下：

【例 11-3】ECharts 仪表盘常用配置项

```
1 option = {
2   series: [{
3           min: 0,//最小值
4           max: 1500,//最大值
5           type: 'gauge',//图表类型是仪表盘
6           detail: {
7               formatter: '{value}hpa'//数据显示格式
8           },
9           data: [
10              {
11                  value: 1023,//显示的数据
12                  name: '气压'//显示的数据名称
13              }
14          ]
15  }]
16 };
```

在例 11-3 中，第 5 行代码指定图表类型是仪表盘；第 9 行的 data 属性是实际显示的数据，填充不同的数据可以实现不同的仪表盘数据效果。例 11-3 在 Chrome 浏览器中的运行效果如图 11-4 所示。完整代码详见配套资源中的例 11-3。

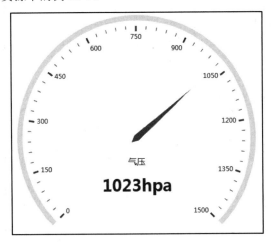

图 11-4　例 11-3 的运行效果

3. 雷达图

雷达图常用配置项示例如下：

【例 11-4】ECharts 雷达图常用配置项

```
1 option = {
2       radar: {//雷达图坐标系组件，只适用于雷达图
```

```
3               shape: 'circle',//圆形雷达
4               indicator: [//雷达图的指示器，用来指定雷达图中的多个变量（维度）
5                   { name: 'AQI', max: 300 },
6                   { name: 'PM2.5', max: 250 },
7                   { name: 'PM10', max: 300 },
8                   { name: 'CO', max: 5 },
9                   { name: 'NO2', max: 200 },
10                  { name: 'SO2', max: 100 }
11              ]
12          },
13          series: [
14              {
15                  name: '空气质量指数', //数据系列名称
16                  type: 'radar',//图表是雷达图
17                  data: [
18                      [211, 200, 123, 1.2, 134, 66, 1]
19                  ]
20              }
21          ]
22  };
```

在例 11-4 中，第 16 行代码指定图表类型是雷达图；第 17 行的 data 属性是实际显示的数据，填充不同的数据可以实现不同的雷达图数据效果。例 11-4 在 Chrome 浏览器中的运行效果如图 11-5 所示。完整代码详见配套资源中的例 11-4。

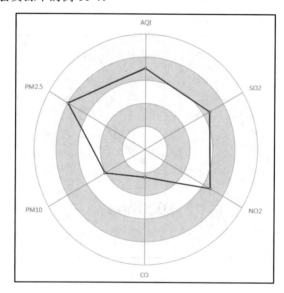

图 11-5　例 11-4 的运行效果

4. 水球图

水球图（Liquid Fill Chart）是 Echarts 的一个插件，可以用来优雅地展示百分比数据。echarts-liquidfill.js 文件可以在官方 github 项目中的 dist 目录下获取。其中，echarts-liquidfill@3 版本匹配 echarts@5 版本，echarts-liquidfill@2 版本匹配 echarts@4 版本。

水球图常用配置项示例如下：

【例 11-5】ECharts 水球图常用配置项

```
1 option = {
2   series: [{
3           type: 'liquidFill',   //图表类型是水球图
4           data: [0.5],          //数据
5           shape: 'pin'          //水球图样式
6       }]
7 };
```

在例 11-5 中，第 3 行代码指定图表类型是水球图；第 4 行的 data 属性是实际显示的数据，填充不同的数据可以实现不同的水球图数据效果；第 5 行的 shape 属性指定水球图的样式，常用水球图的样式如图 11-6 所示。例 11-5 在 Chrome 浏览器中的运行效果如图 11-7 所示。完整代码详见配套资源中的例 11-5。

图 11-6　常用水球图样式

图 11-7　例 11-5 的运行效果

11.3　案例：基于 Ajax+ECharts 的天气预报系统的设计与实现

天气预报在日常生活、农业生产、航空和军事等方面发挥着重要作用，准确及时的天气预报能够帮助经济建设和国防建设趋利避害，并在保障人民生命财产安全等方面具有极大的社会和经济效益。

11.3.1 案例呈现

本例将综合运用 BOM、DOM、Ajax 和 ECharts 等知识，实现如图 11-8 所示的基于 Ajax+ECharts 的天气预报系统。

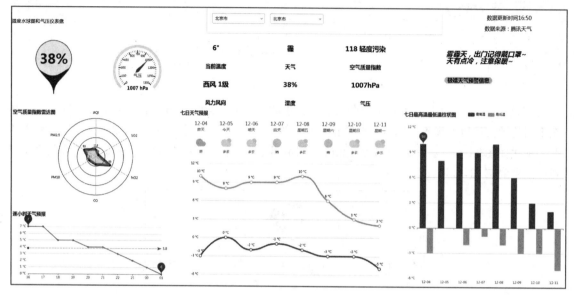

图 11-8 天气预报系统界面

11.3.2 案例分析

天气预报系统分为如下模块：当前天气、七日天气预报折线图、逐小时预报折线图、七日最高温最低温柱状图、湿度水球图、气压仪表盘、空气质量指数雷达图、极端天气预警、数据更新时间、实时提示语。第 10 章已经介绍过天气预报数据如何通过 Ajax 技术从腾讯服务器获取，本例的主要工作是处理数据，通过 ECharts 的折线图、柱状图、水球图、仪表盘、雷达图等将数据可视化。

开始编写 JavaScript 代码前，首先创建 3 个文件夹分别存放 JS 文件、CSS 文件和图片文件；然后新建 index.html 文件和 index.js 文件。在网页文件 index.html 中引入所有的 JS 文件，包括 echarts.min.js、echarts-liquidfill.js、jquery-1.10.2.min.js、streets-data.min.js、cityPicker-2.0.5.js 和 index.js。其中，streets-data.min.js 和 cityPicker-2.0.5.js 是 jQuery 城市选择器插件。

示例代码如下：

```
1 <script src="js/echarts.min.js"></script>
2 <script src="js/echarts-liquidfill.js"></script>
3 <script src="js/jquery-1.10.2.min.js"></script>
4 <script src="js/streets-data.min.js"></script>
5 <script src="js/cityPicker-2.0.5.js"></script>
6 <script src="js/index.js"></script>
```

11.3.3 页面布局

分析图 11-8，可以将数据展示分为 9 个区域，如图 11-9 所示。页面区域的划分并不是唯一的，读者可以自行划分。HTML、CSS 代码参见配套源码。

宽30%	宽40%	宽30%
湿度水球图和气压仪表盘 (高10%)	城市选择	数据更新时间 数据来源 天气提示信息 极端天气预警
湿度水球图　气压仪表盘 (高25%)	今日天气	
空气质量指数雷达图 (高35%)	七日天气预报	七日最高温最低温柱状图
逐小时天气预报 (高30%)		

图 11-9　页面布局图

11.3.4　城市选择模块

城市选择模块使用 jQuery 城市选择器插件实现。项目中需要依次引入 jquery-1.10.2.js、streets-data.min.js 和 cityPicker-2.0.5.js 文件。由于腾讯天气需要省份和城市两个参数，因此城市选择器联动效果截止到城市，不包含县乡街道。

【例 11-6】城市选择

```
1 <script src="js/jquery-1.10.2.js"></script>
2 <script src="js/streets-data.min.js"></script>
3 <script src="js/cityPicker-2.0.5.js"></script>
4 <script type="text/javascript">
5  $(function () {
6   var selector1 = $('#city-picker-search').cityPicker({
7    dataJson: cityData,
8    renderMode: true,
9    search: true,
10    autoSelected: true,
11    keyboard: true,
12    level: 2,
13    onChoiceEnd: function() {//选中城市后触发
14     console.log(this.values)//选中的数据
15    }
16   });
17   selector1.setCityVal('北京市,北京市');    // 初始化省份和城市
18  });
19 </script>
```

在例 11-6 中，第 1~3 行代码引入用到的 JS 文件；第 6 行代码调用 cityPicker()函数初始化城市选择器；第 13 行的 onChoiceEnd 事件会在选中城市后触发，可以在此获取选中的省份和城市数据，它们被保存在 values 数组中，如图 11-10 所示；第 17 行代码设置城市选择器的初始化数据。例 11-6 在 Chrome 浏览器中的运行效果如图 11-11 所示。完整代码详见配套资源中的例 11-6。

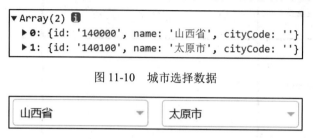

图 11-10 城市选择数据

图 11-11 城市选择

11.3.5 Ajax 获取腾讯天气数据模块

本系统需要获取的数据是 "alarm|observe|air|forecast_1h|forecast_24h|tips"。其中 alarm 保存了天气预警数据，observe 保存了当前天气数据，air 保存了空气质量指数数据，forecast_1h 保存了逐小时天气预报数据，forecast_24h 保存了七日天气预报数据，tips 保存了天气提示信息数据。示例代码如下：

```
1 <script type="text/javascript">
2 $.ajax({
3   url: '服务器地址',
4   dataType: 'jsonp',
5   data: {
6     source: 'pc',
7     weather_type: 'alarm|observe|air|forecast_1h|forecast_24h|tips',
8     province: '省份',
9     city: '城市'
10   },
11   success: function (data) {
12     console.log(data);
13   }
14 });
15 </script>
```

获取的天气预报 JSON 数据格式如图 11-12 所示。

```
▼data:
  ▶air: {aqi: 54, aqi_level: 2, aqi_name: '良', co: '1', no2: '40', …}
  ▼alarm:
    ▶0: {city: '乌鲁木齐市', detail: '乌鲁木齐市气象台2023年12月6日10时37分发布大雾黄色预警信号，目前城区能见度较低
    ▶[[Prototype]]: Object
  ▶forecast_1h: {0: {…}, 1: {…}, 2: {…}, 3: {…}, 4: {…}, 5: {…}, 6: {…}, 7: {…}, 8: {…}, 9: {…}, 10: {…}, 11
  ▶forecast_24h: {0: {…}, 1: {…}, 2: {…}, 3: {…}, 4: {…}, 5: {…}, 6: {…}, 7: {…}}
  ▶observe: {degree: '-3', humidity: '79', precipitation: '0', pressure: '906', update_time: '202312061100',
  ▼tips:
    ▶observe: {0: '雾霾天，出门记得戴口罩~', 1: '天冷了，多穿点衣服~'}
```

图 11-12 天气预报 JSON 数据格式

11.3.6　数据更新时间和实时提示语模块

获取的腾讯天气预报数据中，observe 的 update_time 属性值是数据更新时间，tips 的 observe 属性值是提示语，如图 11-12 所示。系统获取数据后，将它们显示在右上角区域。示例代码如下：

```
1 <script type="text/javascript">
2  var t =data.observe.update_time;
3  //显示数据更新时间
4  document.querySelector('#data-wrap .time').innerText = '数据更新时间' + t.
substring(8, 10) + ':' + t.substring(10);
5  //显示提示信息
6  document.querySelector('#data-wrap .tips').innerText =data.tips.observe
[0];
7 </script>
```

实现效果如图 11-13 所示，完整代码详见配套资源中的案例代码。

图 11-13　数据更新时间和实时提示语

11.3.7　极端天气预警信息模块

获取的腾讯天气预报数据中，alarm 属性保存了极端天气预警信息，如图 11-12 所示。因为并不是每个城市都有预警信息，所以需要先判断 alarm 属性值，如果其不为空，则显示"极端天气预警信息"按钮。单击该按钮，将显示遮罩层和具体的预警信息；单击关闭按钮，则隐藏遮罩层。示例代码如下：

```
1 <script type="text/javascript">
2  var alertBtn = document.querySelector('#alertBtn');//获取按钮
3  if (JSON.stringify(data.data.alarm) != "{}") {//判断有没有预警信息
4   var closeBtn = document.querySelector('#close');
5   var yjxxMask = document.querySelector('#yjxxMask'); //获取遮罩层
6   var content = document.querySelector('#yjxxMask .content');
7   alertBtn.style.display = 'block'; //显示按钮
8   alertBtn.onclick = function () {
9    yjxxMask.style.display = 'block'; //显示遮罩层
10   }
11   closeBtn.onclick = function () {
12    yjxxMask.style.display = 'none'; //隐藏遮罩层
13   }
14   content.innerHTML = data.data.alarm[0].detail; //显示预警信息
```

```
15   }
16   else{
17     alertBtn.style.display = 'none'; //隐藏按钮
18   }
19 </script>
```

实现效果如图 11-14 所示，完整代码详见配套资源中的案例代码。

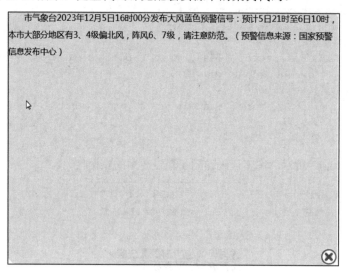

图 11-14   预警信息

11.3.8   当前天气模块

获取的腾讯天气预报数据中，observe 属性保存了当前天气信息数据，air 属性保存了空气质量指数数据，如图 11-15 和图 11-16 所示。其中，degree 代表温度；aqi_name 代表空气质量；weather 代表天气；wind_direction 代表风向；wind_power 代表风力；humidity 代表湿度；pressure 代表气压。

由于风向是一个数值，因此需要转换为对应的文字描述。示例代码如下：

```
1 <script type="text/javascript">
2   var wind_direction = ['无持续风向', '东北风', '东风', '东南风', '南风', '西南风
', '西风', '西北风', '北风'];
3   document.getElementById('temperature').innerHTML=data.observe.degree +
'°;
4   document.getElementById('weather').innerHTML =data.observe.weather;
5   document.getElementById('aqi').innerHTML =data.air.aqi + ' ' + data.data.
air.aqi_name;
6   document.getElementById('wind').innerHTML = wind_direction[data.data.obs
erve.wind_direction] + ' ' +data.observe.wind_power + '级';
7   document.getElementById('humidity').innerHTML=data.observe.humidity +'%;
8   document.getElementById('pressure').innerHTML=data.observe.pressure+'hPa
';
9 </script>
```

```
▼observe:
    degree: "1"
    humidity: "36"
    precipitation: "0"
    pressure: "881"
    update_time: "202312061405"
    weather: "浮尘"
    weather_code: "29"
    weather_short: "浮尘"
    wind_direction: "6"
    wind_power: "1"
```

```
▼air:
    aqi: 492
    aqi_level: 6
    aqi_name: "严重污染"
    co: "1"
    no2: "24"
    o3: "44"
    pm2.5: "159"
    pm10: "578"
    so2: "16"
    update_time: "202312061300"
```

图 11-15　当前天气 JSON 数据格式　　　图 11-16　空气质量指数 JSON 数据格式

实现效果如图 11-17 所示，完整代码详见配套资源中的案例代码。

6°	霾	118 轻度污染
当前温度	天气	空气质量指数
西风 1级	38%	1007hPa
风力风向	湿度	气压

图 11-17　当前天气

11.3.9　湿度水球图模块

（1）湿度数据在 observe 的 humidity 属性中，如图 11-15 所示。

（2）设置 ECharts 水球图中的配置项，示例代码如下（完整配置项代码详见配套资源中的案例代码）：

```
1 var option = {
2   series: [{
3             type: 'liquidFill',
4             data: [],
5             shape: 'pin'
6   }]
7 };
```

（3）数据渲染，填充湿度数据，示例代码如下：

```
option.series[0].data.push(data.observe.humidity * 0.01)
```

实现效果如图 11-18 所示。

图 11-18　湿度水球图

11.3.10 气压仪表盘模块

（1）气压数据在 observe 的 pressure 属性中，如图 11-15 所示。

（2）设置 ECharts 仪表盘中的配置项，示例代码如下（完整配置项代码详见配套资源中的案例代码）：

```
 1 var option = {
 2   series: [{
 3           min: 0,
 4           max: 1500,
 5           type: 'gauge',
 6           data: [
 7             {
 8               value: 1023,
 9               name: '气压'
10             }
11           ]
12   }]
13 };
```

（3）数据渲染，填充气压数据，示例代码如下：

```
option.series[0].data[0].value =data.observe.pressure;
```

实现效果如图 11-19 所示。

图 11-19　气压仪表盘

11.3.11 空气质量指数雷达图模块

（1）空气质量指数数据在 air 属性中，如图 11-16 所示。

（2）设置 ECharts 雷达图中的配置项，示例代码如下（完整配置项代码详见配套资源中的案例代码）：

```
 1 var option = {
 2            radar: {
 3               indicator: [
 4                 { name: 'AQI', max: 600 },
 5                 { name: 'PM2.5', max: 250 },
 6                 { name: 'PM10', max: 800 },
 7                 { name: 'CO', max: 5 },
 8                 { name: 'NO2', max: 200 },
 9                 { name: 'SO2', max: 100 }
```

```
10                          ]
11                    },
12              series: [
13                    {
14                          name: "空气质量指数",//数据系列名称
15                          type: "radar",//图表类型是雷达图
16                          data: []
17                    }
18              ]
19 };
```

（3）数据渲染，填充空气质量数据，示例代码如下：

```
1 var arr = [];
2 arr.push(data.air.aqi);
3 arr.push(data.air['pm2.5']);
4 arr.push(data.air.pm10);
5 arr.push(data.air.co);
6 arr.push(data.air.no2);
7 arr.push(data.air.so2);
8 option.series[0].data.push(arr)
```

显示的数据需要以数组的形式传给 data 属性。实现效果如图 11-20 所示。

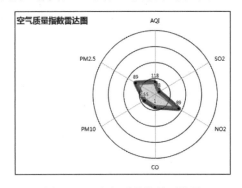

图 11-20　空气质量指数雷达图

11.3.12　逐小时天气预报模块

（1）逐小时天气预报数据保存在 forecast_1h 中，如图 11-21 所示。其中，degree 代表温度；update_time 代表小时时间；weather 代表天气；wind_direction 代表风向；wind_power 代表风力；weather_code 代表天气图标的类别代码，例如，晴天的图标文件名是"00.png"。

```
▼forecast_1h:
  ▶0: {degree: '6', update_time: '20231206190000', weather: '晴', weather_code: '00', weather_short: '晴', …}
  ▶1: {degree: '7', update_time: '20231206200000', weather: '晴', weather_code: '00', weather_short: '晴', …}
  ▶2: {degree: '7', update_time: '20231206210000', weather: '晴', weather_code: '00', weather_short: '晴', …}
  ▶3: {degree: '7', update_time: '20231206220000', weather: '晴', weather_code: '00', weather_short: '晴', …}
  ▶4: {degree: '7', update_time: '20231206230000', weather: '晴', weather_code: '00', weather_short: '晴', …}
  ▶5: {degree: '7', update_time: '202312070000000', weather: '晴', weather_code: '00', weather_short: '晴', …}
```

图 11-21　逐小时天气预报数据

（2）设置 ECharts 折线图中的配置项，示例代码如下（完整配置项代码详见配套资源中的案例代码）：

```
1  var option = {
2          xAxis: {
3              type: 'category',
4              data: []
5          },
6          yAxis: {
7              type: 'value'
8          },
9          series: [
10             {
11             type: 'line',
12             data: [],
13             markPoint: { //图表标注
14                    data: [
15                  { type: 'max', name: 'Max' }, //标注系列中的最大值
16                  { type: 'min', name: 'Min' } //标注系列中的最小值
17                    ]
18             },
19             markLine: { // 图表标线
20               data: [{ type: 'average', name: 'Avg' }] //标注平均线
21             }
22         },
23         ]
24  };
```

（3）数据渲染，填充逐小时天气预报数据。示例代码如下：

```
1 var d = new Date();
2 var hour = d.getHours()
3 for (var key = 0; key <= 24 - hour; key++) {
4   option.xAxis.data.push(data.data.forecast_1h[key].update_time.substring(8, 10))
5   option.series[0].data.push(data.data.forecast_1h[key].degree);
6 }
```

在上面示例代码中，第 1、2 行获取当前系统时间的小时数；第 4 行使用小时数值渲染折线图的横轴；第 5 行使用小时对应的温度渲染折线图的系列数据。实现效果如图 11-22 所示，其中，11 代表温度最大值；5 代表温度最小值；6.6 代表平均温度值。

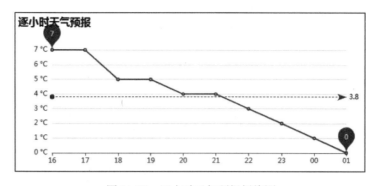

图 11-22　逐小时天气预报折线图

11.3.13　七日天气预报模块

（1）七日天气预报数据在 forecast_24h 中，如图 11-23 所示。数据一共有 8 项，第 1 项是当前日期的前一天天气数据，其余各项是接下来的七日天气预报数据。

```
▼ forecast_24h:
  ▼ 0:
      day_weather: "多云"
      day_weather_code: "01"
      day_weather_short: "多云"
      day_wind_direction: "东南风"
      day_wind_direction_code: "3"
      day_wind_power: "4"
      day_wind_power_code: "1"
      max_degree: "14"
      min_degree: "2"
      night_weather: "多云"
      night_weather_code: "01"
      night_weather_short: "多云"
      night_wind_direction: "北风"
      night_wind_direction_code: "8"
      night_wind_power: "5"
      night_wind_power_code: "2"
      time: "2023-12-05"
    ▶ [[Prototype]]: Object
  ▶ 1: {day_weather: '多云', day_weather_code: '01', day_weather_short: '多云', day_wind_direction: '西北风', day_wind_direction_code: '7', …}
  ▶ 2: {day_weather: '晴', day_weather_code: '00', day_weather_short: '晴', day_wind_direction: '南风', day_wind_direction_code: '4', …}
  ▶ 3: {day_weather: '晴', day_weather_code: '00', day_weather_short: '晴', day_wind_direction: '南风', day_wind_direction_code: '4', …}
  ▶ 4: {day_weather: '晴', day_weather_code: '00', day_weather_short: '晴', day_wind_direction: '北风', day_wind_direction_code: '8', …}
  ▶ 5: {day_weather: '小雪', day_weather_code: '14', day_weather_short: '小雪', day_wind_direction: '北风', day_wind_direction_code: '8', …}
  ▶ 6: {day_weather: '阴', day_weather_code: '02', day_weather_short: '阴', day_wind_direction: '东北风', day_wind_direction_code: '1', …}
  ▶ 7: {day_weather: '阴', day_weather_code: '02', day_weather_short: '阴', day_wind_direction: '北风', day_wind_direction_code: '8', …}
```

图 11-23　七日天气预报数据

（2）ECharts 使用多 X 轴的多折线图，即在折线图的基础上叠加了日期、星期和天气图标 3 个横轴；使用两根折线分别显示最高温和最低温，即两个数据系列。设置 ECharts 折线图中的配置项，示例代码如下（完整配置项代码详见配套资源中的案例代码）：

```
1  var option = {
2          xAxis: [
3              //日期横轴
4              {
5                  type: 'category',
6                  data: []
7              },
8              // 星期横轴
9              {
10                 type: 'category',
11                 data: ["昨天", "今天", "明天", "后天"]
```

```
12                  },
13                       // 天气图标横轴
14                  {
15                      type: 'category',
16                      axisLabel: {
17                              rich: {
18                                  0: {
19                                      backgroundColor: {
20                                          image: 'day/00.png'
21                                      }
22                                  },
23                                  1: {
24                                      backgroundColor: {
25                                          image: 'day/00.png'
26                                      }
27                                  },
28                                  2: {
29                                      backgroundColor: {
30                                          image: 'day/01.png'
31                                      }
32                                  },
33                                  3: {
34                                      backgroundColor: {
35                                          image: 'day/00.png'
36                                      }
37                                  },
38                                  4: {
39                                      backgroundColor: {
40                                          image: 'day/02.png'
41                                      }
42                                  },
43                                  5: {
44                                      backgroundColor: {
45                                          image: 'day/00.png'
46                                      }
47                                  },
48                                  6: {
49                                      backgroundColor: {
50                                          image: 'day/00.png'
51                                      }
52                                  },
53                                  7: {
54                                      backgroundColor: {
55                                          image: 'day/00.png'
56                                      }
57                                  },
58                              }
59                      },
60                      data: [0, 1, 2, 3, 4, 5, 6, 7]
61                  }
62              ],
63          yAxis: {
64                  type: 'value'
65          },
66          series: [
67                  {
68                      name: '最高气温',
69                      type: 'line',
```

```
70                          data: []
71                        },
72                        {
73                          name: '最低气温',
74                          type: 'line',
75                          data: []
76                        }
77                      ]
78  }
```

（3）数据渲染，填充七日天气预报的横轴和系列数据。示例代码如下：

```
1 var w = ["星期日", "星期一", "星期二", "星期三", "星期四", "星期五", "星期六", "
星期日", "星期一", "星期二", "星期三", "星期四", "星期五", "星期六"]
2 var day = (new Date()).getDay() + 3
3 for (var i = day; i < day + 4; i++) {
4   option.xAxis[1].data.push(w[i])
5 }
6 for (var key in data.data.forecast_24h) {
7 weatherName.push(data.data.forecast 24h[key].day weather)
8   option.xAxis[2].axisLabel.rich[key].backgroundColor.image = 'imgs/day/' +
data.data.forecast 24h[key].day weather code + '.png'
9  option.xAxis[0].data.push(data.data.forecast_24h[key].time.substring(5))
10  option.series[0].data.push(data.data.forecast 24h[key].max degree);
11  option.series[1].data.push(data.data.forecast_24h[key].min_degree)
12 }
```

在示例代码中，第 1~5 行代码渲染星期横轴的数据；第 8 行代码渲染天气图标横轴的数据；第 9 行代码渲染日期横轴的数据；第 10 行代码渲染最高温度折线图的系列数据；第 11 行代码渲染最低温度折线图的系列数据。实现效果如图 11-24 所示。

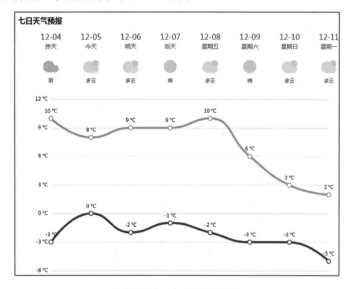

图 11-24　七日天气预报

11.3.14　七日最高温最低温柱状图模块

（1）七日天气预报数据在 forecast_24h 中，如图 11-23 所示。数据一共有 8 项，第 1 项是当前日期的前一天天气数据，其余各项是接下来的七日天气预报数据。

（2）设置 ECharts 柱状图中的配置项，示例代码如下（完整配置项代码详见配套资源中的案例代码）：

```
1  var option = {
2          yAxis: {
3                  type: 'value'
4           },
5          xAxis: {
6                  type: 'category',
7                  data: []
8           },
9          series: [
10                 {
11                  name: '最高温',
12                  type: 'bar',
13                  data: []
14                 },
15                 {
16                  name: '最低温',
17                  type: 'bar',
18                  data: []
19                 }
20          ]
21  }
```

（3）数据渲染，填充七日最高温最低温柱状图数据。示例代码如下：

```
1  for (var key in data.forecast_24h) {
2    option.xAxis.data.push(data.forecast_24h[key].time.substring(5))
3    option.series[0].data.push(data.forecast_24h[key].max_degree)
4    option.series[1].data.push(data.forecast_24h[key].min_degree)
5  }
```

在示例代码中，第 2 行渲染横轴的数据；第 3 行渲染最高温度柱状图的系列数据；第 4 行渲染最低温度柱状图的系列数据。实现效果如图 11-25 所示。

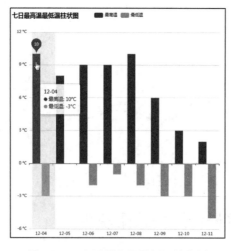

图 11-25　七日最高温最低温柱状图

11.4　本章小结

本章介绍了 JavaScript 常用数据可视化框架、ECharts 和基于 Ajax+ECharts 的天气预报系统的设计与开发。通过本章的学习，读者能够掌握 Web 前端与服务器交互的原理和实现方法，以及开发 Web 前端必备的数据可视化技术。

11.5　本章高频面试题

1. 数据可视化有什么作用？

数据可视化可以帮助人们直观地认识数据、发现异常数据、提高解释性。

2. ECharts 如何使用？

（1）引入 Echarts 库：在 HTML 文件中引入 Echarts 的 JS 文件。

（2）创建图表容器：在 HTML 中创建一个具有一定尺寸的 div 容器，用于展示图表。

（3）初始化图表：使用 Echarts 提供的初始化方法，将图表容器和一个新创建的实例对象关联起来。

（4）配置图表参数：通过设置实例对象的 option 属性，可以对图表进行各种配置，例如选择图表类型、设置数据、调整样式等。

（5）渲染图表：调用实例对象的方法，对图表进行渲染，将其展示在页面上。

3. ECharts 的主要特点有哪些？

（1）多种图表类型：ECharts 支持多种常见的图表类型，包括折线图、柱状图、饼图、散点图、雷达图、地图等，能够满足不同的数据可视化需求。

（2）丰富的交互功能：ECharts 提供了丰富的交互功能，支持数据的筛选、排序、缩放等操作，用户可以通过交互操作实现对图表数据的灵活控制和分析。

（3）强大的配置项和样式定制能力：ECharts 提供了丰富的配置项和 API，开发者可以灵活地定制图表的样式、颜色、标签、坐标轴等，以及设置动画效果，使图表更符合自己的设计需求。

（4）跨平台兼容性：ECharts 基于 JavaScript 开发，可以在多种平台上运行，包括 Web、移动端以及桌面应用，同时支持主流的浏览器和操作系统，具有很好的兼容性。

（5）数据驱动：ECharts 采用数据驱动的方式进行图表展示，用户只需提供相应的数据，ECharts 会根据数据自动生成相应的图表，简化了图表的创建过程。

（6）动态更新和实时展示：ECharts 支持动态更新数据，能够实现实时的图表展示，用户可以通过不断更新数据来反映动态变化的情况。

11.6 实践操作练习题

1. 扩展本章案例功能，实现一周平均气温折线图，标注最高温、最低温，效果如图 11-26 所示。

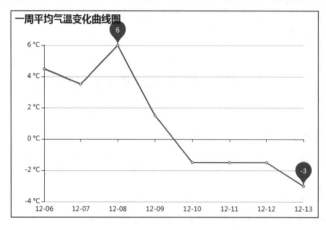

图 11-26 练习题 1 效果图

2. 设计实现一个基于 ECharts 的大学迎新实时数据可视化大屏，实现生源地报到分布流图、录取人数、报到占比、各院报到人数及报到率显示等相关数据的可视化，效果如图 11-27 所示。

图 11-27 练习题 2 效果图

3. 实现学习通的学习成绩雷达图效果，如图 11-28 所示。

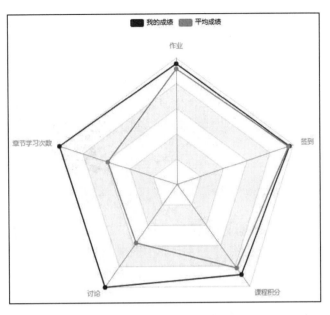

图 11-28　练习题 3 效果图

第12章

ECMAScript 6

ECMAScript 6 是对 JavaScript 的重要更新，使 JavaScript 变得更强大、更易于使用。本章将介绍 ECMAScript 6 引入的新的语法特性和改进。

📖 **本章知识点思维导图**

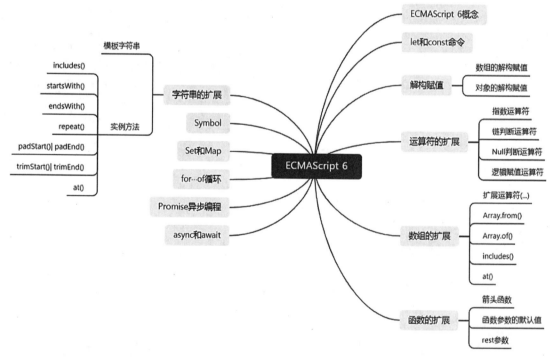

📖 **本章学习目标**

● 了解 ECMAScript 6 的概念，能够对 ECMAScript 6 有一个初步的认识。
● 掌握 ECMAScript 6 主要的新特性，能够灵活运用其新特性编写 JavaScript 程序。

12.1　ECMAScript 6　简介

ECMAScript 6（以下简称 ES6）是 JavaScript 的一个重要更新版本，于 2015 年 6 月正式通过，成为国际标准。有时也可以用 ES2015 来表示 ES6。一般情况下，ES6 是一个泛指，包含 ECMAScript 2015、 ECMAScript 2016、 ECMAScript 2017 等。

ES6 引入了许多新的语言特性和改进，使得 JavaScript 变得更加现代化、易读、易维护和更适合大型应用程序的开发。ES6 的新特性包括：块级作用域、解构赋值、模板字符串、箭头函数、Rest 参数、Spread 操作符、Class 类、Promise 异步编程、模块化、Set 和 Map、for…of 循环、includes 方法、扩展的对象字面量等。

ECMAScript 在持续发展中，截至 2024 年，最新官方版本是 ECMAScript 2024，也被称为 ECMAScript 15。虽然这些变化之处主要是对语言的细化改进，而不是什么重大的变革，但是这些改变的综合效果是继续推进语言的发展。

提示：在时代洪流中，我们要不断适应变化，才能不被淘汰。与时代同行，与人民同心，只有不断进步，才能更好地服务社会。我们应该时刻关注时代发展的脉搏，积极学习新知识，掌握新技能，不断提升自己的竞争力，为实现个人价值和社会进步做出贡献。

在使用最新的 ECMAScript 语法时，为了能够运行在当前和旧版本的浏览器或其他环境中，可以使用 Babel 等工具。Babel 是一个 JavaScript 编译器，主要用于将采用 ES6+（表示 ES6 及以上版本）语法编写的代码转换为向后兼容的 JavaScript 语法。这意味着，开发者可以用 ES6+的方式编写程序，又不用担心现有环境是否支持。示例代码如下：

```
// 转码前
var numbers = [65, 44, 12, 4];
var newarray = numbers.map(item => item + 1)
// 转码后
var numbers = [65, 44, 12, 4];
var newarray = numbers.map(function (num) {
  return num +1;
})
```

上面的原始代码用了 ES6 箭头函数，使用 Babel 将其转换为普通函数后，就能在不支持箭头函数的 JavaScript 环境中执行了。

12.2　let 和 const

ES6 新增了 let 和 const 关键字，下面详细介绍其用法。

12.2.1　let

ES6 新增的 let 关键字用于声明变量。它的用法类似于 var，显著的区别在于新增了块级作用域、不存在变量提升和不允许重复声明等方面。

1. 块级作用域

ES6 之前只有全局作用域和函数作用域，没有块级作用域，这样会带来一些不合理的场景，例如用来计数的循环变量泄露为全局变量。

```
for (var i = 0; i < 10; i++) {
  // ...
}
console.log(i);//i 的值是 10
```

在上面代码中，变量 i 只是用来控制循环，但循环结束后，它并没有消失，泄露成了全局变量。let 声明的变量只在 let 所在的代码块内有效，即 let 实际上为 JavaScript 新增了块级作用域。

```
for (let i = 0; i < 10; i++) {
  // ...
}
console.log(i);//  ReferenceError: i is not defined
```

在上面代码中，计数器 i 只在 for 循环体内有效，在循环体外引用就会报错。

2. 不存在变量提升

var 会发生"变量提升"现象，即变量可以在声明之前使用，值为 undefined。这种现象多多少少有些奇怪，按照一般的逻辑，变量应该在声明语句之后才可以使用。为了纠正这种现象，let 命令改变了语法行为，它所声明的变量一定要在声明后使用，否则报错。

```
// var 的情况
console.log(foo); // 输出 undefined
var foo = 2;
// let 的情况
console.log(bar); // 报错 ReferenceError
let bar = 2;
```

在上面代码中，变量 foo 用 var 声明，会发生变量提升，即程序开始运行时，变量 foo 已经存在了，但是没有值，所以会输出 undefined。变量 bar 用 let 声明，不会发生变量提升。这表示在声明它之前，变量 bar 是不存在的，这时如果用到它，就会抛出一个错误。

3. 不允许重复声明

let 不允许在相同作用域内重复声明同一个变量，这在语法上称为"暂时性死区"。

```
// 报错
function func() {
  let a = 10;
  var a = 1;
}
// 报错
function func() {
  let a = 10;
  let a = 1;
}
```

不能在函数内部重新声明参数。

```
function func(arg) {
  let arg;
}
func() // 报错
function func(arg) {
  {
    let arg;// 块级作用域，与参数 arg 不是同一个作用域
  }
}
func() // 正确
```

12.2.2 const

ES6 新增的 const 关键字用于声明一个只读的常量。const 声明的变量必须立即初始化，一旦声明，常量的值就不能改变。const 的作用域与 let 相同：只在声明所在的块级作用域内有效。const 声明的常量也是不提升，只能在声明的位置后面使用。const 声明的常量也与 let 一样不可重复声明。

```
const PI = 3.1415;
PI = 3;// TypeError: Assignment to constant variable
const foo;// SyntaxError: Missing initializer in const declaration
```

上面代码表示，对于 const 来说，改变常量的值或只声明不赋值，就会报错。

const 实际上保证的并不是变量的值不能改动，而是变量指向的那个内存地址所保存的数据不能改动。对于简单类型的数据（数值、字符串、布尔值），值就是保存在变量指向的那个内存地址，因此等同于常量。但对于复合类型的数据，变量指向的是内存地址，保存的只是一个指向实际数据的指针，const 只能保证这个指针是固定的（即总是指向另一个固定的地址），至于它指向的数据结构是不是可变的，就完全不能控制了。因此，将一个对象声明为常量必须非常小心。

```
const foo = {};
// 为 foo 添加一个属性，可以成功
foo.prop = 123;
// 将 foo 指向另一个对象，就会报错
foo = {}; // TypeError: "foo" is read-only
```

在上面代码中，常量 foo 储存的是一个地址，这个地址指向一个对象。不可变的只是这个地址，即不能把 foo 指向另一个地址，但对象本身是可变的，所以依然可以为其添加新属性。

```
const a = [];
a.push('Hello'); // 可执行
a = [];    // 报错
```

在上面代码中，常量 a 存储的是一个地址，这个地址指向一个数组。不可变的只是这个地址，即不能把 a 指向另一个数组，但数组本身是可变的，所以依然可以为其添加新成员。

提示：如果要存储的数据不需要更改，建议使用 const 关键字，如函数的定义、π 值或数学公式中一些恒定不变的值。由于使用 const 声明的常量，其值不能更改，且 JavaScript 解析引擎不需要实时监控值的变化，因此使用 const 关键字要比 let 关键字更高效。

12.3 解构赋值

解构表示对数据结构进行分解，赋值指为变量赋值。在 ES6 中，允许按照一一对应的方式，从数组或对象中提取值，然后将提取出来的值赋给变量。解构赋值的优点是它可以让编写的代码简洁易读，语义更加清晰，并且可以方便地从数组或对象中提取值。

12.3.1 数组的解构赋值

ES6 以前，为变量赋值只能直接指定值。

```
let a = 1;
let b = 2;
let c = 3;
```

ES6 允许写成下面这样。

```
let [a, b, c] = [1, 2, 3];
```

上面代码表示，可以从数组中提取值，按照对应位置对变量赋值。本质上，这种写法属于"模式匹配"，只要等号两边的模式相同，左边的变量就会被赋予对应的值。

另一种情况是不完全解构，即等号左边的变量只匹配等号右边的部分数组。这种情况下，解构依然可以成功。

```
let [x, y] = [1, 2, 3];//x=1,y=2
```

如果解构不成功，变量的值就等于 undefined。

```
let [foo] = [];
let [bar, foo] = [1];
```

以上两种情况都属于解构不成功，foo 的值都会等于 undefined。

【例 12-1】交换变量的值

```
1 <script>
2   let x = 1;
3   let y = 2;
4   console.log('交换前 x=' + x + ', y=' + y);
5   [x, y] = [y, x];
6   console.log('交换后 x=' + x + ', y=' + y);
7 </script>
```

在例 12-1 中，第 5 行代码使用解构赋值交换变量 x 和 y 的值，这样的写法不仅简洁，而且易读，语义非常清晰。

函数如果要返回多个值，可以将它们放在数组或对象里返回。有了解构赋值，取出这些值就非常方便。

【例 12-2】提取函数返回的多个值

```
1 <script>
```

```
2   function example() {
3     return [1, 2, 3];
4   }
5   let [a, b, c] = example();
6   console.log(a, b, c);
7 </script>
```

在例 12-2 中，第 5 行代码使用解构赋值取出函数返回的多个值。

12.3.2　对象的解构赋值

对象的解构赋值，是先找到同名属性，然后赋给对应的变量。

```
let { foo, bar } = { foo: 'aaa', bar: 'bbb' };
console.log(foo);// "aaa"
console.log(bar);// "bbb"
```

在上面代码中，变量 foo 和 bar 分别取对象的属性 foo 和 bar 的值。

对象的解构与数组有一个重要的不同。数组的元素是按次序排列的，变量的取值由它的位置决定；而对象的属性没有次序，变量必须与属性同名，才能取到正确的值。

```
let { bar, foo } = { foo: 'aaa', bar: 'bbb' };
console.log(foo);// "aaa"
console.log(bar);// "bbb"
```

在上面代码中，等号左边的两个变量的次序，与等号右边两个同名属性的次序不一致，但是对取值完全没有影响。

```
let { baz } = { foo: 'aaa', bar: 'bbb' };
console.log(bar); // undefined
```

在上面代码中，变量 baz 没有对应的同名属性，导致解构失败，取不到值，最后等于 undefined。

【例 12-3】提取 JSON 数据

```
1 <script>
2   let jsonData = {
3     id: 42,
4     status: "OK",
5     data: [867, 5309]
6   };
7   let { id, status, data } = jsonData;
8   console.log(id, status, data); // 42 "OK" [867, 5309]
9 </script>
```

在例 12-3 中，第 7 行代码使用对象解构赋值，可以快速提取 JSON 数据的值。

提示：解构赋值还有字符串的解构赋值、数值和布尔值的解构赋值、函数参数的解构赋值等，读者可查阅相关资料。

12.4 运算符的扩展

本节介绍 ES6 及后续标准添加的一些运算符。

12.4.1 指数运算符

指数运算符（**）与 Math.pow(x, y)一样，计算 x 的 y 次幂。

```
2 ** 2 // 计算 2 的 2 次方，结果是 4
2 ** 3 // 计算 2 的 3 次方，结果是 8
```

这个运算符的一个特点是右结合，而不是常见的左结合，即多个指数运算符连用时，是从最右边开始计算的。

```
2 ** 3 ** 2 // 相当于 2 ** (3 ** 2)
```

在上面代码中，首先计算的是第二个指数运算符，而不是第一个。

指数运算符可以与等号结合，形成一个新的赋值运算符（**=）。

```
let a = 1.5;
a **= 2;// 等同于 a = a * a;
let b = 4;
b **= 3;// 等同于 b = b * b * b;
```

12.4.2 链判断运算符

如果要读取对象内部的某个属性，往往需要判断属性的上层对象是否存在。比如，读取 message.body.user.firstName 这个属性，安全的写法是写成下面这样。

```
// 错误的写法
const firstName = message.body.user.firstName || 'default';
// 正确的写法
const firstName = (message && message.body && message.body.user && message.body.user.firstName) || 'default';
```

在上面例子中，firstName 属性在对象的第四层，所以需要判断 4 次，每一层是否有值。

三元运算符（?:）也常用于判断对象是否存在。

```
const fooInput = myForm.querySelector('input')
const fooValue = fooInput ? fooInput.value : undefined
```

在上面例子中，必须先判断 fooInput 是否存在，才能读取 fooInput.value。

这样的层层判断非常麻烦，因此 ES2020 引入了链判断运算符 "?." 来简化上面的写法。

```
const firstName = message?.body?.user?.firstName || 'default';
const fooValue = myForm.querySelector('input')?.value
```

上面代码使用了 "?." 运算符，直接在链式调用的时候判断左侧的对象是否为 null 或 undefined，如果是，就不再往下运算，而是返回 undefined。

链判断运算符（?.）有 3 种写法：

```
obj?.prop // 对象属性是否存在
obj?.[expr] //对象属性是否存在
func?.(...args) // 函数或对象方法是否存在
```

下面是"?."运算符常见形式，以及不使用该运算符时的等价形式。

```
a?.b// 等同于 a == null ? undefined : a.b
a?.[x]// 等同于 a == null ? undefined : a[x]
a?.b()// 等同于 a == null ? undefined : a.b()
a?.()// 等同于 a == null ? undefined : a()
```

下面例子是判断对象方法是否存在，如果存在就立即执行。

```
iterator.return?.()
```

在上面代码中，iterator.return 如果有定义，就会调用该方法，否则 iterator.return 直接返回 undefined，不再执行"?."后面的部分。

对于那些可能没有实现的方法，这个运算符尤其有用。

```
if (myForm.checkValidity?.() === false) {
  // 表单校验失败
  return;
}
```

在上面代码中，老式浏览器的表单对象可能不支持 checkValidity 这个方法，这时"?."运算符就会返回 undefined，判断语句就变成了 undefined === false，所以就会跳过下面的代码。

本质上，"?."运算符相当于一种短路机制，只要不满足条件，就不再往下执行。

```
a?.[++x] 等同于 a == null ? undefined : a[++x]
```

在上面代码中，如果 a 是 undefined 或 null，那么 x 不会进行递增运算。也就是说，链判断运算符一旦为真，右侧的表达式就不再求值。

提示： 链判断运算符右侧不得为十进制数值。为了保证兼容以前的代码，允许"foo?.3:0"被解析成三元运算符"foo ? .3 : 0"。因此，如果"?."后面紧跟一个十进制数字，那么"?."不再被看作一个完整的运算符，而会按照三元运算符进行处理。也就是说，那个小数点会归属于后面的十进制数字，形成一个小数。

12.4.3　Null 判断运算符

读取对象属性的时候，如果某个属性的值是 null 或 undefined，有时候需要为它们指定默认值。常见做法是通过"||"运算符指定默认值。

```
const animationDuration = response.settings.animationDuration || 300;
```

上面代码通过"||"运算符指定默认值，但是这样写是错的。开发者的原意是，只要属性的值为 null 或 undefined，默认值就会生效，但是属性的值如果为空字符串或 false 或 0，默认值也会生效。

为了避免这种情况，ES2020 引入了一个新的 Null 判断运算符"??"。它的行为类似"||"运算

符，但是只有运算符左侧的值为 null 或 undefined 时，才会返回右侧的值。

```
const animationDuration = response.settings.animationDuration ?? 300;
```

在上面代码中，默认值只有在左侧属性值为 null 或 undefined 时，才会生效。

这个运算符的一个目的就是跟链判断运算符"?."配合使用，为 null 或 undefined 的值设置默认值。

```
const animationDuration = response.settings?.animationDuration ?? 300;
```

在上面代码中，如果 response.settings 是 null 或 undefined，或者 response.settings.animationDuration 是 null 或 undefined，就会返回默认值 300。也就是说，这一行代码包括了两级属性的判断。

12.4.4　逻辑赋值运算符

ES2021 引入了 3 个新的逻辑赋值运算符，将逻辑运算符与赋值运算符进行结合，分别是或赋值运算符"||="、与赋值运算符"&&="和 Null 赋值运算符"??="。这 3 个运算符相当于先进行逻辑运算，然后根据运算结果进行赋值运算。

```
// 或赋值运算符
x ||= y // 等同于 x || (x = y)
// 与赋值运算符
x &&= y// 等同于 x && (x = y)
// Null 赋值运算符
x ??= y// 等同于 x ?? (x = y)
```

它们的一个用途是为变量或属性设置默认值。

```
// 旧的写法
user.id = user.id || 1;
// 新的写法
user.id ||= 1;
```

在上面示例中，user.id 属性如果不存在，则设为 1，新的写法比旧的写法更紧凑一些。

```
function example(opts) {
  opts.foo = opts.foo ?? 'bar';
  opts.baz ?? (opts.baz = 'qux');
}
```

在上面示例中，参数对象 opts 如果不存在属性 foo 和属性 baz，则为这两个属性设置默认值。有了 Null 赋值运算符以后，就可以统一写成下面这样。

```
function example(opts) {
  opts.foo ??= 'bar';
  opts.baz ??= 'qux';
}
```

12.5　数组的扩展

本节介绍 ES6 及后续标准添加的数组的扩展。

12.5.1　扩展运算符

扩展运算符是 3 个点（...），作用是将可迭代对象（数组、字符串、Set、Map、DOM 节点等）展开到单独的元素中。

```
console.log(...[1, 2, 3])// 1 2 3
console.log(1, ...[2, 3, 4], 5)// 1 2 3 4 5
```

【例 12-4】扩展运算符应用——函数调用

```
1 <script>
2 function add(x, y) {
3   return x + y;
4 }
5 const numbers = [4, 38];
6 console.log( add(...numbers) )// 42
7 </script>
```

在例 12-4 中，第 6 行代码 add(...numbers)是函数的调用，它使用了扩展运算符。该运算符将一个数组变为参数序列，相当于 add(4,38)。

数组是复合的数据类型，如果直接复制，只是复制了指向底层数据结构的指针，而不是克隆一个全新的数组。

```
const a1 = [1, 2];
const a2 = a1;
a2[0] = 2;
a1 // [2, 2]
```

在上面代码中，a2 并不是 a1 的克隆，而是指向同一份数据的另一个指针。修改 a2，会直接导致 a1 的变化。

扩展运算符提供了复制数组的简便写法。

【例 12-5】扩展运算符应用——浅复制数组

```
1 <script>
2 const a1 = [1, 2];
3 const a2 = [...a1];
4 </script>
```

在例 12-5 中，第 3 行代码使用了扩展运算符复制数组，a2 是 a1 的浅复制。

【例 12-6】扩展运算符应用——arguments 对象转换为数组

```
1 <script>
2 function foo() {
3   const args = [...arguments];
```

```
4   }
5 </script>
```

在上面示例中，第 3 行代码使用扩展运算符，将函数内置参数 arguments 对象转换为真正的数组。扩展运算符背后调用的是遍历器接口（Symbol.iterator），如果一个对象没有部署这个接口，就无法转换为数组。

【例 12-7】扩展运算符应用——字符串长度

扩展运算符还可以将字符串转为真正的数组。

```
[...'hello'] // [ "h", "e", "l", "l", "o" ]
```

上面的写法有一个重要的好处，就是能够正确识别 4 字节的 Unicode 字符。

```
'x\uD83D\uDE80y'.length // 4
[...'x\uD83D\uDE80y'].length // 3
```

上面代码的第一种写法，JavaScript 会将 4 字节的 Unicode 字符识别为 2 个字符，采用扩展运算符就没有这个问题。因此，正确返回字符串长度的函数，可以像下面这样写。

```
function length(str) {
  return [...str].length;
}
length('x\uD83D\uDE80y') // 3
```

凡是涉及操作 4 字节的 Unicode 字符的函数，都有这个问题。因此，最好都用扩展运算符改写。

```
let str = 'x\uD83D\uDE80y';
str.split('').reverse().join('') // 'y\uDE80\uD83Dx'
[...str].reverse().join('') // 'y\uD83D\uDE80x'
```

在上面代码中，如果不用扩展运算符，字符串的 reverse()操作就不正确。

12.5.2 Array.from()

Array.from()方法用于将两类对象转换为真正的数组：类似数组的对象（array-like object）和可遍历（iterable）的对象（包括 ES6 新增的数据结构 Set 和 Map）。

下面是一个类似数组的对象，Array.from()将它转换为真正的数组。所谓类似数组的对象，本质特征只有一点，即必须有 length 属性：

```
let arrayLike = {
  '0': 'a',
  '1': 'b',
  '2': 'c',
  length: 3
};
let arr2 = Array.from(arrayLike); // ['a', 'b', 'c']
```

在实际应用中，常见的类似数组的对象是 DOM 操作返回的 NodeList 集合，以及函数内部的 arguments 对象。Array.from()都可以将它们转换为真正的数组。

【例 12-8】元素集合转换为数组

```
1  <ul>
2    <li>全选<input type='checkbox' id='all'></li>
3    <li>Java<input type='checkbox' class='item'></li>
4    <li>javaScript<input type='checkbox' class='item'></li>
5  </ul>
6  <script>
7  var all = document.querySelector('#all')
8  var options = Array.from(document.querySelectorAll('.item'));
9  all.onchange = function () {
10   options.forEach(function (x) {
11     x.checked = all.checked
12   })
13  }
14 </script>
```

querySelectorAll()方法返回的是一个类似数组的对象。在例 12-8 中，第 8 行代码使用 Array.from()方法将获取的复选框元素集合转换为数组。因此，第 10 行代码可以使用数组的 forEach 方法遍历复选框的集合，使每一个复选框的状态和全选保持一致。

提示：扩展运算符（...）也可以将 DOM 操作返回的 NodeList 集合转换为数组。

12.5.3　Array.of()

Array.of()方法用于将一组值转换为数组。

```
Array.of(3, 11, 8) // [3,11,8]
Array.of(3) // [3]
```

这个方法的主要目的是弥补数组构造函数 Array()的不足，因为参数个数的不同会导致 Array()的行为有差异。

```
Array() // []
Array(3) // [, , ,]
Array(3, 11, 8) // [3, 11, 8]
```

在上面代码中，Array()方法没有参数、有 1 个参数、有 3 个参数时，返回的结果都不一样。只有当参数个数不少于 2 个时，Array()才会返回由参数组成的新数组。参数只有一个正整数时，实际上是指定数组的长度。Array.of()基本上可以用来替代 Array()或 new Array()，并且不存在由于参数不同而导致的重载。它的行为非常统一。

```
Array.of() // []
Array.of(undefined) // [undefined]
Array.of(1) // [1]
Array.of(1, 2) // [1, 2]
```

Array.of()总是返回由参数值组成的数组。如果没有参数，就返回一个空数组。

12.5.4 实例方法：includes()

includes()方法返回一个布尔值，表示某个数组是否包含给定的值。

```
[1, 2, 3].includes(2)    // true
[1, 2, 3].includes(4)    // false
[1, 2, NaN].includes(NaN) // true
```

该方法的第二个参数表示搜索的起始位置，默认为 0。如果第二个参数为负数，则表示倒数的位置，如果这时它大于数组长度（比如第二个参数为-4，但数组长度为 3），则会重置为从 0 开始。

```
[1, 2, 3].includes(3, 3); // false
[1, 2, 3].includes(3, -1); // true
```

没有该方法之前，通常使用数组的 indexOf()方法来检查是否包含某个值。

```
if (arr.indexOf(el) !== -1) {
  // ...
}
```

indexOf()方法有两个缺点：一是不够语义化，它的含义是找到参数值的第一个出现位置，所以要去比较是否不等于-1，表达起来不够直观；二是它内部使用严格相等运算符（===）进行判断，这会导致对 NaN 的误判。

```
[NaN].indexOf(NaN) // -1
```

includes 使用的是不一样的判断算法，就没有这个问题。

```
[NaN].includes(NaN) // true
```

12.5.5 实例方法：at()

如果要引用数组的最后一个成员，不能写成 arr[-1]，只能使用 arr[arr.length - 1]。这是因为方括号运算符在 JavaScript 语言里面不仅用于数组，还用于对象。对于对象来说，方括号里面就是键名，比如 obj[1]引用的是键名为字符串"1"的键。同理，obj[-1]引用的是键名为字符串"-1"的键。由于 JavaScript 的数组是特殊的对象，因此方括号里面的负数无法再有其他语义，也就是说，不可能添加新语法来支持负索引。

为了解决这个问题，ES2022 为数组实例增加了 at()方法，接收一个整数作为参数，返回对应位置的成员，并支持负索引。这个方法不仅可用于数组，也可用于字符串和类型数组（TypedArray）。

```
const arr = [5, 12, 8, 130, 44];
arr.at(2) // 8
arr.at(-2) // 130
```

如果参数位置超出了数组范围，则 at()返回 undefined。

```
const sentence = 'This is a sample sentence';
sentence.at(0); // 'T'
sentence.at(-1); // 'e'
sentence.at(-100) // undefined
sentence.at(100) // undefined
```

12.6　函数的扩展

本节介绍 ES6 及后续标准添加的函数的扩展。

12.6.1　箭头函数

ES6 允许使用"箭头"（=>）定义函数。箭头函数属于函数表达式，语法格式如下：

```
() => { }
```

箭头函数以圆括号开头，在圆括号中可以放置参数，圆括号的后面要跟着箭头（=>），箭头后面要写一个花括号来表示函数体，这是箭头函数的固定语法。

箭头函数调用：因为箭头函数没有名字，通常的做法是把箭头函数赋值给一个变量，变量名就是函数名，然后通过变量名去调用函数。

如果箭头函数不需要参数或需要多个参数，就使用一个圆括号代表参数部分。

```
var f = function () { return 5 };
// 等同于
var f = () => { return 5 };
var sum = function(num1, num2) {
  return num1 + num2;
};
// 等同于
var sum = (num1, num2) => { return num1 + num2;}
```

箭头函数的函数体如果只有一个表达式，可以写成一行的简写体，省略 return，直接返回该表达式。

```
var f = () => 5;
// 等同于
var f = () => { return 5 };
var sum = (num1, num2) => num1 + num2;
// 等同于
var sum = (num1, num2) => { return num1 + num2;}
```

箭头函数如果只有一个参数，可以省略圆括号。

```
var f = a => a+1;
// 等同于
var f = function (a) {
  return a+1;
};
```

如果箭头函数的代码块部分多于一条语句，就要使用花括号将它们括起来，并且使用 return 语句返回。

```
var sum = (num1, num2) => {
  num1 ++;
  return num1 + num2;
}
```

由于花括号被解释为代码块，因此如果箭头函数要直接返回一个对象，就必须在对象外面加上圆括号，否则会报错。

```
// 报错
let getTempItem = id => { id: id, name: "Temp" };
// 不报错
let getTempItem = id => ({ id: id, name: "Temp" });
```

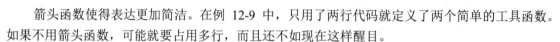

【例 12-9】箭头函数应用——判断是否为偶数和计算平方值

```
1 <script>
2   const isEven = n => n % 2 === 0; // 判断是否为偶数
3   console.log(isEven(4)); // true
4   const square = n => n * n; // 计算平方值
5   console.log(square(4)); // 16
6 </script>
```

箭头函数使得表达更加简洁。在例 12-9 中，只用了两行代码就定义了两个简单的工具函数。如果不用箭头函数，可能就要占用多行，而且还不如现在这样醒目。

使用箭头函数时，需注意 this 指向。对于普通函数来说，内部的 this 指向函数运行时所在的对象，但是这一点对箭头函数不成立。它没有自己的 this 对象，内部的 this 就是定义时上层作用域中的 this。也就是说，箭头函数内部的 this 指向是固定的，相比之下，普通函数的 this 指向是可变的。

```
function foo() {
  setTimeout(() => {
    console.log('id:', this.id);
  }, 100);
}
var id = 21;
foo.call({ id: 42 });// id: 42
```

在上面代码中，setTimeout()的参数是一个箭头函数，这个箭头函数的定义生效是在 foo 函数生成时，而它的真正执行要等到 100 毫秒后。如果是普通函数，执行时 this 应该指向全局对象 window，这时应该输出 21。但是，箭头函数导致 this 总是指向函数定义生效时所在的对象（本例是{id: 42}），所以打印出来的是 42。

下面是 Babel 转箭头函数产生的 ES5 代码，能清楚地说明 this 的指向。

```
// ES6
function foo() {
  setTimeout(() => {
    console.log('id:',this.id);
  }, 100);
}
// ES5
function foo() {
  var that = this;
  setTimeout(function () {
    console.log('id:',that.id);
  }, 100);
}
```

转换后的 ES5 代码清楚地说明了箭头函数里面根本没有自己的 this，而是引用外层的 this。

提示：

（1）箭头函数不可以当作构造函数，也就是说，不可以对箭头函数使用 new 命令，否则会抛出一个错误。

（2）箭头函数不可以使用 arguments 对象，该对象在函数体内不存在。

（3）如果函数体很复杂，有许多行，或者函数内部有大量的读写操作，不单纯是为了计算值，这时也不应该使用箭头函数，而要使用普通函数，这样可以提高代码可读性。

12.6.2　函数参数的默认值

在 ES6 之前，不能直接为函数的参数指定默认值，只能采用变通的方法。

```
function log(x, y) {
  y = y || 'World';
  console.log(x, y);
}
log('Hello') // Hello World
log('Hello', 'China') // Hello China
log('Hello', '') // Hello World
```

上面代码检查函数 log() 的参数 y 有没有赋值，如果没有，则指定默认值为 World。这种写法的缺点在于，如果参数 y 赋值了，但是对应的布尔值为 false，则该赋值不起作用。就像上面代码的最后一行，参数 y 等于空字符，结果被改为默认值。

为了避免这个问题，通常需要先判断一下参数 y 是否被赋值，如果没有，再等于默认值。

```
if (typeof y === 'undefined') {
  y = 'World';
}
```

ES6 允许为函数的参数设置默认值，即直接写在参数定义的后面。

```
function log(x, y = 'World') {
  console.log(x, y);
}
log('Hello') // Hello World
log('Hello', 'China') // Hello China
log('Hello', '') // Hello
```

可以看到，ES6 的写法比 ES5 简洁许多，而且非常自然。这样的写法有两个优点：首先，阅读代码的人可以立刻意识到哪些参数是可以省略的，不用查看函数体或文档；其次，有利于将来的代码优化，即使未来的版本在对外接口中，彻底拿掉这个参数，也不会导致以前的代码无法运行。

【例 12-10】函数参数默认值应用

```
1 <script>
2   function throwIfMissing() {
3     throw new Error('Missing parameter');
4   }
5   function foo(mustBeProvided = throwIfMissing()) {
```

```
6     return mustBeProvided;
7   }
8   foo()// Error: Missing parameter
9 </script>
```

利用参数默认值，可以指定某一个参数不能省略，如果省略就抛出一个错误。例 12-10 的 foo 函数，如果调用的时候没有参数，就会调用默认值 throwIfMissing()函数，从而抛出一个错误。

从例 12-10 中还可以看到，参数 mustBeProvided 的默认值等于 throwIfMissing()函数的运行结果（注意函数名 throwIfMissing 之后有一对圆括号），这表明参数的默认值不是在定义时执行，而是在运行时执行。如果参数已经赋值，则默认值中的函数就不会运行。

12.6.3　rest 参数

ES6 引入 rest 参数，形式为"...变量名"，用于获取函数或解构中的多余参数。rest 参数搭配的变量是一个数组，该变量将多余的参数放入数组中。rest 参数和扩展运算符的作用是相反的。

```
// 解构中的多余参数
var [a,b,...c] = [1,2,3,4,5];
console.log(a);            // 1
console.log(b);            // 2
console.log(c);            // [3,4,5]
```

在上面代码中，变量 c 是一个数组，接收解构中的多余参数，会打印出[3,4,5]。

```
// 函数中的多余参数
function sum(first, ...args) {
  console.log(first);      // 输出结果:10
  console.log(args);       // 输出结果:[20, 30]
}
sum(10, 20, 30);
```

在上面代码中，变量 args 是一个数组，接收函数剩余参数。

rest 参数一定出现在定义变量的最后，而不能出现在其他位置。

```
// 报错
function f(a, ...b, c) {
  // ...
}
```

函数的 length 属性不包括 rest 参数。

```
(function(a) {}).length        // 1
(function(...a) {}).length     // 0
(function(a, ...b) {}).length  // 1
```

12.7　字符串的扩展

本节介绍 ES6 及后续标准添加的字符串的扩展。

12.7.1　模板字符串

ES6 之前的字符串拼接写法相当烦琐不方便，ES6 引入了模板字符串来解决这个问题。

```
1 let x = 1, y = 2;
2 console.log('x=' + x + ', y=' + y); // x=1,y=2
3 console.log(`x=${x}, y=${y}`);// x=1,y=2
```

在上面代码中，第 2 行是传统的字符串拼接写法，第 3 行是 ES6 提供的模板字符串写法。

模板字符串是增强版的字符串，用反引号（``）标识。它可以当作普通字符串使用，也可以用来定义多行字符串，或者在字符串中嵌入变量。在模板字符串中嵌入变量，需要将变量名写在${}之中。花括号内部可以放入任意的 JavaScript 表达式、可以进行运算，以及引用对象属性。

```
// 普通字符串
`In JavaScript '\n' is a line-feed.` ;
// 多行字符串
`In JavaScript this is
 not legal.` ;
// 字符串中嵌入变量
let name = "Bob", time = "today";
console.log(`Hello ${name}, how are you ${time}?`);
// 在模板字符串之中进行运算
let x = 1, y = 2;
console.log(`${x} + ${y} = ${x + y}`);// 1 + 2 = 3
// 在模板字符串之中调用函数。
function fn() {
  return "Hello World";
}
console.log(`foo ${fn()} bar`);// foo Hello World bar
```

12.7.2　实例方法

ES6+引入了一些字符串对象的新增方法，如表 12-1 所示，在使用时可以查阅相关资料。

表12-1　字符串对象的新增方法

方　　法	描　　述
includes	返回布尔值，表示是否找到了参数字符串
startsWith	返回布尔值，表示参数字符串是否在原字符串的头部
endsWith	返回布尔值，表示参数字符串是否在原字符串的尾部
Repeat	返回一个新字符串，表示将原字符串重复 *n* 次
padStart padEnd	如果某个字符串不够指定长度，会在头部或尾部补全。padStart()用于头部补全，padEnd()用于尾部补全
trimStart trimEnd	trimStart()消除字符串头部的空格，trimEnd()消除尾部的空格。它们返回的都是新字符串，不会修改原始字符串
at	返回参数指定位置的字符，支持负索引（即倒数的位置）

12.8 Symbol

ES6 引入了一种新的原始数据类型 Symbol，表示独一无二的值。它属于 JavaScript 语言的原生数据类型之一。Symbol 值通过 Symbol()函数生成。

```
let s1 = Symbol();//变量 s1 是一个独一无二的值
let s2 = Symbol();//变量 s2 是一个独一无二的值
console.log(s1 === s2) // false
```

Symbol()函数可以接收一个字符串作为参数，表示对 Symbol 实例的描述，主要是为了在控制台显示，或者在转换为字符串时比较容易区分。相同参数的 Symbol()函数的返回值是不相等的。

```
let s1 = Symbol('foo');//变量 s1 是一个独一无二的值
let s2 = Symbol('bar');//变量 s2 是一个独一无二的值
console.log(s1) // Symbol(foo)
console.log(s2) // Symbol(bar)
console.log(Symbol('foo')=== Symbol('foo')) // false
```

ES6 之前的对象属性名都是字符串，这容易造成属性名的冲突。比如使用一个第三方提供的对象，但又想为这个对象添加新的方法，新方法的名字就有可能与现有方法产生冲突。数据类型 Symbol 可以从根本上防止属性名的冲突。这也是 ES6 设计出 Symbol 的初衷：解决对象的属性名冲突。

```
let mySymbol = Symbol();//变量 mySymbol 是一个独一无二的值
let a = {};
a[mySymbol] = 'Hello!';
console.log(a[mySymbol] );// "Hello!"
```

Symbol 值作为对象属性名时，不能用点运算符。

```
const mySymbol = Symbol();
const a = {};
a.mySymbol = 'Hello!';
a[mySymbol] // undefined
a['mySymbol'] // "Hello!"
```

在上面代码中，因为点运算符后面总是字符串，所以不会读取 mySymbol 作为标识名所指代的那个值，导致 a 的属性名实际上是一个字符串，而不是一个 Symbol 值。同理，在对象的内部，使用 Symbol 值定义属性时，Symbol 值必须放在方括号之中。

```
let mySymbol = Symbol();
let a = {
  [mySymbol]: 'Hello!'
};
```

在上面代码中，如果 mySymbol 不放在方括号中，则该属性的键名就是字符串 mySymbol，而不是 mySymbol 所代表的那个 Symbol 值。

【例 12-11】消除魔术字符串

魔术字符串指的是，在代码之中多次出现、与代码形成强耦合的某一个具体的字符串或者数值。风格良好的代码应该尽量消除魔术字符串，改由含义清晰的变量代替。

```
function isMan(gender) {
  switch (gender) {
    case 'man':
      console.log('男性');
    break;
    case 'woman':
      console.log('女性');
      break
  }
}
isMan('man')    //男性
```

在上面代码中，字符串 man 就是一个魔术字符串，它与代码形成"强耦合"，不利于将来的修改和维护。常用的消除魔术字符串的方法就是把它写成一个变量。

```
const gender = {
  man: 'man',
  woman: 'woman',
}
```

在上面代码中，把字符串 man 写成 gender 对象的 man 属性，这样就消除了强耦合。更进一步，可以发现 gender.man 等于哪个值并不重要，只要确保不会跟其他 gender 属性的值冲突即可。因此，这里就很适合改用 Symbol 值。

```
const gender = {
  man: Symbol(),
  woman: Symbol()
}
```

在上面代码中，除了将 gender.man 和 gender.woman 的值设为一个 Symbol 之外，其他地方都不用修改。

12.9　Set 和 Map

本节介绍 ES6 新增的两种数据结构——Set 和 Map。

12.9.1　Set

ES6 提供的新的数据结构 Set 类似于数组，但是其成员的值都是唯一的，没有重复的值。

Set()本身是一个构造函数，用来生成 Set 数据结构。Set()函数可以接收一个数组（或者具有 iterable 接口的其他数据结构）作为参数，用来初始化。

```
1 const s1 = new Set(); // 没有成员
2 console.log(s1.size);// 0
3 const s2 = new Set([1, 2, 3, 4,4]);
4 console.log(s2.size); // 4
5 const s3 = new Set('asdasda');
6 console.log(s3.size); // 3
```

　　在上面代码中，第 3 行是接收数组作为参数，第 5 行是接收字符串作为参数。Set 结构有一个 size 属性，用于返回 Set 实例的成员总数。由于成员的值都是唯一的，没有重复的值，因此第 4 行和第 6 行输出的结果是 4 和 3。

【例 12-12】去除数组中的重复成员以及字符串里的重复字符

```
1  <script>
2    // 去除数组中的重复成员
3    var array = [1, 1, 2, 3, 4, 4]
4    var b = [...new Set(array)];
5    console.log(b);// [1,2,3,4]
6    //去除字符串中的重复字符
7    var s = 'ababbc';
8    var r = [...new Set(s)].join('');
9    console.log(r);// 'abc'
10 </script>
```

　　在例 12-12 中，第 4 行和第 8 行代码通过原数组和原字符串得到一个 Set 结构数据，此时就去除了重复的值，然后使用扩展运算符展开到数组中。

　　Set 实例常用方法如表 12-2 所示。

表12-2　Set实例常用方法

方　　法	描　　述
add	添加某个值，返回 Set 结构本身
delete	删除某个值，返回一个布尔值，表示删除是否成功
has	返回一个布尔值，表示该值是否为 Set 的成员
clear	清除所有成员，没有返回值
forEach	为每个元素调用回调函数

【例 12-13】Set 实例常用方法

```
1  <script>
2    const s = new Set();
3    s.add(1);
4    s.add(2);
5    console.log(s.size); // 2
6    console.log(s.has(1)) // true
7    console.log(s.has(2)) // true
8    console.log(s.has(3)) // false
9    s.forEach((value,key)=>console.log(key+':'+value))// 1:1 2:2
10   console.log(s.delete(1)) // true
11 </script>
```

　　在例 12-13 中，第 2 行代码创建一个空的 Set 结构；第 3 行和第 4 行代码通过 add 方法增加成员；第 5 行代码通过 size 属性得到 Set 结构的长度；第 6~8 行代码判断是否含有某个值；第 9 行代码通过 forEach 遍历 Set 结构。这里需要注意，Set 结构的键名就是键值（两者是同一个值），因此第一个参数 value 与第二个参数 key 的值永远都是一样的。

12.9.2　Map

在 ES6 之前，对象（Object）只能把字符串当作键，这给它的使用带来了很大的限制。为了解决这个问题，ES6 提供了 Map 数据结构。它类似于对象，也是键值对的集合，但是"键"的范围不限于字符串，各种类型的值（包括对象）都可以当作键。也就是说，Object 结构提供了"字符串一值"的对应，Map 结构提供了"值一值"的对应，是一种更完善的 Hash 结构实现。如果需要"键值对"的数据结构，Map 比 Object 更合适。

Map 本身是一个构造函数，用来生成 Map 数据结构。Map()函数可以接收一个数组作为参数，用来初始化。

```
1 const map = new Map();
2 console.log(map.size); // 0
3 const fruits = new Map([
4   ["apples", 500],
5   ["bananas", 300]
6 ]);
7 console.log(fruits.size);// 2
```

在上面代码中，第 3 行是接收数组作为参数，在新建 Map 实例时，就指定了两个键 apples 和 bananas。Map 结构有一个 size 属性，用于返回 Map 实例的成员总数。

Map 实例常用方法如表 12-3 所示。

表12-3　Map实例常用方法

方　　法	描　　述
set(key, value)	设置键名 key 对应的键值为 value，然后返回整个 Map 结构。如果 key 已经有值，则键值会被更新，否则就新生成该键
get(key)	读取 key 对应的键值，如果找不到 key，就返回 undefined
has(key)	返回一个布尔值，表示某个键是否在当前 Map 对象之中
delete(key)	删除某个键，返回 true。如果删除失败，返回 false
clear	清除所有成员，没有返回值
forEach	为每个元素调用回调函数

【例 12-14】Map 实例常用方法

```
1 <script>
2   const fruits = new Map();
3   fruits.set("apples", 500);
4   fruits.set("bananas", 300);
5   fruits.set("oranges", 200);
6   console.log(fruits.size);// 3
7   console.log(fruits.get("apples"));   // 500
8   console.log(fruits.has("apples"));  // true
9   // apples:500 bananas:300 oranges:200
10  fruits.forEach((value,key)=>console.log(key+':'+value))
11  fruits.delete("apples");
12  console.log(fruits.size);// 2
13  fruits.clear();
```

```
14  console.log(fruits.size);// 0
15 </script>
```

在例 12-14 中，第 2 行代码创建一个空的 Map 结构；第 3~5 行代码通过 set()方法增加成员；第 6 行代码通过 size 属性得到 Set 结构的长度；第 7 行代码通过 get 方法获取成员的值；第 8 行代码判断是否含有某个键；第 10 行代码通过 forEach 遍历 Map 结构；第 11 行代码删除键，因此 size 属性会受影响；第 13 行代码清除所有成员，因此 size 属性的值是 0。

12.10 for…of

ES6 引入了 for…of 循环，作为遍历所有数据结构的统一方法。For…of 循环可以使用的范围包括数组、Set 和 Map 结构、某些类似数组的对象（比如 arguments 对象、DOM NodeList 对象）、字符串以及 Generator 对象。For…of 循环的语法如下：

```
for (variable of iterable) {
  // code block to be executed
}
```

其中，variable 是一个变量名，表示循环中每次迭代时的当前值；iterable 是一个可迭代对象，表示要遍历的数据结构。在每次循环中，变量 variable 将依次赋值为 iterable 中的每个元素，并执行一次 code block 中的代码。

1. 遍历数组

```
const arr = ['red', 'green', 'blue'];
for(let v of arr) {
  console.log(v); // red green blue
}
```

2. 遍历字符串

```
const str = "Hello";
for (const char of str) {
  console.log(char); // h e l l o
}
```

3. 遍历 Set

```
const set = new Set([1, 2, 3]);
for (const element of set) {
  console.log(element);// 1 2 3
}
```

遍历 Set 结构时，是按照各个成员被添加进数据结构的顺序，返回的是一个值。

4. 遍历 Map

```
const map = new Map([
  ["key1", "value1"],
  ["key2", "value2"],
```

```
  ["key3", "value3"],
]);
for (const [key, value] of map) {
  console.log(key + " = " + value);//key1 = value1 key2 = value2 key3 = value3
}
```

遍历 Map 结构时，是按照各个成员被添加进数据结构的顺序，返回的是一个数组，该数组的两个成员分别为当前 Map 成员的键名和键值。

5. 遍历类似数组的对象

```
// arguments 对象
function printArgs() {
  for (let x of arguments) {
    console.log(x);
  }
}
printArgs('a', 'b');// 'a' 'b'
// DOM NodeList 对象
let paras = document.querySelectorAll("p");
for (let p of paras) {
  p.classList.add("test");
}
```

在 for…of 循环中，可以使用 break 和 continue 关键字来控制循环的执行流程。

```
const arr2 = [1, 2, 3, 4, 5];
for (const element of arr2) {
  if (element === 3) {
    console.log("Found it!");
    break;
  }
  console.log(element);// 1 2 Found it!
}
```

提示：

（1）for…of 循环只能用于遍历实现了迭代器协议的对象。如果尝试使用 for…of 循环遍历一个不支持迭代器协议的对象，会导致 TypeError 错误。

（2）遍历语法包括 for…of、for、forEach 和 for…in 等。在编写 JavaScript 代码时，不仅需要熟练掌握语言本身的语法和特性，还需要了解现代 Web 应用的开发需求和技术趋势，结合具体的应用场景和业务需求，选择合适的编程模式和工具，以提高代码的质量和效率，同时也为自己的职业发展打下坚实的基础。

12.11　Promise

ES6 提供了 Promise 对象，它是异步编程的一种解决方案，比传统的"回调函数和事件"解决方案更合理、更强大。ES6 规定，Promise 对象是一个构造函数，用来生成 Promise 实例。语法如下：

```
const promise = new Promise(function(resolve, reject) {
  // ... some code
  if (/* 异步操作成功 */){
    resolve(value);
  } else {
    reject(error);
  }
});
```

Promise 构造函数接收一个函数作为参数，该函数的两个参数分别是 resolve 和 reject。它们是两个函数，由 JavaScript 引擎提供，不用自己部署。

resolve 函数的作用是将 Promise 对象的状态从"未完成"变为"成功"（即从 pending 变为 resolved），在异步操作成功时调用，并将异步操作的结果作为参数传递出去。reject 函数的作用是将 Promise 对象的状态从"未完成"变为"失败"（即从 pending 变为 rejected），在异步操作失败时调用，并将异步操作报出的错误作为参数传递出去。Promise 新建后就会立即执行。

Promise 实例生成以后，可以用 then 方法分别指定 resolved 状态和 rejected 状态的回调函数。

```
promise.then(function(value) {
  // success
}, function(error) {
  // failure
});
```

then 方法可以接收两个回调函数作为参数。第一个回调函数是在 Promise 对象的状态变为 resolved 时调用，第二个回调函数是在 Promise 对象的状态变为 rejected 时调用。这两个函数都是可选的，不一定要提供。它们都接收 Promise 对象传出的值作为参数。then 方法指定的回调函数将在当前脚本所有同步任务执行完后才会执行。

【例 12-15】Promise 基本用法

```
1 <h1 id="demo"></h1>
2 <script>
3   const myPromise = new Promise(function(myResolve, myReject) {
4     setTimeout(function(){ myResolve("hello"); }, 3000);
5   });
6   myPromise.then(function(value) {
7     document.getElementById("demo").innerHTML = value;
8   });
9 </script>
```

在例 12-15 中，第 3 行代码创建了一个 Promise 实例；等待 3 秒之后，Promise 实例的状态变为 resolved，就会触发第 6 行 then 方法绑定的回调函数，修改元素内容；第 7 行 value 的值是第 4 行 myResolve 方法传递的数据"hello"。

【例 12-16】Promise 对象实现等待文件异步加载

```
1 <script>
2 let myPromise = new Promise(function (myResolve, myReject) {
3   let req = new XMLHttpRequest();
4   req.open('GET', "1.html");
```

```
5  req.onload = function () {
6    if (req.status == 200) {
7      myResolve(req.response); // 成功
8    } else {
9      myReject("File not Found");// 失败
10   }
11 };
12 req.send();
13 });
14 myPromise.then(
15   function (value) { console.log(value); },
16   function (error) { console.log(error); }
17 );
18 </script>
```

在例 12-16 中，第 2 行代码创建了一个 Promise 实例，等待文件异步加载。文件加载成功或失败都会触发第 14 行 then 方法绑定的回调函数，输出相应的数据。由于要访问本地文件，例 12-16 需要在服务器环境下运行，可以使用 VS Code 插件 Live Server，选择"Open With Live Server"打开页面。

【例 12-17】Promise 对象实现 Ajax 异步操作

```
1  <script>
2  const promise = new Promise(function (resolve, reject) {
3    var xhr = new XMLHttpRequest();
4    xhr.open("GET", "服务器地址", true);
5    xhr.onreadystatechange = function () {
6      if (this.readyState !== 4) {
7        return;
8      }
9      if (xhr.status == 200) {
10       resolve(xhr.responseText);// 成功
11     }
12     else {
13       reject(xhr.status);//失败
14     }
15   }
16   xhr.send();
17 });
18 promise.then(function (res) {
19   console.log(res);
20 }, function (error) {
21   console.error('出错了', error);
22 });
23 </script>
```

在例 12-17 中，第 2 行代码创建了一个 Promise 实例，等待 Ajax 异步请求。请求成功或失败都会触发第 18 行 then 方法绑定的回调函数，输出相应的数据。

提示：Axios 是一个基于 promise 的网络请求库，作用于 node.js 和浏览器中。Axios 本质上也是对原生 XMLHttpRequest 的封装。它是 Promise 的实现版本，符合最新的 ES 规范。感兴趣的读者自行查找相关资料进行学习。

12.12　async 和 await

ES2017 标准引入了 async 函数，使得异步操作变得更加方便。函数前的关键字 async 使函数返回 Promise，用于申明一个函数是异步的。

```
async function myFunction() {
  return "Hello";
}
//等价于
async function myFunction() {
  return Promise.resolve("Hello");//返回的是 Promise 成功的对象
}
//使用返回的 Promise
myFunction().then(
  function(value) { console.log(value);}
);
```

await 关键字只能在 async 函数中使用。await 等待的是一个 Promise 对象，后面必须跟一个 Promise 对象，但是不必写 then()，直接就可以得到返回值。

当 async 函数执行的时候，一旦遇到 await 就会先返回，等到异步操作完成，再接着执行函数体内后面的语句。

【例 12-18】使用 async 和 await 改写例 12-15

```
 1 <h1 id="demo"></h1>
 2 <script>
 3  async function myDisplay() {
 4   let myPromise = new Promise(function (myResolve, myReject) {
 5    setTimeout(function () { myResolve("hello"); }, 3000);
 6   });
 7   document.getElementById("demo").innerHTML = await myPromise;
 8  }
 9  myDisplay();
10 </script>
```

在例 12-18 中，第 3 行的 myDisplay 函数前添加了关键字 async，表示这是一个异步函数；第 7 行的 "await myPromise" 是等待 myPromise 执行，3 秒后返回字符串 "hello"。可以看到，async/await 从上到下顺序执行，就像写同步代码一样，更符合代码编写习惯。

【例 12-19】使用 async 和 await 实现程序休眠

```
 1 <script>
 2  function sleep(interval) {
 3   return new Promise(resolve => {
 4    setTimeout(resolve, interval);
```

```
 5      })
 6    }
 7    async function one2FiveInAsync() {
 8      for(let i = 1; i <= 5; i++) {
 9    *   console.log(i);
10        await sleep(5000);
11      }
12    }
13    one2FiveInAsync();
14 </script>
```

在例 12-19 中，第 7 行的 one2FiveInAsync 函数前添加了关键字 async，表示这是一个异步函数；第 10 行的"await sleep(5000)"是等待 sleep 方法返回的 Promise 对象。因此，例 12-19 首先输出 1，等待 5 秒后再输出 2，以此类推。借助 await 命令就可以让程序停顿指定的时间。

12.13　本章小结

本章首先介绍了 ES6 版本的由来，然后介绍了 ES6 主要的新特性，包括 let 和 const 命令、解构赋值、运算符的扩展、数组的扩展、函数的扩展、字符串的扩展、Symbol、Set 和 Map、for…of 循环、Promise 异步编程、async 和 await 等。ECMAScript 在持续发展中，读者可以访问 ECMA 官网及时了解 ECMAScript 的最新标准，学习新知识，掌握新技能。

12.14　本章高频面试题

1. Object 与 Map 的差异？

Object 与 Map 的差异如表 12-4 所示。

表12-4　Object与Map的差异

Object	Map
不可直接迭代	可直接迭代
无 size 属性	有 size 属性
键必须是字符串	键可以是任何数据类型
键不排序	键按插入顺序排序
有默认键	没有默认键

2. for…of、for、forEach 和 for…in 的区别？

以数组为例，JavaScript 提供多种遍历语法，最原始的写法就是 for 循环：

```
for (var index = 0; index < myArray.length; index++) {
  console.log(myArray[index]);
}
```

这种写法比较麻烦，因此数组提供内置的 forEach 方法：

```
myArray.forEach(function (value) {
  console.log(value);
});
```

这种写法的问题在于，无法中途跳出 forEach 循环，break 命令或 return 命令都不能奏效。
For…in 循环可以遍历数组的键名：

```
for (var index in myArray) {
  console.log(myArray[index]);
}
```

For…in 循环有几个缺点：数组的键名是数字，但是 for…in 循环以字符串 "0" "1" "2" 等作为键名；for…in 循环不仅遍历数字键名，还会遍历手动添加的其他键，甚至包括原型链上的键；在某些情况下，for…in 循环会以任意顺序遍历键名。总之，for…in 循环主要是为遍历对象而设计，不适用于遍历数组。

For…of 循环相比上面几种做法，有一些显著的优点：有着同 for…in 一样的简洁语法，但是没有 for…in 那些缺点；不同于 forEach 方法，它可以与 break、continue 和 return 配合使用；提供了遍历所有数据结构的统一操作接口。

```
for (let value of myArray) {
  console.log(value);
}
```

3. 箭头函数与普通函数的区别？

（1）箭头函数比普通函数更加简洁。
（2）箭头函数没有自己的 this。
（3）箭头函数继承的 this 指向永远不会变。
（4）call()、apply()、bind()等方法不能改变箭头函数中 this 的指向。
（5）箭头函数不能作为构造函数使用。
（6）箭头函数没有 arguments 对象和 prototype。

12.15 实践操作练习题

1. 使用指数运算符和 for…of 计算出数组 [1,2,3,4] 中每一个元素的平方，并组成新的数组。
2. 编写一个箭头函数，接收两个参数并返回它们的和。
3. 给定一个数组[1, 2, 3]，使用解构赋值将数组中的元素分别赋值给变量 a、b 和 c。
4. 编写一个函数，接收两个参数：name 和 age。如果 name 参数未提供，则将其默认值设置为 "Unknown"；如果 age 参数未提供，则将其默认值设置为 0。函数应该返回一个包含名称和年龄的对象。
5. 编写一个函数，接收一个参数 name，并返回一个使用模板字符串创建的字符串，其中包含该名称。

6. 给定两个数组 arr1 = [1, 2, 3]和 arr2 = [4, 5, 6]，使用展开运算符将这两个数组合并成一个新数组。

7. 编写一个箭头函数 greet，接收一个名字作为参数，并返回一个字符串，形如"Hello, [name]!"，使用模板字符串实现。

8. 编写一个函数 getUserInfo，接收一个对象作为参数，包含 name 和 age 属性。使用解构赋值和默认值，返回一个字符串，形如"Name: [name], Age: [age]"。如果未提供对象参数，则使用默认值{name: "Anonymous", age: 0}。

9. 编写一个函数 mergeArrays，接收两个数组作为参数，并返回一个新数组，其中包含两个数组中的所有元素。使用扩展运算符实现。

第13章

基于 ES6 的文创商城

本章综合运用 ES6、DOM、事件和 BOM 等知识，讲解基于 ES6 的文创商城的设计与实现。项目包含首页、商品详情页和购物车 3 个页面，实现了商品展示、商品切换、搜索栏吸附、侧边栏定位、详情页跳转、本地存储、加入购物车、购物车商品删除等功能。

📖 **本章知识点思维导图**

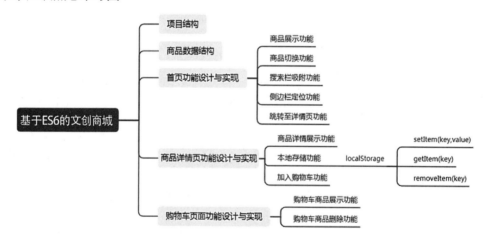

📖 **本章学习目标**

- 了解购物车原理，能够实现添加商品、更新数量和删除商品等基本功能。
- 掌握 web 存储技术，能够说出 cookie、localStorage 和 sessionStorage 的区别。
- 能够综合运用 ES6、DOM、事件和 BOM 等知识解决工程实际问题。

13.1 项目概述

我国历史悠久、文化璀璨。在目前发现的文物中，已有绘画、书法、玉器、陶瓷、铜器、钱币等各类艺术品和历史遗物。其中，绘画和书法作为我国独特的艺术形式，具有极高的艺术价值和历史意义；玉器、陶瓷等艺术品则展现了我国古代精湛的工艺水平和文化内涵。保护和传承这些文化艺术是新时期青年一代应有的担当。

2021 年 12 月 14 日，习近平总书记在中国文学艺术界联合会第十一次全国代表大会、中国作家协会第十次全国代表大会的开幕式上提到："要挖掘中华优秀传统文化的思想观念、人文精神、道德规范，把艺术创造力和中华文化价值融合起来，把中华美学精神和当代审美追求结合起来，激活中华文化生命力。" 2023 年 7 月 29 日，习近平总书记在考察汉中市博物馆时指出："要发挥好博物馆保护、传承、研究、展示人类文明的重要作用，守护好中华文脉，并让文物活起来，扩大中华文化的影响力。"

　　文创商品是传统文化的创新表达，"文"是基础，"创"是手段。通过创意设计和现代工艺，在文创商品中将传统文化元素与现代审美相结合，使传统文化焕发出新的活力。本项目以中国国家博物馆文创商品为主题，设计实现一个文创商城。通过互联网技术拓宽文创商品销售渠道，让更多的人通过文创商品这个载体了解传统文化的内涵和价值，理解民族精神的历史渊源和文化传承，从中领略工匠精神和艺术之美，助推博物馆文化 IP 建设。

13.2　项目呈现

　　用户访问文创商城，查看商品，并下单购买，因此商城主要包含商品展示、购物结算、订单管理、购物车、用户中心等功能模块。本项目中仅介绍文创商城首页、商品详情页和购物车页面涉及的 JavaScript 代码，HTML 和 CSS 代码详见配套资源。商城首页效果如图 13-1 所示。

图 13-1　首页效果

13.3　项目结构

　　文创商城包含首页、商品详情页和购物车 3 个页面。开始编写 JavaScript 代码之前，首先创建

4 个文件夹，分别存放商品数据文件、JS 文件、CSS 文件和图片文件；然后新建 index.html、shopDetail.html 和 cart.html 3 个网页文件，以及对应的 index.js、shopDetail. js 和 cart. js 文件。案例中还用到 getGoods. js，用于渲染首页展示的商品数据；getGoodItem. js，用于渲染商品详情页展示的商品详情数据。项目结构如图 13-2 所示。

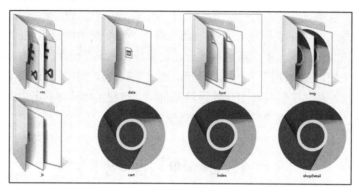

图 13-2 项目结构

13.4 商品数据结构

商品数据结构是电商系统中核心的数据模型之一，用于描述和存储商品的所有相关信息。它不仅关系到商品的有效展示，也影响到库存管理、订单处理和客户体验等多个方面。一个典型的商品数据结构的主要字段及其说明如下：

● 商品 ID：唯一标识每个商品。

● 商品名称：商品的完整标题或名称。

● 商品分类 ID：商品所属的类别。

● 品牌 ID：商品的品牌归属。

● 价格：商品的当前售价。

● 原价：商品原市场价，用于显示折扣信息。

● 库存：当前可用的商品数量。

● 图片链接：可能包含多幅图片，以数组形式存储或单独的图片表进行关联。

● 商品描述：关于商品详细功能、特点的文字介绍。

● 规格属性：如颜色、尺寸、重量等，可以采用单独的规格表与商品关联，或者以 JSON 格式存储在商品表内。

● 评价信息：用户对商品的评价信息可以作为其他消费者的参考，同时也是商家改进商品和服务的重要依据。

综上所述，电商系统中的商品数据结构设计需要考虑到商品的多维度信息，以及与电商平台其他功能模块的协同工作。一个良好的商品数据结构设计能够提高平台的运营效率，增强用户体验，并促进销售增长。

本项目对商品数据结构进行了简化设计，保存于 data 文件夹中的 goodsItem.js 中。示例代码如下：

```
let goodsItems = [
    [
        {
            id: "57",
            img: "./img/recommend57.webp",
            word: "中国国家博物馆玉兔迎春便携茶具套装茶道家用泡茶国风生日礼物",
            price: "¥248.00"
        },
        ...
    ],
    ...
]
```

全部商品放在一个 6 行 10 列的二维数组 goodsItems 中。每一行对应一类商品，共有 6 类商品，分别是畅销榜单、古韵家居、国风配饰、国博文房、雅致生活、年货专区。每一类商品有 10 个，每一个商品使用自定义对象存储，其中 id 表示商品 ID，img 表示图片链接，word 表示商品描述，price 表示价格。

13.5 首页功能设计与实现

本节实现首页功能，包括商品展示、商品切换、搜索栏吸附、侧边栏定位和跳转至详情页功能。

13.5.1 商品展示功能

在首页中的畅销榜单、古韵家居、国风配饰、国博文房、雅致生活、年货专区栏目下分别展示 10 个商品。商品展示效果如图 13-3 所示。

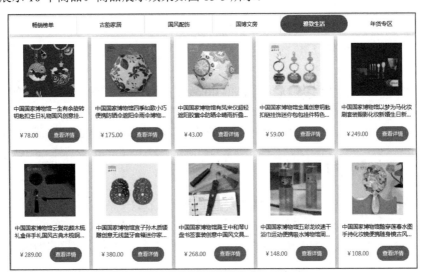

图 13-3 商品展示效果

展示的商品数据保存在 data 文件夹的 goodsItem.js 中，通过 getGoods.js 中的 getGoodsList 方法，将数据渲染在 index.html 页面上的 `<div class="items"> </div>` 标签中。getGoodsList 方法代码如下：

```
1  const getGoodsList = function () {
2    let goods = document.querySelector("#recommend .items");
3    let str = ``;
4    let len = goodsItems.length;
5    for (let i = 0; i < len; i++) {
6      if (i === 0) {
7        str += `<div style="display: block"> <ul class="item">`;
8      } else {
9        str += `<div>
10              <ul class="item">`;
11     }
12     for (let j = 0; j < goodsItems[i].length; j++) {
13       let s = `
14       <li onclick=goDetail(${goodsItems[i][j].id})>
15       <div>
16         <img src="${goodsItems[i][j].img}" alt="" class="imgCover" />
17       </div>
18       <div class="word">
19       ${goodsItems[i][j].word}
20       </div>
21       <div class="bottom">
22         <div class="price">${goodsItems[i][j].price}</div>
23         <div class="addCart">查看详情</div>
24       </div>
25       </li>`;
26       str += s;
27       // strItem += s;
28     }
29     str += `</ul>
30           </div>`;
31   }
32   goods.innerHTML = str;
33 };
```

在上述代码中，第 2 行代码获取展示商品的 div 元素；第 4 行代码获取全部商品的长度；第 5~31 行代码通过双重 for 循环拼接字符串 str，在拼接过程中使用字符串模板填充商品数据；第 14 行代码为每一个商品绑定单击事件；第 32 行代码将 str 的值赋值给展示商品的 div 元素的内容区域。

13.5.2　商品切换功能

用户单击畅销榜单、古韵家居、国风配饰、国博文房、雅致生活、年货专区栏目时，有两个效果：一是当前被单击的栏目的样式发生改变（如背景色变为红色），二是下方显示对应的商品。因此，需要给每一个栏目注册单击事件来响应用户的操作，代码如下：

```
1 let optionItems = document.querySelectorAll(".recommendnav > div");
2 let items = document.querySelectorAll("#recommend .items > div");
3 for (let i = 0; i < optionItems.length; i++) {
4   optionItems[i].index = i;
5   optionItems[i].onclick = function () {
```

```
6   for (let j = 0; j < items.length; j++) {
7     optionItems[j].classList.remove("recommendnavAcitve");
8     items[j].style.display = "none";
9   }
10    this.classList.add("recommendnavAcitve");
11    items[this.index].style.display = "block";
12  };
13 }
```

在上述代码中，第 1 行代码获取所有的栏目；第 2 行代码获取所有显示商品的 div；第 3~13 代码行通过 for 循环给每一个栏目注册单击事件，单击某个栏目时，先清除所有栏目的样式，并让所有的商品隐藏，然后让当前被单击的栏目应用 recommendnavAcitve 样式，并显示其对应的商品 div。

13.5.3　搜索栏吸附功能

首页中有一个 id 为 adsorbent 的搜索栏，它初始化是隐藏的。搜索栏吸附功能是指拖动纵向滚动条，当向下滚动的距离大于导航栏的 top 值时，搜索栏显示并吸附在窗口 top 值为 0px 的位置不动；否则，搜索栏隐藏。因此，需要使用 window 对象的 onscroll 事件监听滚动条距离的变化。搜索栏吸附效果如图 13-4 所示。

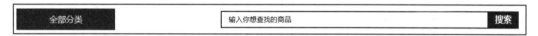

图 13-4　搜索栏吸附效果

代码如下：

```
1 let nav = document.querySelector("#nav");
2 let adsorbent = document.querySelector("#adsorbent");
3 let navOffsetTop = nav.offsetTop;
4 window.onscroll = function () {
5   const scrollHeight = document.body.scrollTop || document.documentElement.scrollTop;
6   if (scrollHeight > navOffsetTop) {
7     adsorbent.style.position = "fixed";
8     adsorbent.style.top = "0px";
9     adsorbent.style.display = "block";
10  } else {
11    adsorbent.style.position = "";
12    adsorbent.style.display = "none";
13  }
14 };
```

上述代码中，第 1 行代码获取导航栏；第 2 行代码获取搜索栏；第 3 行代码获取导航栏的 top 值；第 4 行代码设置滚动条的监听事件；第 5 行代码获取滚动条滚动的距离；第 6~13 行代码进行条件判断，如果向下滚动的距离大于导航栏的 top 值时，搜索栏显示并吸附在窗口 top 值为 0px 的位置不动，否则隐藏搜索栏。

13.5.4　侧边栏定位功能

首页中有一个 id 为 biaodan 的侧边栏。当文档垂直滚动的距离大于 1200px 时，侧边栏绝对定位在 top 值为 200px 的位置；否则，侧边栏固定在 top 值为 300px 的位置。因此，需要使用 window 对象的 onscroll 事件监听滚动条距离的变化。侧边栏效果如图 13-5 所示。

图 13-5　侧边栏效果

代码如下：

```
 1 var fixedContainer = document.querySelector('#biaodan');
 2 window.addEventListener('scroll', function() {
 3  if (window.pageYOffset >1200) {
 4    fixedContainer.style.position = 'absolute';
 5    fixedContainer.style.top = '200px';
 6  } else {
 7    fixedContainer.style.position = 'fixed';
 8    fixedContainer.style.top = '300px';
 9  }
10 });
```

在上述代码中，第 1 行代码获取侧边栏；第 2 行代码设置滚动的监听事件；第 3~10 行代码进行条件判断，当向下滚动的距离大于 1200px 时，侧边栏绝对定位在 top 值为 200px 的位置；否则，侧边栏固定在 top 值为 300px 的位置。

13.5.5　跳转至详情页功能

用户单击某个商品，将跳转到商品详情页面。因此，在给每一个商品注册单击事件时，调用函数 goDetail 完成页面之间的跳转。goDetail 方法代码如下：

```
const goDetail = function (id) {
  location.href = "./shopDetail.html?id=" + id;
}
```

其中，id 是商品编号，通过地址栏将数据传入商品详情页，以便展示商品详细信息。

13.6　商品详情页功能设计与实现

本节主要实现详情页功能，包括商品详情展示、本地存储和加入购物车功能。

13.6.1　商品详情展示功能

用户单击某个商品，跳转到商品详情页面时，在相应位置显示出该商品的图片、描述和价格。商品详情展示效果如图 13-6 所示。

图 13-6　商品详情展示效果

商品详情页通过获取地址栏传入的商品 id，在全部商品数据中匹配到相应商品后，将商品信息渲染在 shopDetail.html 页面上的<div id="data"> </div>标签中，代码如下：

```
1 let str = decodeURIComponent(location.search);
2 let id = str.split("=")[1];
3 let len = goodsItems.length;
4 let data = document.querySelector("#data");
5 let detail = ``;
6 for (let i = 0; i < len; i++) {
7   for (let j = 0; j < goodsItems[i].length; j++) {
8     if (goodsItems[i][j].id == id) {
9       detail = `
10         <div class="left">
11         <div class="bigImg">
12         <div id="mask"></div>
13         <div id="drag"></div>
14           <img src="${goodsItems[i][j].img}" alt="" class="imgCover"/>
15         </div>
16         <div id="big-pic">
17         <img src="${goodsItems[i][j].img}" id="big-img"></div>
18         <ul class="smallarea">
19           <li class="smallImg">
20             <img src="${goodsItems[i][j].img}" alt="" class="imgCover"/>
21           </li>
22           <li class="smallImg">
23             <img src="${goodsItems[i][j].img}" alt="" class="imgCover"/>
```

```
24              </li>
25              <li class="smallImg">
26                <img src="${goodsItems[i][j].img}" alt="" class="imgCover"/>
27              </li>
28            </ul>
29          </div>
30          <div class="right">
31            <h2>${goodsItems[i][j].word}</h2>
32            <div class="desc">${goodsItems[i][j].word}</div>
33            <div class="active">
34              <div class="price">
35                <div>价格: </div>
36                <div>${goodsItems[i][j].price}</div>
37              </div>
38              <div class="coupon">
39                <div>优惠券: </div>
40                <div>
41                  <div>满 50 减 10</div>
42                  <div>买 3 赠 1</div>
43                  <div>满 100 打 8 折</div>
44                </div>
45              </div>
46            </div>
47            <div class="color">
48              <div>颜色: </div>
49              <div>
50                <div>深浅蓝</div>
51                <div>深浅紫</div>
52                <div>深蓝色</div>
53                <div>银灰色</div>
54                <div>深黑色</div>
55              </div>
56            </div>
57            <div class="number">
58              <div>数量: </div>
59              <div><input type="number" name="" id="number" value="1"/></div>
60            </div>
61            <div class="btns">
62              <div class="addCart" id="addCart">加入购物车</div>
63              <div class="sell">立即购买</div>
64            </div>
65          </div>
66          `;
67      data.innerHTML = detail;
68      return;
69    }
70  }
71 }
```

在上述代码中，第 1 行代码获取地址栏传入的字符串并解码；第 2 行代码分割字符串得到 id

的值；第 3 行代码获取所有商品数据的长度；第 4 行代码获取展示商品详情的 div 元素；第 5 行代码声明模板字符串；第 6~71 行代码在全部商品数据中匹配到相应商品后，将商品信息渲染在 shopDetail.html 页面上的<div id="data"> </div>标签中。

13.6.2　本地存储功能

在本项目中，使用 localStorage 对象将选中的商品保存在本地浏览器中。localStorage 可以将数据按照键值对的方式保存在浏览器中，直到主动清除数据，否则该数据会一直存在。也就是说，使用了本地存储的数据将被持久化保存。localStorage 对象的常用方法如表 13-1 所示。

表13-1　localStorage对象的常用方法

方　法　名	功　　能
setItem(key,value)	该方法接收键名和值作为参数,把键值对存储到 localStorage 中,如果键名存在,则更新其对应的值
getItem(key)	该方法接收一个键名作为参数,返回键名对应的值
removeItem(key)	该方法删除键名为 key 的存储内容

示例代码如下：

```
localStorage.setItem("bgcolor","red" )  // 存储键名为 bgcolor，值为 red
localStorage.getItem("bgcolor" )         // 返回键名 bgcolor 对应的值
localStorage.removeItem ("bgcolor" )     // 删除键名为 bgcolor 的存储内容
```

localStorage 存储的数据都是以字符串的形式保存的，因此如果存储的是对象或数组，需要使用 JSON.stringify()和 JSON.parse()进行序列化和反序列化。示例代码如下：

```
var obj = { name: 'John', age: 30 };
localStorage.setItem('user', JSON.stringify(obj));// 序列化
var userStr = localStorage.getItem('user');
var userObj = JSON.parse(userStr);        // 反序列化
console.log(userObj.name);                // 输出 "John"
```

13.6.3　加入购物车功能

用户单击"加入购物车"按钮，将选中的商品和数量使用 localStorage 存储在本地。因此，需要注册单击事件，代码如下：

```
1 let str = decodeURIComponent(location.search);
2 let id = str.split("=")[1];
3 let addCart = document.getElementById("addCart");
4 addCart.addEventListener("click", function () {
5   let number = document.getElementById("number").value;
6   if (number <= 0) {
7     return alert("请输入数量！");
8   }
9   let cartList = JSON.parse(localStorage.getItem("cartList")) || [];
10  for (let i = 0; i < cartList.length; i++) {
11    if (cartList[i].id == id) {
```

```
12      cartList.splice(i, 1);
13      break;
14   }
15  }
16  cartList.push({ id, number });
17  localStorage.setItem("cartList", JSON.stringify(cartList));
18  alert('已经成功加入购物车');
19 });
```

在上述代码中，第 1 行代码获取地址栏传入的字符串并解码；第 2 行代码分割字符串得到 id 的值；第 3 行代码获取"加入购物车"按钮；第 4~19 行代码为按钮注册单击事件；第 5~8 行代码防止商品数量小于或等于 0；第 9~15 行代码先获取本地存储中键名为"cartList"的值，如果其中有重复的商品，则删除；第 16 行代码将本次选中的商品及数量保存在数组中；第 17 行代码将数组的内容序列化并保存在本地。

13.7　购物车页面功能设计与实现

本节主要实现购物车页面功能，包括购物车商品展示和商品删除功能。

13.7.1　购物车商品展示功能

购物车页面展示用户添加至购物车的商品。商品展示效果如图 13-7 所示。

图 13-7　购物车商品展示效果

购物车页面首先从本地存储中获取键名"cartList"中存储的内容，即选中的商品，代码如下：

```
let cartList = JSON.parse(localStorage.getItem("cartList"));
```

图 13-7 所示的商品对应的存储内容是一个数组，其中有 3 个元素，代表 3 个商品，因此 cartList 的数据如下：

```
[{id: '4',number: '1'},{id: '43',number: '1'},{id: '29',number: '1'}]
```

根据数据结构，可以通过 id 值在全部商品列表中获取到商品的详细信息，代码如下：

```
1 let good;
2 let len = goodsItems.length;
```

```
3 let flag = false;
4 for (let i = 0; i < len; i++) {
5   for (let j = 0; j < goodsItems[i].length; j++) {
6     if (goodsItems[i][j].id == goodIndex) {
7       good = goodsItems[i][j];
8       flag = true;
9       break;
10    }
11  }
12  if (flag) {
13    break;
14  }
15 }
```

遍历 cartList 数组，将每一个商品的详情渲染在页面上。由于购物车商品数量不确定，因此每一个商品都是动态创建并添加至页面上的。

商品展示成功之后，用户可以操作复选框以选中商品进行结算，这部分内容在 9.5 节已经详细介绍，此处不再赘述。

13.7.2　购物车商品删除功能

用户单击"删除"按钮，将选中的商品从购物车中删除，代码如下：

```
1 for (let i = 0; i < cartList.length; i++) {
2   if (cartList[i].id == id) {
3     cartList.splice(i, 1);
4     break;
5   }
6 }
7 localStorage.setItem("cartList", JSON.stringify(cartList));
8 location.reload();
```

在上述代码中，第 1~6 行代码将选中的商品从数组 cartList 中删除；第 7 行代码将数组的内容序列化保存在本地；第 8 行代码刷新购物车页面。

13.8　本章小结

本章介绍了文创商城的首页、商品详情页和购物车的设计与实现，其中使用了 ES6 新增的特性，包括 let 命令、箭头函数、模板字符串等。读者可自行扩展添加商品排序功能（如通过商品价格升序或降序展示商品）、商品放大镜效果、支付功能等。

13.9　实践操作练习题

1. 数据渲染。将指定的数据渲染在页面中。

2. 数据排序。单击"销量升序"时，列表内容按照销量升序重新渲染；单击"销量降序"时反之。

3. 在 tbody 中随机生成一份产品信息表单，所有表格内容均为数字，每一列数字均不会重复。请完成 sort 函数，根据参数（id、price 或者 sales）的要求对表单所有行重新排序。例如，sort('price', 'asc') 表示按照 price 列从低到高排序。

4. 请补全 JavaScript 代码，要求根据在下拉框中选中的条件重新渲染列表中展示的商品，并且只展示符合条件的商品。